DIE SPITZE DES EISBERGS

Herbert Pietschmann

Die Spitze des Eisbergs

Von dem Verhältnis zwischen Realität und Wirklichkeit

Weitbrecht

Inhalt

Was ist Wirklichkeit?

Dichter Nebel liegt über der Autobahn.

Vorsichtig tasten sich die Fahrzeuge mit abgeblendeten Scheinwerfern durch die trübe Suppe. Da rast ein großer Luxuswagen – ebenfalls mit abgeblendeten Scheinwerfern – auf der Überholspur vorbei; ein kurzes Aufleuchten des Nebels und schon ist er wieder vom undurchsichtigen Weiß verschlungen.

Was kann den Fahrer dieses Wagens dazu bewegen, mit höchster Geschwindigkeit ohne Sicht dahinzurasen? Hat er die Wahrscheinlichkeit abgeschätzt, auf ein Hindernis zu stoßen? Gewiß nicht! Denn wenn sie auch noch so klein sein sollte, die furchtbaren Folgen müßten ihn abhalten, das Risiko zu wagen. Nur wenn er sich gewiß wähnt, daß kein Hindernis aus dem weißen Schleier auftaucht, kann er seinen Fuß am Gaspedal lassen. Er lebt in seiner eigenen Wirklichkeit, in der es auf der Überholspur nichts anderes gibt als ihn selbst mit seinem überlegen starken Wagen.

Freilich kommt es immer wieder vor, daß die Realität nicht dieser Wirklichkeit entspricht, daß doch plötzlich ein langsamerer Wagen oder vielleicht ein herabgefallener, schwerer Teil einer Lastzugladung auf der Überholspur auftaucht. Dann kommt es zu riskanten Manövern, im schlimmsten Fall zur Katastrophe.

Wer einmal den Widerspruch seiner Wirklichkeit zur Realität erlebt (und überlebt) hat, wird vorsichtig sein in seiner eigenen Wirklichkeit, wird immer wieder in Gedanken versuchen, sie allen möglichen Formen der Realität anzupassen, er wird aber trotzdem nie zur vollkommenen Übereinstimmung gelangen, denn alle Möglichkeiten aufzuspüren ist in einem einzigen Menschenleben gar nicht zu vollziehen.

Zwischen unserer Wirklichkeit, in der wir immer leben, die unser Leben bestimmt, und der dahinter liegenden Realität wird immer eine Kluft sein, die wir zwar in manchen Punkten verkleinern, die wir aber nie vollständig überbrücken können. Wir fühlen diese Kluft aber immer erst, wenn es zum Widerspruch kommt, der sich im besten Fall als Unstimmigkeit, im schlimmsten aber als Katastrophe bemerkbar macht.

Sie sitzen am Fensterplatz in einem eleganten, schnellen Intercity-Zug. Draußen zieht die Landschaft vorbei, Sie aber sind in einen spannenden Roman vertieft. Sie bemerken weder etwas von der Landschaft noch von Ihrer Umgebung im Zug, Sie leben in der Wirklichkeit des Romanes, die Sie ganz gefangenhält.

Da erinnern Sie sich plötzlich, daß Sie ja bald umsteigen müssen. Jäh durchfährt Sie der Gedanke, daß Sie in der Wirklichkeit des Romanes die reale Zeit, den realen Ort nicht mehr wahrgenommen haben. Sie müssen schleunigst zurück in die Realität und werfen einen Blick aus dem Fenster. Die Landschaft ist nicht besonders charakteristisch, aber Sie meinen, einen Wasserlauf erkannt zu haben. Damit beruhigen Sie sich, denn Sie wähnen sich in die Realität zurückgekehrt.

Erst wenn Sie nach einigen Minuten feststellen, daß der Flußverlauf Ihren Annahmen nicht entspricht, werden Sie wieder unsicher und gestehen sich ein, daß Sie aus der fernen Wirklichkeit des Romanes in eine andere Wirklichkeit getreten sind, die aber auch nichts mit der Realität gemein hat. Sie suchen nach neuen Anhaltspunkten und korrigieren Ihre Wirklichkeit bald so weit, daß sie wenigstens räumlich mit der Realität übereinstimmt.

Am Zielort angekommen gehen Sie in Ihr Hotel, das immer ein Zimmer frei hat und in dem Sie daher gar nicht vorbestellen müssen. Diesmal aber werden Sie die unangenehme Nachricht zur Kenntnis nehmen, daß wegen eines Kongresses alle Hotels Ihrer Wahl ausgebucht sind.

Noch einmal ist Ihre Wirklichkeit in Widerspruch zur Realität geraten.

Wirklichkeit und Realität sind nicht zwei einzelne Begriffe, die sich unabhängig voneinander definieren ließen. Eher wie die Paare »Licht–Schatten«, »groß–klein«, vielleicht auch »männlich–weiblich«, sind sie immer aufeinander bezogen, und eines ist erst aus dem anderen verständlich. Es ist also nicht sinnvoll, von »Der Realität« zu sprechen, wohl aber gibt es zu jeder Wirklichkeit eine dahinter liegende Realität, die zu suchen ist, aber nicht endgültig gefunden werden kann.

Besonders deutlich wird dies beim Gespräch zwischen Menschen. Was der (die) eine sagt, ist niemals identisch mit dem, was die (der) andere hört. In einem chinesischen Sprichwort wird dies so schön dargestellt:

Gesagt ist noch nicht gehört.
Gehört ist noch nicht verstanden.
Verstanden ist noch nicht einverstanden.
Einverstanden ist noch nicht ausgeführt.
Ausgeführt ist noch nicht richtig ausgeführt.

Die Wirklichkeit des (der) einen wird zur Realität der (des) anderen und umgekehrt. Erst durch ständiges Rückfragen und den ernsten Versuch des Zuhörens können sich beide einander nähern, ohne je vollkommene Übereinstimmung zu finden. Zwar ist ein Verschmelzen zweier Wirklichkeiten zu einer gemeinsamen Einheit nicht ausgeschlossen, sie kann aber nicht durch das Gespräch hergestellt werden. Sie kann uns geschehen, und wir ahnen dann etwas von einer noch tieferen Realität; wir nennen es Liebe.

Unterliegen wir nicht alle immer wieder der Versuchung, uns die Mühsal zu ersparen und unsere Wirklichkeit gegen Widersprüche abzumauern? Wir brauchen dann nicht mehr ernsthaft zuzuhören, wenn wir mit anderen sprechen. Wir wählen einfach diejenigen Gesprächsfetzen aus, die in unsere Wirklichkeit passen und überhören alles andere. Einiges läßt sich vielleicht noch im Sinne unserer Wirklichkeit umdeuten, aber selbst das macht oft Mühe, die wir uns gerne ersparen.

Wer aber durch längere Abschnitte des Lebens dieser Versuchung erliegt, wird erstarren. Ohne dies selbst zu spüren, erleben andere ihn oder sie als versteinerten Menschen mit undurchdringlichen Schutzmauern und ohne Humor. Der Preis für die Sicherheit und Bequemlichkeit einer festgelegten Wirklichkeit ist die Aufgabe des Lebendigen. Wenn dies nicht von einzelnen, sondern von großen Gemeinschaften geschieht, sprechen wir von Ideologie.

Ideologie ist eine Wirklichkeit, die von sich behauptet, so gut an die Realität angepaßt zu sein, daß ein weiteres Aufspüren von möglichen Widersprüchen zur Realität nicht mehr nötig ist. Wenn jemand auf solche Widersprüche aufmerksam macht, dann wird nicht die Wirklichkeit angepaßt, sondern der Störenfried wird eliminiert. Zwar kann dies lange – jahrzehntelang – durchgehalten werden, früher oder später werden aber die Widersprüche so übermächtig, daß auch die starrste Ideologie in eine Katastrophe mündet. Sie ist um so verheerender, je länger die Mauern künstlich aufrechterhalten wurden.

Wenn es diese Analogie zwischen individueller Wirklichkeit und der großer Gemeinschaften wirklich gibt (das heißt, wenn wir sie in unserer eigenen Wirklichkeit anerkennen), dann müssen wir uns um so mehr davor hüten, uns abzukapseln und zu erstarren. Wir müssen ständig üben, zuzuhören und auf die anderen Wirklichkeiten unserer Mitmenschen einzugehen, selbst wenn diese aus fremden Kulturen und anderen Gemeinschaften stammen. Je stärker der Widerspruch, um so größer ist die Versuchung des Zurückweisens; um so größer ist aber auch die Chance, zu lernen und lebendig zu bleiben.

Ich habe in meinem Buch »Die Wahrheit liegt nicht in der Mitte« viele Facetten des Verhältnisses von Wirklichkeit und Realität darzustellen versucht. Seither konnte ich immer wieder in Vorträgen einzelne Aspekte deutlicher machen. Wenn ich direkt zu meinem Publikum spreche, kann ich ja viel besser auf mögliche Probleme eingehen, weil ich meine Wirklichkeit ständig an die Realität – die Wirklichkeit (oder die Wirklichkeiten?) des Publikums – anpassen kann. In diesem Buch sind einige dieser Vorträge zusammengestellt. Sie handeln alle – mittelbar oder unmittelbar – vom Verhältnis der Wirklichkeit zu ihrer jeweiligen Realität. Manche sind nach freiem Vortrag vom Tonband abgeschrieben und redigiert; sie sind daher sprachlich nicht so abgerundet wie ein geschriebener Text, aber sie vermitteln vielleicht besser die lebendige Situation des Gespräches.

Liebe Leserin, lieber Leser, ich bin mir bewußt, daß der Versuch der Darstellung meiner Wirklichkeit für Sie zur Realität wird, von der Sie nach eigenem Belieben mehr oder weniger in Ihre Wirklichkeit aufnehmen werden. Ich danke Ihnen für jedes Stück, das Sie annehmen. Ich danke aber auch meinem Verlag, der diese Zusammenstellung angeregt und aufbereitet hat.

Die Kunst, Widersprüche zuzulassen

Immanuel Kant hat angesichts der Bauwerke, die von Insekten geschaffen werden (Ameisenhaufen, Bienenwaben etc.) gemeint, der schlechteste Baumeister unterscheide sich von der kunstfertigsten Biene dadurch, daß er das, was er baut, zuerst im Kopf fertigstellt und dann erst in der Welt: Das scheint zwar selbstverständlich, ist aber eines der grundlegendsten Probleme, denen wir Menschen uns gegenübersehen. Alles, was Menschen tun, entsteht zuerst im Kopf, wird dann zwischen Menschen diskutiert und findet schließlich seinen Niederschlag in der Realität. Dabei kann es vorkommen, daß selbst der Architekt sagt: »Nein, ich hab' es mir eigentlich anders vorgestellt!«

Was entsteht, ist unter Umständen gar nicht identisch mit dem, was entworfen wurde. Das ist nur ein Beispiel für eine ganz grundsätzliche Spannung, der wir Menschen uns immer gegenübersehen. Ich möchte sie »die Spannung zwischen Wirklichkeit und Realität« nennen. Wir alle leben in der Wirklichkeit, und diese Wirklichkeit ist gefärbt von unseren Vorstellungen, Wünschen, Träumen, unter Umständen auch Halluzinationen, und Emotionen. Die Realität, die tatsächlich in der Materie in Raum und Zeit stattfindet, kann sich davon sehr deutlich unterscheiden.

Diese Spannung zwischen Wirklichkeit und Realität ist den Menschen erst sehr spät in ihrer Entwicklung bewußt geworden, und zwar in allen Hochkulturen etwa gleichzeitig. Das ist eines der aufregendsten Ereignisse, die man in der Geschichte der Menschheit vorfindet. Vor etwa 2500 Jahren ist den Menschen dieser Unterschied bewußt geworden. Vorher haben alle Kulturen im sogenannten mythischen Zeitalter gelebt. Bei uns wirkten die Vorsokratiker bis zu Aristoteles, gleichzeitig haben die großen Propheten das Alte Testament geschrieben, gleichzeitig hat Zarathustra in Persien die dualistische Glaubenslehre geschaffen, gleichzeitig entstanden in Indien die großen Upanischaden, und Siddhartha Gautama, der Buddha, hat gelebt, gleichzeitig haben in China Konfuzius, Laotse und die anderen Taoisten gelehrt.

Nun hat man in unserer Kultur Wahrheit definiert als die möglichst weitgehende Übereinstimmung zwischen Realität und Wirklichkeit. Wenn beide zusammenfallen, hat man von Wahrheit gesprochen. Wenn sie nicht zusammenfallen, dann merken wir es als Unbehagen. Irgendwas ist an der Sache faul, wir haben eine andere Vorstellung als das, was wirklich geschieht, es kann sogar Katastrophen geben. Man kann beispielsweise zeigen, daß die Ursache für die Challengerkatastrophe die Tatsache war, daß die Manager der NASA in einer Wirklichkeit gelebt haben, die sie sich selbst aufgebaut haben, die aber mit der Realität in Widerspruch gekommen ist. Das heißt, Widersprüche zwischen Wirklichkeit und Realität können zu Katastrophen führen.

In anderen Sprachen wird das deutlich ausgedrückt. Wir nennen einen Menschen wahrhaftig, wenn das, was er sagt, mit dem, was er tut, übereinstimmt. Im Chinesischen ist das Zeichen für »Mensch« und das Zeichen für »Sprechen« vereint ein neues Zeichen für »Vertrauen«. Der vertrauenswürdige Mensch ist mit seinem Sprechen identisch.

Es gab immer eine Sehnsucht beim Menschen, die Differenz zwischen Wirklichkeit und Realität möglichst gering zu halten. Aber es gibt so viele Wirklichkeiten wie Menschen! Auch wenn sich die Menschen einer Gruppe einigen und dort in ihrem

Wollen, in ihren Wünschen und Emotionen weitestgehend eine gemeinsame Wirklichkeit herstellen, gibt es nicht nur diese Wirklichkeit und die Realität, sondern die Spannung (der Unterschied zwischen Wirklichkeit und Realität) pflanzt sich fort durch viele Schichten.

Im 17. Jahrhundert ist in unserer Kultur erneut etwas Wesentliches passiert. Man hat gemeint, daß man eine Methode gefunden hat, mit der man die Realität direkt erkennen kann. Diese Methode hieß »nuova scienza«, heute »Naturwissenschaft«. In aller Kürze: die Menschen haben gedacht, sie haben nun die Möglichkeit, die Realität direkt zu erkennen und ihre Wirklichkeit danach auszurichten und den Unterschied wegfallen zu lassen. Das hat die Menschen aber dann sehr schnell in einen Größenwahn getrieben, weil sie gedacht haben, sie können jetzt nicht nur die Realität, sondern sogar den Plan des Schöpfers erkennen. Dieser Größenwahn hat sich am Ende des 18. Jahrhunderts so ausgedrückt, daß Laplace den Satz geprägt hat: »Wenn es einen Geist gäbe (den man seither den Laplaceschen Dämon nennt), der zu einem einzigen Augenblick alle Lagen und Geschwindigkeiten sämtlicher Teilchen im Weltall kennte, so könnte er aus einer einzigen Formel alles, was jemals geschehen ist und was noch geschehen wird, berechnen.« Napoleon hat ihn gefragt: »Wo bleibt in Ihrer Theorie Gott?«, und Laplace hat folgerichtig geantwortet: »Sire, diese Hypothese benötige ich nicht mehr.« Die Wirklichkeit der Menschen wurde negiert und behauptet, man hätte eine Methode, die Realität zu beschreiben, alles andere darüber hinaus seien Infantilitäten, die wir überwunden haben.

Noch in unseren Tagen hat der Behaviorismus die These vertreten, der Mensch ist nicht frei. Daß der Mensch frei ist, sei einmal eine Hypothese gewesen, die gemacht wurde, als man noch nicht wußte, daß man mit der Naturwissenschaft den Menschen vollständig beschreiben kann. Das zeigt, daß die Sehnsucht nach der Herstellung einer allgemein verbindlichen

Wahrheit so groß ist, daß die Menschen bereit sind, sehr viel zu opfern. Diese Methode ist erfolgreich und hat den Menschen auf gewissen Gebieten sehr viel gebracht. Auch im Gesundheitswesen ist sie unverzichtbar. Man kann nicht auf Intensivstationen verzichten. Der Fehler ist nur zu glauben, daß diese Methode alles leistet, was wir uns wünschen.

Wir können sie durch sechs Bestimmungsstücke charakterisieren: durch das, was schon in der Achsenzeit von Aristoteles vollendet wurde, die abendländische Logik; und durch das, was im 17. Jahrhundert dazugekommen ist, nämlich das Experiment als Kriterium für das Ausscheiden falscher Beschreibungen. Die Logik fordert Eindeutigkeit, Widerspruchslosigkeit und Begründbarkeit, und die neue Wissenschaft des Experimentierens fordert Quantifikation, Reproduzierbarkeit und Analyse. Nun können wir den Denkrahmen unserer Zeit so charakterisieren: Wann immer ein Problem auftaucht und wir unsere Wirklichkeit diesem Problem anpassen wollen, dann gelten sechs Regeln (die wir alle so internalisiert haben, daß wir gar nicht merken, daß wir nach diesen Regeln vorgehen und denken):

Quantität ist besser als Qualität;
Reproduzierbares geht vor dem Einmaligen;
Analyse geht vor Synthese (Vernetzung);
Eindeutigkeit geht vor Offenheit, Zulassenkönnen,
Toleranz, Buntheit;
Widerspruchsfreiheit geht vor Leben;
Kausalität ist besser als Finalität.

Es gibt keine Kultur, die nicht darauf hinweist, daß der Widerspruch ein wesentliches Element des Lebendigen ist, insbesondere des menschlich Lebendigen, des Geistes. Die Kraft des Lebendigen ist es, den Widerspruch in sich zu fassen und auszuhalten. Wenn jemand nicht imstande ist, einen Konflikt auszutragen, ist er kein lebendiger Mensch.

Die Methode der Naturwissenschaft war so erfolgreich, daß man versucht war, sie überall anzuwenden. Die heutige Zeit ist nicht dadurch charakterisiert, daß sich diese Methode als schlecht erwiesen hat, sondern wir leben in einer Zeit, in der wir draufkommen, daß wir einseitig auf diese eine Methode, diesen einen Denkrahmen gesetzt haben und alle anderen Elemente vergessen und vernachlässigt haben. Es geht nicht darum, den Denkrahmen durch etwas anderes zu ersetzen, sondern es geht darum, eine Vielfalt der Formen des Denkens zuzulassen, so daß wir dort, wo der naturwissenschaftliche Denkrahmen fruchtbar ist, ihn weiter verwenden können, daß wir aber andere Denkformen nicht mehr ausschließen. Das ist eine gewaltige Forderung, das ist mehr als Paradigmenwechsel!

In der Wirklichkeit, in der wir notwendigerweise leben, widersprüchliche Elemente zulassen können, das habe ich gemeint mit dem Titel meines Buches »Die Wahrheit liegt nicht in der Mitte«. Ich glaube, von Wahrheit können wir nur dann sprechen, wenn wir Widersprüche zulassen. Dabei erhebt sich aber das Problem, daß wir nicht alle Widersprüche zulassen können, denn Widersprüche können auch Fehler sein! Wenn ein Konflikt entsteht, weil einer bei einer Konstruktion einen Rechenfehler gemacht hat, dann ist es vernünftig, den Fehler zu suchen und den Widerspruch zu eliminieren. Es gibt aber andere Widersprüche, bei denen es ganz wesentlich ist, sie bestehen zu lassen! Ein wichtiges Beispiel ist der Widerspruch zwischen Schulmedizin und alternativen Heilmethoden.

Der Widerspruch tritt schon dann auf, wenn etwas in den Denkrahmen der Naturwissenschaft nicht einzuordnen ist. In den verschiedensten Gebieten taucht die Sehnsucht auf, hier zu etwas anderem zu kommen. Das andere wird häufig Vernetzung, Ganzheit, System genannt. Dies dürfen aber nicht leere Schlagworte bleiben. Auch innerhalb des heutigen Denkrahmens, unseres Paradigmas, können natürlich Ganzheiten geschaffen werden (Telephonnetz, das sich über die ganze Welt spannt, Verbundnetz in der Stromversorgung, multinationale Konzerne etc.). Auch das sind Formen der Vernetzung. Es gibt in der Physik die Kirchhoffschen Gesetze für Netzsysteme, die garantieren, daß sie widerspruchsfrei sind.

Die Ganzheiten, die wir mit unserem Denkrahmen schaffen, sind sogenannte hierarchische Ganzheiten. Weil die Hierarchie das Mittel ist, Widersprüche zu eliminieren, und zwar so: taucht auf einer Ebene ein Widerspruch auf, so wird er auf die nächst höhere Ebene verlagert, wo er nicht mehr vorhanden ist, und dort kann er gelöst werden. Wenn zwei Leute streiten, gehen sie zum Richter, der in unserem Denksystem nur dann entscheiden darf, wenn er am Konflikt nicht beteiligt ist. Ansonsten gilt er als befangen und darf nicht entscheiden. (In China versuchte man auch ähnliche Hierarchien aufzubauen, ließ es aber bleiben, weil man mit dem Widerspruch nicht zu Rande gekommen ist.)

Ich glaube nicht, daß es genügt zu sagen, wir wollen Vernetzung und Ganzheit! Was wir wollen, ist mit dem Widerspruch anders umgehen, als dies in unserem bisherigen Denkrahmen geschieht. In unserer Kultur ist die einzig zulässige Form, mit einem Widerspruch umzugehen, ihn als Fehler zu erkennen und diesen dann zu eliminieren. Wenn irgendwo ein Widerspruch auftaucht, sei es als Konflikt oder als Widerspruch zwischen Realität und Wirklichkeit, versuchen wir ihn zu eliminieren. Daher haben wir auch versucht, unsere Wirklichkeit widerspruchsfrei aufzubauen. (Auch im Bauwesen wurde der Mensch weitgehend eliminiert, weil er nicht in unseren Denkrahmen paßt.)

Eine andere Form, mit dem Widerspruch umzugehen, ist das polare Denken. Goethe hat als seinen wichtigsten Beitrag für die Kulturgeschichte der Menschheit seine Farbenlehre betrachtet, in der es ihm darum ging, dem gegenwärtigen Denkrahmen das polare Denken entgegenzusetzen. Behandelt man im naturwissenschaftlichen Denkrahmen die Farben, so kommt man zu einer Analyse, man zerlegt das Weiße. Die elementaren Farben sind dann nach dem Regenbogen rot, orange, gelb, grün, blau, ultramarin, violett. Die Farben werden nebeneinander aufgefädelt, und keine ist besser als die andere, sie werden durch Zahlen (Wellenlänge!) charakterisiert. Goethe sagte, das stimmt nicht, denn rot und grün werden anders aufeinander bezogen als rot und blau. Denn rot und grün geben miteinander das ganze Licht, nämlich weiß. Das sind sogenannte Komplementärfarben, Pole. Es ist dem Menschen viel angepaßter, wenn ich nicht eine Linie mache, sondern einen Kreis und die Farben dort aufzeichne. Hat man einen Kreis, dann steht orange zwischen rot und gelb und ist deren Mischung; grün steht zwischen gelb und blau, violett zwischen blau und rot, wie es dem Mischen entspricht. Macht man dies nach Newton, steht am einen Ende rot, am anderen violett, und daß violett die Mischung von blau und rot ist, bleibt bei Newton reiner Zufall. Man hat den Vorteil des polaren Denkens, das unseren unmittelbaren Sinnesqualitäten angepaßt ist, man hat aber den Nachteil, daß man in einem geschlossenen Kreis ist, aus dem man nicht herauskommt. Hat man eine Linie, kann man fragen, was kommt nach blau und vor rot, und kommt zunächst zu ultraviolett und infrarot und schließlich zum ganzen elektromagnetischen Spektrum. Daraus entwickelt sich die ganze Technisierung der elektromagnetischen Wellen. Das geht nach Goethe nicht. Man kann bei Newton weitergehen, hat aber den Nachteil, daß das Ganze keinen Bezug zum Menschen mehr hat. Wo nehme ich aber die Nachteile um der Vorteile willen in Kauf?

Das polare Denken ist das, was oft mit dem Begriffspaar Yin und Yang verbunden wird und in China seit je eine der zentralen Denkformen war. Die chinesische Schrift kann ja auch aus zwei widersprechenden Zeichen ein neues Ganzes aufbauen.

Die dritte Denkform ist die, die ich die dialektische Denkform nennen möchte. Im polaren Denkrahmen wird der Widerspruch zum Gegensatz, die Gegensätze ergänzen einander zu einem Ganzen. Im dialektischen Denken ist der Widerspruch treibendes Element der Entwicklung. Nur wenn es Widersprüche gibt, ist Entwicklung denkbar. Diese drei Formen der Ganzheit kann man auch so charakterisieren: wenn wir erstens aus einem Steinblock einen menschlichen Kopf herausmeißeln, dann können wir ihn sicherlich als eine Form der »Ganzheit« bezeichnen; er ist entstanden durch Wegschlagen alles dessen, was nicht dazugehört.

Wenn wir zweitens einen Apfel in die Hälfte schneiden und eine Hälfte vor uns haben, so stellt sie einerseits eine Ganzheit dar, weist aber immer auf die andere Hälfte hin, es ist selbstverständlich, daß hier noch etwas Zweites fehlt, um zur ursprünglichen »Ganzheit« zurückzukommen.

Wenn wir drittens – und dies ist die am schwersten zu verstehende weil widersprüchliche Form einer Ganzheit – den menschlichen Körper untersuchen, werden wir nichts finden, was vom »Ganzen« fehlt, und trotzdem haben wir dabei die Seele (oder auch den Geist) noch nicht einmal berührt. Jeder Teil ist selbst schon das Ganze und trotzdem fehlt noch etwas Wesentliches! Nur in dieser widersprüchlichen Form ist diese dritte Art der »Ganzheit« (die ich auch gerne Synthese nennen möchte) zu verstehen. Nur in dieser Form ist sie mit dem zu vergleichen, was in China das »Tao« genannt wird.

Ich halte es daher für zu oberflächlich, einfach von »Ganzheit« oder auch Vernetzung usw. zu sprechen. Die wesentliche Frage ist damit noch nicht berührt: wie gehen wir mit dem Widerspruch um? Eliminieren wir ihn als Fehler (logische Ganzheit), wandeln wir ihn zur Spannung zwischen polaren Gegensätzen (polare Ganzheit), oder erkennen wir ihn als Quelle des Lebens, ja der Entwicklung (dialektische Ganzheit). Vermutlich wird in unmittelbarer Zukunft eine der entscheidenden Fragen für uns Menschen werden, welche Probleme mit welcher Art des Denkens am besten zu bewältigen sind und welche Art von Ganzheit wir dabei anzustreben haben. Ich glaube, daß wir auf keine der drei Denkformen verzichten können, wollen wir die Welt sowohl zu unserem Nutzen umgestalten, als auch in dieser Welt ein gedeihliches und sinnvolles Leben führen.

Die Grenzen der Wirklichkeit erweitern

Die experimentelle Methode der modernen Naturwissenschaft hat ein geradezu unglaublich umfangreiches Material von Phänomenen zu sichten, ordnen und zu erklären vermocht. Dabei war es aber von vornherein klar, daß nicht alle Erscheinungen der Wirklichkeit und Erfahrungen der Menschen mit dieser Methode erfaßt werden konnten. Ja, es war geradezu das Erfolgsrezept der naturwissenschaftlichen Methode, gewisse Bereiche der erlebten und erfahrbaren Wirklichkeit auszuklammern, um dadurch zu Naturgesetzen zu kommen, die tatsächlich für alle Menschen zu allen Zeiten in gleicher Weise gelten. Erreicht wurde dieses Ziel durch Ergänzen der logischen Beschreibung (Theorie!) durch das spezifisch naturwissenschaftliche Auswahlkriterium: das Experiment. Die Logik fordert von der theoretischen Beschreibung Eindeutigkeit, Widerspruchsfreiheit und Begründbarkeit. Das experimentelle Auswahlkriterium scheidet alle »falschen« Erklärungen, die eben experimentelle Ergebnisse nicht richtig widerspiegeln, aus; theoretische Konzepte und Erklärungen, die nicht von experimentellen Ergebnissen widerlegt werden, gelten als »bewährt«.

Als Experiment im Sinne der naturwissenschaftlichen Methodik gilt nur das, was den drei klassischen Forderungen genügt: 1) Quantifizierbarkeit (»Alles was meßbar ist, messen, und was nicht meßbar ist, meßbar machen!« – Galileo Galilei). 2) »Intersubjektivität«: Damit ist die Forderung nach Reproduzierbarkeit sowohl in räumlicher und zeitlicher Hinsicht als auch die Unabhängigkeit vom spezifischen Beobachter, also die Reproduzierbarkeit durch verschiedene Experimentatoren gemeint. 3) Analysierbarkeit: Diese Forderung verlangt, daß alle experimentellen Ergebnisse so beschaffen sein müssen, daß sie von störenden Fremdeinflüssen befreit werden können. Nur das, was aus dem Gesamtverband des Geschehens in der Wirklichkeit so herausgelöst werden kann, daß es in einem »abgeschlossenen System« für sich alleine betrachtet werden kann, kann als experimentelles Kriterium der naturwissenschaftlichen Methode zugelassen werden.

Die naturwissenschaftliche Methodik hat sich als so flexibel erwiesen, daß sie tatsächlich – ausgehend von der physikalischen Mechanik – weiteste Gebiete der uns gegenübertretenden Wirklichkeit erfassen konnte. Grenzwissenschaftliche Phänomene sind aber gerade dadurch definiert, daß sie jeweils an oder jenseits der Grenze liegen, die von der naturwissenschaftlichen Methode gerade noch erfaßt werden kann.

Es erweist sich als zielführend, drei Grenzen naturwissenschaftlicher Erkenntnis zu unterscheiden. Zunächst gibt es die *technologische Grenze* naturwissenschaftlicher Erkenntnis aus der jeweils technisch gegebenen Begrenzung der Möglichkeiten. So ist etwa durch das größte Teleskop die Grenze gegeben, bis zu der wir den Weltraum ausloten können, durch die jeweils größten Beschleunigungsmaschinen ist die Grenze der Feinheit gegeben, bis zu der wir in den Mikrokosmos vordringen können, und durch die jeweilige Geschwindigkeit der elektronischen Rechenmaschinen ist die Grenze gegeben, bis zu der wir komplexe mathematische Analysen durchführen können. Diese drei Beispiele sollen nur für die ungeheure Fülle von technologischen Einzelgrenzen gelten, die den jeweils zeitlich gegebenen Bereich des Machbaren abstecken.

Die technologische Grenze wird ständig hinausgeschoben, ist

aber für das, was wir hier »grenzwissenschaftliche Phänomene« nennen, nicht sonderlich relevant.

Schon wichtiger scheint hier die *methodologische Grenze* naturwissenschaftlicher Erkenntnis zu sein: aus der spezifischen Methode der Naturwissenschaft, die ja eine Trennung von Beobachter und zu Beobachtendem voraussetzt, hat sich im Laufe der Geschichte naturwissenschaftlicher Erkenntnis eine Grenze ergeben, die erst in unserem Jahrhundert in ihrer Bedeutung erkannt wurde. Da das Experiment – also die quantitativ-intersubjektiv-analysierbare Beobachtung – Kriterium für die theoretische Beschreibung der Wirklichkeit ist, kann in diese Beschreibung sinnvollerweise nur das aufgenommen werden, was mindestens grundsätzlich durch experimentelle Methodik erfaßt werden kann. Wenn es als Folge der Subjekt-Objekt-Spaltung (Trennung von Beobachter und zu Beobachtendem) eine Grenze gibt, jenseits derer grundsätzlich nicht mehr im Sinne des Experimentes beobachtet und erkannt werden kann, dann haben wir eine wesentlich neue Grenze erreicht, die sich aus der Methode der Naturwissenschaft selbst ergibt. Die wahrscheinlich wichtigste dieser Grenzen ist durch die Heisenbergsche Unschärferelation gegeben; die Unschärferelation besagt, daß Ort und Impuls eines Teilchens grundsätzlich nur bis zu einer gewissen Grenze gleichzeitig bestimmt werden können (die Grenze ist durch das Plancksche Wirkungsquantum gegeben). Damit verliert z. B. der Begriff der Bahn eines Elektrons im Atom seinen Sinn, weil er jenseits dieser Grenze liegt und grundsätzlich nicht mehr erreichbar ist.

Daß die Unschärferelation nicht das einzige Beispiel für eine methodologische Grenze darstellt, möchte ich noch an einem weiteren Begriff erläutern: die Lichtgeschwindigkeit stellt ebenfalls eine methodologische Grenze dar, weil sie als Folge der speziellen Relativitätstheorie grundsätzlich nicht überschritten werden kann.

Wahrscheinlich ist für unsere Überlegungen am wichtigsten

die dritte Grenze physikalischer Erkenntnis, welche ich die *ontologische* Grenze nennen möchte.

Mit Hilfe der naturwissenschaftlichen Methode kann nur das erfaßt werden, was sich eindeutig, widerspruchsfrei und begründbar beschreiben läßt und was meßbar, intersubjektiv reproduzierbar und analysierbar experimentell getestet werden kann. Damit scheiden aber prinzipiell alle jene Phänomene aus, die nicht von einzelnen Individuen losgelöst werden können oder zu deren Beschreibung es wesentlich ist, Widersprüche nicht vollständig zu eliminieren. Die naturwissenschaftliche Methodik legt also gewissermaßen einen Filter über die Wirklichkeit, der gewisse Phänomene grundsätzlich nicht durchläßt. Es ist besonders wichtig, darauf hinzuweisen, daß diese Phänomene zwar grundsätzlich nicht von der naturwissenschaftlichen Methodik erfaßt werden können, deswegen aber nicht weniger wirklich oder weniger wichtig sein müssen. Jeder individuelle Akt des Glaubens oder der Liebe gehört hier ebenso dazu wie die Frage nach dem Sinn des eigenen Lebens, die in ihrer ganzen Tragweite wohl nur von jedem für sich selbst beantwortet werden kann.

Gerade weil die naturwissenschaftliche Methodik für unser Verständnis der Welt so viel geleistet hat, ist es naheliegend, immer und überall zunächst zu versuchen, mit Hilfe dieser Methodik Erkenntnisse zu erlangen. Dabei treten aber häufig grundlegende Mißverständnisse auf, die es auszuräumen gilt. Die Methode der Naturwissenschaft erhält ihren Sinn erst aus dem Wechselspiel von Theorie und Experiment. Eine bloß eindeutige, widerspruchsfreie, begründbare Beschreibung allein hat überhaupt keinen Anspruch auf Wahrhaftigkeit, solange sie nicht von Experimenten gestützt wird. Andererseits ist eine bloße Quantifizierung durch Meßzahlen, auch wenn sie sich intersubjektiv und analysierbar gebärdet, völlig sinnlos, wenn damit nicht theoretische Aussagen erhärtet oder widerlegt werden können. Im Hinblick auf grenzwissenschaftliche Phänomene bedeutet dies, daß es völlig sinnlos ist, irgendwelche komplizierten theoretischen Beschreibungen zu versuchen (auch wenn dies mit schwierigsten mathematischen Formeln geschieht), wenn daraus nicht eindeutige Voraussagen für Experimente abgeleitet werden können, die dann zur Bestätigung oder Widerlegung führen können. Selbst der großartige Wurf der allgemeinen Relativitätstheorie von Albert Einstein hätte verworfen werden müssen, wäre das historische Experiment der Ablenkung des Sternenlichtes am Sonnenrand während einer Sonnenfinsternis nicht zu seinen Gunsten ausgegangen.

Andererseits ist auch das umfangreichste Datenmaterial experimenteller Untersuchungen allein niemals ausreichend, als naturwissenschaftliche Beschreibung zu gelten, solange nicht irgendein theoretisches Verständnis dahinter steckt. Das Datenmaterial ist Voraussetzung dafür, theoretische Ideen zu entwickeln, es kann aber allein nicht als Rechtfertigung für einen Exaktheitsanspruch gelten.

Derartige Mißverständnisse finden wir auch in den heute etablierten Wissenschaften, in denen sehr häufig umfangreiches statistisches Material schon als ausreichend für eine naturwissenschaftliche Durchdringung des Gegenstandes angesehen wird. Dagegen ist immer wieder zu betonen, daß erst aus der Synthese von Theorie und Experiment sich die naturwissenschaftliche Beschreibung der Wirklichkeit ergibt, wobei für die Theorie wesentlich ist, daß sie imstande ist, den Ausgang von Experimenten richtig vorherzusagen.

Wenn ich bei der Diskussion der ontologischen Grenze betont habe, daß alles das, was zu seiner Beschreibung auf Widersprüche (oder zumindest Gegensatzpaare) nicht verzichten kann, von der naturwissenschaftlichen Methode nicht erfaßt wird, so muß ich dies in einem einzigen Punkt gleich wieder zurücknehmen: bei der Frage nach dem Wesen der Materie gab es von Anfang an zwei entgegengesetzte Beschreibungsversuche; einerseits scheint die Materie einen gewissen Raum kontinuierlich zu erfüllen, andererseits läßt sie durch ihre Teilbarkeit und chemische Verwandelbarkeit auf einfache Konstituenten schließen. Dieser Gegensatz diskret-kontinuierlich, der schon in den Aporien des Zenon von Elea so deutlich beschrieben wird, ist tatsächlich wesentliches Bestimmungsstück der Materie. Eine befriedigende Beschreibung konnte daher auf den Widerspruch diskret-kontinuierlich nicht verzichten, und in der Quantenmechanik ist es tatsächlich gelungen, eine konsistente, intersubjektiv nachvollziehbare Beschreibung der Materie zu erreichen, die über das streng logisch kausale Denken hinausgeht und das Denken in Gegensatzpaaren mit einbezieht. Im sogenannten »Welle-Teilchen-Dualismus« ist es gelungen, die elementaren Bausteine der Materie als sowohl kontinuierlich als auch diskret zu beschreiben. Wesentlich dabei bleibt, daß es innerhalb einer mathematischen Theorie möglich ist, alle Experimente richtig vorherzusagen und eine Beschreibung zu geben, deren Anwendung auf das Experiment keine Zweifel offen läßt.

Das Thema ist leider zu umfangreich, als daß ich es hier auch nur annähernd darstellen könnte. Wesentlich scheint mir hier jedoch zu sein, daß außer dem Denken in Gegensatzpaaren ein Abgehen von der strengen Kausalitätsforderung der klassischen Wissenschaft Voraussetzung für die großartigen Erfolge der Quantenmechanik war.[1] Etwas vereinfacht gesagt möchte ich dies so ausdrücken: Die Quantenmechanik sagt zwar nicht eindeutig voraus, was in einzelnen Elementarprozessen geschehen wird, aber sie macht eine Voraussage darüber, wie etwas abläuft, wenn es eintritt. Sie macht also bestimmte Voraussagen über Korrelationen von Messungen, ohne festzulegen, welches Ergebnis die Einzelmessung bringen wird.

Mir scheint die Quantenmechanik ein deutlicher Wegweiser zu sein, in welche Richtung sich die naturwissenschaftliche Methodik weiterentwickeln ließe, um die ontologische Grenze physikalischer Erkenntnis hinauszuschieben und somit weitere Gebiete von Erscheinungen naturwissenschaftlich erfassen zu lassen.

Ich möchte betonen, daß diese Gedankengänge zugleich mit der Entwicklung der Quantenmechanik entstanden sind, aber – vielleicht wegen einer gewissen Ängstlichkeit vieler Wissenschaftler – nicht wirklich zielstrebig verfolgt worden sind. Als Zeugen dafür möchte ich Wolfgang Pauli zitieren[2], der die Quantenmechanik wesentlich mitbestimmt hat und dafür auch mit dem Nobelpreis für Physik ausgezeichnet worden ist. Pauli beschreibt die ontologische Grenze physikalischer Erkenntnis folgendermaßen: »Der Naturwissenschaftler hat es mit besonderen Phänomenen und einer besonderen Wirklichkeit zu tun. Er hat sich auf das zu beschränken, was reproduzierbar ist. ... Ich behaupte nicht, daß das Reproduzierbare an und für sich wichtiger sei als das Einmalige, aber ich behaupte, daß das wesentlich Einmalige sich der Behandlung durch naturwissenschaftliche Methoden entzieht.«

Und über die Quantenmechanik sagt Pauli: »Ich selbst vermute sogar, daß der Beobachter in der heutigen Physik noch immer zu stark losgelöst ist und diese sich noch weiter von jenem klassischen Vorbild entfernen wird.« Und in einem Vortrag aus dem Jahre 1956 sagte Pauli: »In neuerer Zeit gibt es eine empirische Parapsychologie, die den Anspruch exakter Wissenschaftlichkeit erhebt und mit modernen experimentellen Methoden einerseits, mit moderner mathematischer Statistik andererseits arbeitet. Sollten sich die positiven Ergebnisse auf dem noch kontroversen Gebiet der ›extra sensory perception‹ endgültig bewahrheiten, so könnte dies zu heute noch gar nicht übersehbaren Entwicklungen führen.«

Wie könnte man nun den von der Quantenmechanik begonnenen Weg fortsetzen, um die ontologische Grenze naturwissenschaftlicher Erkenntnis weiter hinauszuschieben? Mein Vorschlag geht dahin, die der klassischen Wissenschaft vorausgesetzte Subjekt-Objekt-Spaltung nach Möglichkeit aufzuheben. Daß dies in einem ersten Schritt schon in der Quantenmechanik geschehen ist, habe ich schon zu erläutern versucht.

Wollen wir hier weitergehen, müssen wir die Suche nach Wirkursachen, die sich im Objekt isolieren lassen, aufgeben. Als Beispiel möchte ich vielleicht das Rutenphänomen heranziehen, das mir am geeignetsten erscheint, zuerst mit einer erweiterten naturwissenschaftlichen Methodik erfaßt zu werden. Nach der klassischen Methodik müßte man nach einer Ursache für den Rutenausschlag suchen. Ich selbst halte dies für den falschen Zugang. Der Versuch, Strahlen, Felder oder etwas Ähnliches zu suchen, was als Ursache für den Rutenausschlag bestimmt werden kann, scheint mir in eine Sackgasse zu führen (ich gebe natürlich zu, daß hier das letzte Wort noch nicht gesprochen ist). Der Zugang, den ich vorschlage, verzichtet überhaupt auf die Suche nach einer objektiven Ursache. Was wir trotzdem feststellen können, sind Korrelationen. Wenn der Rutengänger A an einer bestimmten Stelle eine bestimmte Reaktion erhält, dann wird der Rutengänger B an derselben Stelle eine ähnliche Reaktion feststellen können. Damit haben wir eine Korrelation und müssen nicht weiter nach der Ursache der Reaktionen fragen. Die wissenschaftliche Arbeit kann dann viel freier eine Beschreibung, Klassifikation und Diskurs dieser Korrelationsphänomene vornehmen. Es ist dann auch nicht mehr absurd, von Reaktionen des Rutengängers zu sprechen, die anwesend oder abwesend sind, je nachdem, wie sich der Rutengänger mental auf das bestimmte Phänomen konzentriert. Im Sinne der klassischen Annahme einer objektivierbaren Ursache sind solche Phänomene natürlich sofort in den Bereich der Illusion zu verweisen und daher nicht weiter untersuchungswürdig. Im Sinne der erweiterten naturwissenschaftlichen Methodik kann jedoch sehr wohl auf solche Phänomene eingegangen werden, wenn sich Korrelationen verschiedener Rutengänger eindeutig nachweisen lassen. Auch die Voraussage von bestimmten Phänomenen ist im Rahmen dieser Methode möglich: wenn ein bewährter Rutengänger ein bestimmtes Phänomen feststellt, dann ist eben vorauszusagen, daß andere ähnliche Phänomene feststellen müssen. Ist dies nicht der Fall, muß wohl an dem Phänomen ebenso gezweifelt werden wie bei der Falsifikation einer Vorhersage im Rahmen der klassischen Methodik.

Ich möchte betonen, daß das wesentliche Element der vernünftigen Anwendung naturwissenschaftlicher Methodik immer bleiben wird, daß der Naturwissenschaftler zugleich kritisch und offen sein muß. Ist er zuwenig kritisch, wird er Phänomenen nachlaufen, die tatsächlich in den Bereich der Täuschung, Halluzination oder gar des Wahnes gehören. Ist er zuwenig offen, wird es ihm nicht gelingen, neue Phänomene in den Bereich seiner Tätigkeit einzugliedern und zu erfassen. Hätte Becquerel am Ende des vorigen Jahrhunderts versucht, die Schwärzung seiner Photoplatte durch die Uranpechblende auf das einzige damals bekannte Phänomen, nämlich die elektromagnetische Strahlung, zurückzuführen, so wüßten wir heute noch nichts von der Radioaktivität. Ich kann nur hoffen, daß gerade das Rutenphänomen in naher Zukunft kritisch und offen untersucht wird, wobei nach meinem Vorschlag eben nicht die Ursache, sondern vielmehr die Tatsache des Phänomens im Zentrum des Augenmerkes liegen sollte.

Das Bewußtsein

Aus einer Ringvorlesung der Univ. Wien

Was hat die Physik mit Bewußtsein zu tun? Wenn irgend jemand gefragt wird, wird er wahrscheinlich sagen »nichts«; das ist aber bereits eine spezifische Antwort, die eine Zeitlang auch innerhalb der Physik gegeben wurde, die aber doch in unserem Jahrhundert relativiert werden mußte.

Ich möchte zwei triviale Aussagen machen. Erste triviale Aussage: Jede Aussage stammt von einem Bewußtsein! Während wir hier über das Bewußtsein sprechen, ist es jedesmal ein ganz bestimmtes individuelles Bewußtsein, das über das Bewußtsein spricht.

Es gibt keine Aussage über das Bewußtsein, die nicht von einem Bewußtsein konzipiert wurde. Dann ist es aber schon fraglich, inwieweit die Logik überhaupt anwendbar ist, da in der Logik Selbstaussagen ausgeschlossen werden müssen.

Wenn wir den Satz aufschreiben: »Dieser Satz hat Sofa sechs Wörter«, so ist der Satz richtig, aber er ist unsinnig, denn »Sofa« hat in dem Satz nichts zu tun. Wenn wir die Selbstanwendung zulassen, haben wir sofort die Möglichkeit eines Satzes, der entweder sinnlos und richtig oder sinnvoll und falsch ist.

Also erhebt sich die Frage, inwieweit es möglich ist, Logik auf Aussagen über das Bewußtsein anzuwenden, wenn wir nicht vergessen, daß jede Aussage des Bewußtseins über das Bewußtsein von einem Bewußtsein konzipiert wurde. Ich werde später eine Stelle aus einer modernen japanischen philosophischen Arbeit zitieren, wo genau dieser Punkt als Kritik an unserem Unterfangen angeführt wird.

Zweite triviale Aussage: Jede Aussage betrifft ein Objekt. Subjekt und Objekt sind dabei getrennt. Wenn ich eine Aussage über ein Subjekt mache, wird das Subjekt zum Objekt. Jede Aussage über das Bewußtsein ist eine Aussage über das Bewußtsein als Objekt! Das, was das Bewußtsein als Subjekt ist, darüber können wir keine Aussage machen; aber auch nicht über das, was Karl Jaspers das »Umgreifende« nennt, was vor der Subjekt-Objekt-Spaltung liegt.[1]

Nach diesen zwei trivialen Aussagen sehen wir uns an, wie die Physik mit diesem Problem umgegangen ist und wodurch die Physik ihre großen Erfolge errungen hat. Die Physik ist zunächst einmal davon ausgegangen, daß sie die Subjekt-Objekt-Spaltung sozusagen in ihr Programm aufgenommen hat, indem sie vorausgesetzt hat, der Einfluß des Subjekts spielt keine Rolle. Physikalische Aussagen sind immer nur solche Aussagen, die unabhängig vom Subjekt gelten.

Die Einflüsse der Beobachtung, die auch dann noch gegeben sind, wenn wir bereits von bloß subjektiven Aspekten absehen und uns auf das Intersubjektive, das, was für alle Subjekte gleich ist, beschränken, können wir wegkorrigieren. Das war zunächst die Voraussetzung der Physik, und die hat bekanntlich zum Determinismus geführt. Am Ende des 18. Jahrhunderts war der Höhepunkt des Determinismus in der Physik, dargestellt am Beispiel des Laplaceschen Dämons.

Die klassische Physik beschreibt die Bewegung von Teilchen in Raum und Zeit, und das Bewußtsein wird sozusagen in die Rolle des Zuschauers gedrängt, also vom Akteur zum Beobachter.

Das war zunächst die Annahme, und sie hat sehr gut funktioniert, bis Ende des vorigen Jahrhunderts und am Beginn unseres Jahrhunderts dieses ganze Gebäude der klassischen Physik zusammengebrochen ist. Thomas Kuhn spricht mit Recht vom Paradigmenwechsel.[2]

Einen Paradigmenwechsel hat Einstein ausgelöst mit der Relativitätstheorie und einen anderen, der hier noch viel relevanter ist, die Quantenmechanik.

Die logisch-analytische Methode ist charakterisiert durch die logischen Axiome einerseits und durch die Axiome des Experiments andererseits. Mit Hilfe dieser Methode versuchen wir, die Natur zu beschreiben. Von Parmenides bis Aristoteles gilt Eindeutigkeit und Widerspruchsfreiheit als Voraussetzung dieses Denkens, und später hinzugekommen ist die Begründbarkeit im Sinne der Kausalität. Von der empirischen Seite her waren Galilei oder Descartes (Physiker nennen immer Galilei) die Urheber der drei Axiome der Quantifizierung, der Reproduzierbarkeit und der Analyse. Unter dieser Voraussetzung können wir alle Widersprüche eliminieren und auf das Bewußtsein als Subjekt vergessen.

Durch die Axiome des Experiments ist es gelungen, die Aussagen, die in der Physik zugelassen sind, auf solche zu beschränken, bei denen das individuelle Subjekt keine Rolle spielt.

Wenn ein Widerspruch auftaucht, ist er zu eliminieren. Zu dieser Entweder-Oder-Haltung hat auch gehört, daß etwas entweder diskret oder kontinuierlich ist; es kann nicht beides sein. Die Himmelsmechanik war der Typus des Diskreten. Himmelskörper sind in der Physik sogenannte Massenpunkte. Nur dann kann man eine Bahn berechnen. Sonst wird es zu kompliziert, und man kann nur Näherungen machen.

Die Elektrodynamik war der Typus des Kontinuums, weil elektrische Ladungen sich wie Flüssigkeiten sofort kontinuierlich verteilen. Am Ende des vorigen Jahrhunderts wurde entdeckt, daß die elektrische Ladung nicht kontinuierlich ist, sondern es gibt kleinste Portionen, die Elementarladung.

Das war völlig überraschend. Wie soll es in einem Teil der

Kontinuumphysik auf einmal Atome im Sinne von Demokrit geben, die zwar endlich sind, aber nicht mehr weiter teilbar? Aber es war ein empirisches Faktum! Max Planck (im Jahre 1900) hat gezeigt, daß es sogar in der Strahlung bei Emission und Absorption diskrete Eigenschaften gibt. Elektromagnetische Strahlung war der Typus des Kontinuums, mit Wellen und Interferenz!

Rutherford hat 1911 gezeigt, daß der Atomkern diskret ist, also auch die positive Ladung. In ihrer Verzweiflung haben die Physiker zunächst etwas völlig Unsinniges gemacht, und das wird heute noch in den Schulen gelehrt, weil es das letzte ist, was man sich mechanistisch im Sinne des vorigen Jahrhunderts vorstellen kann, nämlich das sogenannte Bohrsche Atommodell. Bohr hat zunächst postuliert, ein Atom sei wie ein Planetensystem, wo um einen kleinen, fast punktförmigen Kern ebenso punktförmig Elektronen herumkreisen. Von 1913 bis 1926 haben die Physiker damit ein bißchen herumgespielt, aber heutzutage ist das völliger Unsinn!

»Dichteste Kugelpackung« sagen die Festkörperphysiker mit Selbstverständlichkeit, weil die Atome eben Kugeln sind und keine Planetensysteme. Wenn das Atom eine Kugel ist, und andererseits ist das Elektron ein diskretes punktförmiges Teilchen, was ist es dann wirklich? Es kann ja nur entweder diskret oder kontinuierlich sein.

Wir wissen heute, die Ladung eines Elektrons hat einen Radius, der kleiner ist als die kleinste Länge, die man auflösen kann, wenn man Elektronen aneinander streut (10^{-16} cm).[3] Aber im Atom ist das Elektron acht Größenordnungen größer, eine kugelförmige Ladungsverteilung (Heisenberg hat ein schönes Bild geprägt: Wenn jemand vor einem Hallenbad steht und dort sieht, daß die Leute mit dem Gewand hineingehen und wieder mit dem Gewand herauskommen, darf er trotzdem nicht daraus schließen, daß sie drinnen mit dem Gewand schwimmen gehen.). Niels Bohr hat darauf hingewiesen, daß die Logik nicht notwendigerweise überall greift: »Das Gegenteil einer richtigen Behauptung ist eine falsche Behauptung, aber das Gegenteil einer tiefen Wahrheit kann wiederum eine tiefe Wahrheit sein.«

Das Elektron ist sowohl diskret als auch kontinuierlich. (Die Physiker sagen im allgemeinen nicht diskret–kontinuierlich, sondern Welle und Teilchen.) Man spricht vom Welle-Teilchen-Dualismus oder Komplementarität, weil das Wort »Widerspruch« in unserer Kultur ja tabuisiert ist. Wenn das Elektron sowohl diskret als auch kontinuierlich (sowohl Welle als auch Teilchen) ist, dann erhebt sich die Frage, wann ist es was? Es kann ja nicht dem Zufall überlassen bleiben! In der Sprechweise des Physikers ausgedrückt: die Natur hat eine sehr raffinierte Antwort! Sie macht das nämlich einfach so: Wenn wir die Frage stellen, ist das Elektron ein Teilchen, indem wir Stoßexperimente machen, so ist die Antwort »Ja«. Und wenn wir die Frage stellen, ist das Elektron eine Welle, indem wir ein Interferenzexperiment machen, so ist die Antwort ebenfalls »Ja«. (Dies gilt für alle Objekte des Mikrokosmos, also auch Neutronen, Protonen, Photonen usf.)

Die Natur antwortet immer mit Ja! Und das ist der Punkt, der die Leute verunsichert hat! Denn die Frage stellt schließlich ein Subjekt; und wenn es auf das Subjekt ankommt, wie die Wirklichkeit ist, dann bricht alles, was wir seit Galilei gemacht haben, zusammen. Ich nenne nur fünf Nobelpreisträger (es waren viele andere auch): Max Planck (1900), Albert Einstein (1905), Louis de Broglie, Max von Laue und Erwin Schrödinger. Alle fünf haben jeweils einen wesentlichen Schritt zur Entwicklung der Quantenmechanik beigetragen und beim nächsten Schritt haben sie nicht mehr mitgemacht. Erwin Schrödinger, der den Schlußstrich gelegt hat, indem er die Bewegungsgleichung der Quantenmechanik gefunden hat, hat die Interpretation seiner eigenen Gleichung bis zu seinem Tode nie akzeptiert.

Sowohl Schrödinger als auch Einstein haben Einwände gemacht, und das waren natürlich die scharfsinnigsten Einwände, die überhaupt jemand finden konnte; gerade durch die experimentelle Widerlegung dieser Einwände ist die Quantenmechanik heute noch viel gesicherter! Einstein hat gesagt, daß ihm das Abweichen von der engeren Wirklichkeitsidee der Physik vor der Quantenmechanik als eine bedenkliche Annäherung an einen Standpunkt erscheint, bei dem man Traum oder Halluzination nicht deutlich genug vom Wirklichen unterscheiden könne.

Was sind das für Ur-Ängste! Ich muß betonen, die Quantenmechanik ist eine mathematisch formulierte Theorie, bei der es, insofern sie mathematisch formuliert ist, keine Probleme gibt; nur die Interpretation enthält einen Widerspruch. Das allein hat genügt, daß Einstein Angst gehabt hat, man könne Traum und Halluzination von der Wirklichkeit nicht mehr deutlich genug unterscheiden, und er hat dann einmal mit einem Augenzwinkern zu Wolfgang Pauli gesagt: »Physik ist doch die Beschreibung des Wirklichen, oder soll ich vielleicht sagen, Physik ist die Beschreibung dessen, was man sich bloß einbildet?«[4] Da sehen wir, wie Subjekt-Objekt- Spaltung im Augenblick, wo sie nur ein bißchen angedacht wird, die Leute in Ängste stürzt! Denn die Quantenmechanik behauptet, die Wirklichkeit wird erst konstituiert durch das Experiment!

John Bell war imstande, das mathematisch zu formulieren; das Testexperiment wurde gemacht und ist zugunsten der Quantenmechanik ausgegangen.

Schrödinger ist in der Folge zu der Einsicht gekommen, daß es keine Materie gibt, sondern nur Bewußtsein. Das war die philosophische Haltung von Schrödinger. Er hat allerdings gesehen, daß das in Widersprüche führt, weil das Bewußtsein zunächst immer solipsistisch konstituiert ist (es gibt eigentlich nur mich), und andere Bewußtseine stehen mit meinem in Widerspruch. Deswegen hat Schrödinger postuliert, es gibt nur ein Bewußtsein! Und die Tatsache, daß es viele Bewußtseine gibt, hat er zum Scheinproblem erklärt. Er sagt in seinem Büchlein »Geist und Materie«, daß »solche Mystik als unwissenschaftlich abgelehnt wird. Das beruht darauf, daß unsere (die griechische) Wissenschaft sich auf Objektivierung gründet und sich damit den Weg zu einem angemessenen Verständnis für das erkennende Subjekt, den Geist, versperrt hat. Ich glaube aber, daß hier genau der Punkt ist, in dem unsere gegenwärtige Art zu denken verbessert werden muß, vielleicht durch eine kleine Bluttransfusion von seiten östlichen Denkens.«[5]

Schrödinger sagt dann zum Problem des Widerspruchs zwischen den einzelnen Bewußtseinen:

»Offenbar gibt es nur einen anderen Ausweg: die Vereinigung aller Bewußtseine in eines. Die Vielheit ist bloßer Schein; in Wahrheit gibt es nur ein Bewußtsein... Das mystische Erlebnis der Vereinigung mit Gott führt stets zu dieser Auffassung, wo nicht starke Vorurteile entgegenstehen; und das bedeutet: leichter im Osten als im Westen... Jetzt ist es wohl doch nötig, vorauszuschicken, daß wir die Überlegungen dieses Abschnittes logisch nicht ganz so ernst meinen wie alles bisher Besprochene, dafür aber ethisch viel ernster. Ich gebe von allem Anfang an unumwunden zu, daß ich mich von jetzt an von Metaphysik, ja von Mystik nicht nur nicht freihalten werde, sondern daß sie in alles folgende wesentlich hereinspielen. Natürlich weiß ich genau, daß schon allein dieses Zugeständnis mich einem heftigen Angriff seitens des Rationalismus aussetzt, d. h. von seiten der Mehrzahl meiner naturwissenschaftlichen Kollegen, welche mir bestenfalls mit freundlich-spöttischem Lächeln sagen werden: Weißt du, mein Lieber, damit bleib uns lieber vom Leibe...«

Wolfgang Pauli, dessen Gedankengut ich mich besonders verpflichtet fühle, hat dem entgegengehalten: »Hat der physikalische Beobachter einmal seine Versuchsanordnung gewählt, so hat er keinen Einfluß mehr auf das Resultat der Messung, das objektiv registriert allgemein zugänglich vorliegt. Subjektive Eigenschaften des Beobachters oder sein psychischer Zustand gehen in die Naturgesetze der Quantenmechanik ebensowenig ein wie in die der klassischen Physik.«

Damit ist zwar innerhalb der Physik ein Paradigmenwechsel vollzogen, der philosophische Konsequenzen hat, ich aber würde behaupten, diese philosophischen Konsequenzen sind nichts anderes, als daß eine an sich unsinnige Vorstellung als solche entlarvt wurde: Die Vorstellung, daß es die Realität gibt, unabhängig vom Beobachter (daß es die objektive Welt gibt ohne Subjekte).

Die Quantenmechanik ist die beste physikalische Theorie, die wir jemals gehabt haben. Die Diskussion geht trotzdem auch in der neueren Zeit weiter. Ich halte diese Diskussion nur dort für fruchtbar, wo sie physikalische Aspekte hat. Wenn jemand ein Experiment macht (so wie das Einstein-Podolsky-Rosen-Experiment), um die Quantenmechanik zu erhärten, so ist das immer willkommen. Aber die daraus folgende Diskussion, ob dadurch der Subjektivismus wieder auflebt, halte ich nicht für zielführend, weil sie meines Erachtens die eigentlichen Probleme nicht berührt. Innerhalb der Physik steht heute eindeutig fest, daß wir nicht von einem Zustand der Realität sprechen können unabhängig von der Beobachtung, weil erst durch die Art der Beobachtung festgelegt wird, welche Ergebnisse möglich sind.

Das ist zwar auch in der klassischen Physik schon so; aber das Neue ist, daß wir Ergebnisse bekommen können, die einander widersprechen, einmal Welle, einmal Teilchen, und trotzdem trifft beides am selben Objekt zu.

Es geht hier um das sehr ernste Problem, was das Bewußtsein ist, und ich darf erwähnen, daß ich mit allen anderen Physikern, die ich hier zitiert habe, unter Bewußtsein immer das menschliche Bewußtsein, d. h. das sich selbst wissende Bewußtsein meine, weil nur dort diese Probleme relevant sind. Ich glaube, daß ein Unterfangen, das sich die historisch bedeutsame Aufgabe gestellt hat, eine Aussage über das Bewußtsein zu machen, erstens sehr vorsichtig vorgehen muß und zweitens sich von vornherein nicht einschränken darf.

Ich habe daher drei verschiedene Denksysteme angeboten, in denen man denken kann. Es ist nämlich so, daß wir als Subjekte über bestimmte Inhalte nachdenken, aber daß dieses Nachdenken über bestimmte Inhalte selbst in gewissen Rahmen stattfindet, die uns im allgemeinen nicht bewußt sind, weil wir uns auf einen bestimmten Denkrahmen fixiert haben.

Es gibt viele solche Denkrahmen, unsere drei hier sind Logik, Polarität und Dialektik! Vereinfacht können wir diese drei Denkrahmen charakterisieren durch ihre Einstellung zum Widerspruch. Alle drei Denkrahmen haben ihre Vorteile, aber auf verschiedenen Gebieten, und man ist offener, wenn man sich das klarmacht.

Die Logik ist durch die Forderung charakterisiert, den Widerspruch zu eliminieren. In der Logik ist der Widerspruch ein Fehler, der eliminiert werden muß.

In der Polarität wird der Widerspruch zum Gegensatz, und Gegensätze ergänzen einander zum Ganzen. (Das polare Denken wird daher oft auch das ganzheitliche Denken genannt.) Ich darf daran erinnern, daß kein Geringerer als Johann Wolfgang von Goethe mit entsprechendem Nachdruck darauf hingewiesen hat, daß das logisch-analytische Denken der Naturwissenschaft seine Grenzen hat. Es gibt eine philosophische Schule der sogenannten »Polaritätsdenker«. Wenn jemand Yin und Yang sagt, dann meint er im allgemeinen das polare Denken, nicht das dialektische. Im Tao Te King von Laotse kommen die Wörter Yin und Yang nur ein einziges Mal vor!

Das dialektische Denken ist dadurch charakterisiert, daß es den Widerspruch als Quelle der Entwicklung und daher als notwendig ansieht. Das dialektische Denken fragt danach, was die entscheidenden Widersprüche sind, die ich ernst nehmen muß, damit ich den Gegenstand nicht verliere. Ich werde jetzt versuchen, diese Denkweise auf das Bewußtsein anzuwenden, denn ich glaube, daß etwas so Grundlegendes und Wesentliches wie das Bewußtsein nicht adäquat mit dem logischen Denken allein erfaßt werden kann. Und wenn man es trotzdem versucht, dann muß man sehr aufpassen, daß man nicht Aussagen trifft, die man eigentlich gar nicht treffen will!

Ich darf den Großmeister der Dialektik in neuerer Zeit zitieren, nämlich Hegel, der über das Bewußtsein folgendes sagt: »Der Wahnsinn des Eigendünkels besteht darin, auf die Barrikaden zu gehen, weil man das Bewußtsein der anderen für ein falsches Bewußtsein hält.«[6] Das ist eine starke Aussage, aber ich würde sie nicht zitieren, wenn ich sie nicht teilen könnte.

Und er sagt dann: »Es ist das dialektische Bewußtsein, das den Widerspruch aushält und an der Beseitigung bestimmter Mißstände seine Arbeit ansetzt.«

Ich weiß, wie schwierig das ist, an bestimmten Mißständen seine Arbeit anzusetzen. Es bedarf viel Vertrauens! Wenn ich z. B. an einer Lehrplanreform mitmache, habe ich das Gefühl, das hat eine allgemeine Wirkung. Wenn ich mich aber hinstelle und ein Seminar für 40 Lehrer halte, von denen nur ein paar wirklich profitieren, dann muß ich Vertrauen haben, daß das mehr wirkt, als wenn ich mich in eine Lehrplankommission setze. Ich habe das Vertrauen.

Und dann sagt Hegel: »Die einzige, des Menschen würdige Revolution besteht in der beständigen Aufopferung der früheren Gestalten des Bewußtseins.« Und jetzt möchte ich gerne die Frage stellen, was sind denn die Widersprüche, die wir nicht eliminieren dürfen, um an dem Ernst des Problems nicht vorbei zu gehen?

Denn es ist ein ernstes Problem, vom Bewußtsein des Menschen zu sprechen. Das ist nicht so, wie wenn wir über Elementarteilchen sprechen. Auch das kann ernst werden, aber das

Bewußtsein des Menschen ist immer schon ernst. Was sind diese Widersprüche? Ich möchte die vier Grundwidersprüche, die ich in bezug auf das Bewußtsein sehe, näher erläutern.

Der erste Grundwiderspruch ist der Widerspruch von Individuum und Gemeinschaft. Was heißt das? Wir reden vom Bewußtsein so, als ob es Bewußtsein gäbe, solange es Menschen gibt; überall gibt es Bewußtsein, und in Zukunft wird es Bewußtsein geben, so hoffen wir. Das ist sicherlich nicht falsch, aber das ist ja nur die eine Seite. Die andere Seite ist das »cogito ergo sum«.

Es heißt nicht: Irgendwer denkt, daher bin ich, sondern »cogito ergo sum« – ich denke, daher bin ich –, und ich weiß, daß mein Anteil an dem allgemeinen Bewußtsein damit in Widerspruch steht, insofern als er Teil des Ganzen ist, aber außerdem vollständiges Ganzes, das an meinen Körper gebunden ist.

Mit anderen Worten, ich weiß, daß mein Bewußtsein mit meinem Körper, der notwendigerweise endlich ist, ein Ende findet. Das Wissen des Bewußtseins beinhaltet immer auch ein Wissen, daß dieses Bewußtsein ganz absolut und total ist, weil es an meinen Körper gebunden ist und mit diesem Körper untergeht, trotzdem aber mit dem anderen Bewußtsein in Verbindung steht.

Das ist doch das eigentliche Problem und nicht, ob ein Objekt da draußen ist oder in meinem Bewußtsein! Das bewegt mich vielleicht, wenn ich am Schreibtisch sitze. Erkenntnistheorie ist eine schöne Sache, aber das, was das Bewußtsein wirklich bewegt, die Not des Bewußtseins, das ist doch die Frage, wie steht es eigentlich mit dem Ich und den anderen, und daraus folgt jetzt, daß dieses Bewußtsein Sehnsucht hat nach der Gemeinschaft, denn wir wissen nur, daß wir Teil und Ganzes sind! Aber unmittelbar gegeben ist uns nur das Ganze, und der Teil an den anderen ist die Sehnsucht nach dem Du! Ich würde nicht anstreben, einen Bewußtseinsbegriff zu bilden unter Ausklammerung der Sehnsucht nach Liebe.

Wenn wir hier nicht in allem Ernst über dieses Problem sprechen, dann halte ich das Unterfangen, einen interdisziplinären Bewußtseinsbegriff zu bilden, für nicht wünschenswert!

Der zweite Grundwiderspruch ist der, daß dieses Bewußtsein nicht nur an den Körper als Individuum gebunden ist, sondern immer zugleich weiß, daß dieser Körper in einem auch in der Dialektik akzeptierten Entweder-Oder steht – nämlich daß dieser Körper entweder ein männlicher oder ein weiblicher Körper ist.

Diese Sehnsucht, die unerfüllbar ist, daß ich das Bewußtsein in seiner weiblichen Form als Ich kennenlerne, ist ja wahrscheinlich die stärkste Kraft, die das Bewußtsein überhaupt kennt, nämlich die Erotik. Ich meine damit auch, aber nicht nur, die Sexualität; Erotik ist nicht etwas anderes, sondern mehr als Sexualität. Ich glaube nicht, daß es wünschenswert wäre, einen interdisziplinären Bewußtseinsbegriff zu suchen unter Ausklammerung des ganzen Feldes der Erotik.

Der dritte Grundwiderspruch ist der von jung und alt. Unser Bewußtsein ist ja nicht statisch, sondern in ständiger Bewegung, und wir haben den Eindruck, als verflösse die Zeit.

Das Bewußtsein ist zunächst ein leeres Bewußtsein und wird erst im Laufe der Zeit ein reiches Bewußtsein durch die Erfahrung, kommt dann aber langsam sozusagen in Zeitnot und muß seine eigene Erfahrung wieder weitergeben an die nächste Generation. Das Problem der Weitergabe – wir können sagen der Bewußtseinsinhalte, aber ich würde gerne sagen des Bewußtseins – von einer Generation zur nächsten dürfen wir auch nicht ausklammern, wenn wir zu einem wünschenswerten Bewußtseinsbegriff kommen wollen. Der letzte Widerspruch, den ich sehe, ist dann der Widerspruch von Leben und Tod. Ich habe zuerst gesagt, die stärkste Kraft ist die Erotik, aber eine, die vielleicht von ihr gar nicht so wesentlich verschieden ist, ist wohl die Sehnsucht nach der Transzendenz. Denn wenn es wirklich so ist, daß mit meinem Tod alles aus ist, dann ist ja das

Bewußtsein auch unwichtig. Die Sehnsucht nach der Transzendenz halte ich für eine so wesentliche Bestimmung des Bewußtseins, daß ich es wiederum nicht für wünschenswert hielte, an einer Universität einen Bewußtseinsbegriff unter Ausklammerung dieser Sehnsucht zu schaffen.

Die Kyoto-Schule der Philosophie orientiert sich am Zen-Buddhismus. Nishida hat 1926 ein Büchlein geschrieben: »Das Problem des zurückgelassenen Bewußtseins«.[7] Wir dürfen auch nicht ausklammern, was Japaner über das Bewußtsein sagen.

Nishida sagt in diesem Büchlein, »daß innerhalb der abendländischen Philosophie das Bewußtsein zwar ständig problematisiert wird, aber immer als das zum Bewußtsein gebrachte Bewußtsein und niemals als das zum Bewußtsein bringende Bewußtsein.« Erinnert das an die triviale Aussage, die ich am Anfang gemacht habe?

Hisao Matsumaru aus Tokio schreibt über die Philosophie Nishidas: »Für ihn muß die Identität des Dinges mit der Realität verbunden sein, damit es sich mitten in den verschiedenen Beziehungen, in denen es dem anderen gegenübertritt, erhalten und zugleich mit sich selbst identisch sein kann. Daher muß der Standort der Identität ein Gegenüberstehen, also einen Widerspruch in sich schließen. Da er sich als inmitten der Veränderung befindlicher ›dynamisch‹ verhält, können wir den Standort der Identität bei Nishida als ›dynamisch‹ bezeichnen. Anders gesagt, können wir die Art und Weise des Tätigseins der Identität als ›dynamische Phase‹ benennen. In dieser Phase enthält sie den Widerspruch, ohne daß jedoch die beiden Seiten der Wirklichkeit voneinander getrennt werden können. Die Identität ist nur dann wirkliche Identität, wenn sie sich im Widerspruch befindet, und umgekehrt ist der Widerspruch nur dann wirklicher Widerspruch, wenn er untrennbar von der Identität ist.«[8]

Ich hätte Angst vor meiner eigenen Identität, wenn ich ohne

Widerspruch an einem Unterfangen teilnehme, das die wesentlichen Bestimmungsstücke des menschlichen Bewußtseins ausklammert (Liebe, Erotik, der Sinn im Weitergeben des Bewußtseins an die nächste Generation und die Transzendenz!).

Wenn in einer Universitätsvorlesung der Unterschied zwischen dem Bewußtsein der Tiere und dem Bewußtsein der Menschen nur ein quantitativer Unterschied bleiben sollte, dann wäre für mich das ein menschenverachtendes Unternehmen im Hinblick darauf, daß wir wohl alle (auch wenn wir Vegetarier sein sollten) nichts allzu Schreckliches finden an einem Schlachthof für Tiere, aber daß uns nicht genug grauen kann davor, daß Menschen imstande waren, Schlachthöfe für Menschen zu errichten.

Ich halte nichts von dem Begriff der Kollektivschuld, aber ich glaube, daß es möglich ist, sich als Nachgeborener im nachhinein schuldig zu machen, wenn man Gedankengänge zuläßt, die zu einer menschenverachtenden Konsequenz führen.

Realität und Wirklichkeit

Wolfgang Pauli beginnt sein Referat »Phänomen und physikalische Realität« aus dem Jahr 1954 mit einer sehr interessanten Bemerkung: Die europäischen Sprachen haben zwei Begriffe für »Realität«, nämlich Realität und Wirklichkeit. Wir verwenden beide Begriffe oft synonym, »Wirklichkeit« als das deutsche Wort für das Fremdwort »Realität«. Aber Wolfgang Pauli betont, daß es von der Etymologie und auch vom Ausdruck der beiden Wörter her durchaus Unterschiede zu vermerken gibt: »Realität« kommt von lateinisch »res«, Sache, englisch »reality«, und »Wirklichkeit« kommt von »wirken«, englisch »actuality«.[1]

Ich möchte zunächst den Unterschied dieser beiden Begriffe gegenüber ihren Ähnlichkeiten betonen. Die Vertreter des Realitätsstandpunktes würden sagen: »Realität« ist die Materie, also das, was greifbar gegeben ist. Einer der Urväter dieses Standpunktes ist wahrscheinlich Demokrit, der gesagt hat: »Die einzigen existierenden Dinge sind die Atome und der leere Raum.« Dabei hat er freilich mit dem Ausdruck »existierende Dinge« die Realität *definiert*. Der moderne Physiker – ich verstehe darunter vor allem die Physiker, die sich mit den Grundlagenfragen befassen, also vor allem die Elementarteilchenphysiker – sieht es als Ziel seiner Tätigkeit an, das sogenannte Wirkungsintegral oder die Wirkung für einen physikalischen Sachverhalt aufzustellen; hat er das getan, dann ist er fertig; dann kann er nämlich von dieser Wirkung (englisch »action«) alle seine physikalischen

Phänomene voraussagen und mit Experimenten überprüfen. Es handelt sich dabei nicht nur um eine zufällige Übereinstimmung der Worte, wie gleich deutlich werden wird. Die Wirkung, das Wirkungsintegral (das Integral über die Lagrange-Funktion), ist diejenige physikalische Größe, die ein System vollständig beschreibt, und wenn dieses einmal dasteht (auf der Tafel oder auf dem Papier oder auch im Kopf eines Physikers), dann ist dazu nichts mehr hinzuzufügen, außer der Methodik, wie man daraus auf mathematischem Wege die Voraussetzungen ableitet. Wenn wir das akzeptieren, dann können wir – zunächst einmal sehr grob – feststellen, daß die Vertreter der Realität den Standpunkt des Materialismus vertreten, der sich manchmal hinter schöneren Namen wie »kritischer Realismus« oder ähnlichen verbirgt. Atome und der leere Raum seien die einzigen existierenden Dinge, wie Demokrit sagt, oder »Materie in Raum und Zeit« ist die Wirklichkeit.

Der Höhepunkt dieser Anschauung – er ist innerhalb der Physik schon längst überwunden – liegt vielleicht in der oben dargelegten Behauptung von Laplace. Dies ist der eine extreme Standpunkt, Wirklichkeit ist nur Materie in Raum und Zeit und alles andere ist zumindest nicht so »wirklich wirklich«.

Der extreme andere Standpunkt wurde in unserem Jahrhundert bei dem Kampf um die Entwicklung der Physik in Richtung der Quantenmechanik z. B. von Eddington vertreten[2]. Er sagt ganz deutlich, die Wirklichkeit sei Geist, die »Materie« hingegen sei gar nicht wirklich; wörtlich: »Ebenso behaupte ich, daß das Wesen der Wirklichkeit geistig ist, weder materiell noch eine Zweiheit aus Materie und Geist, sondern Geist.« Schrödinger hat Eddington in diesem Punkt zugestimmt[3]. Sie begründen das mit folgendem Argument: wenn wir das Wirkungsintegral für einen physikalischen Sachverhalt einmal hingeschrieben haben und daraus nun experimentelle Voraussagen (Meßgrößen) ausrechnen, dann brauchen wir die Interpretation als Materie nicht; dies ist eine Interpretation, die in der ganzen physikalischen Tätigkeit nie vorkommt.

Pauli hat in seinem Referat festgestellt, daß es diese Zweiheit der Begriffe gäbe; und es ist interessant, daß sich die alte Dialektik von Materie und Geist bis in die Aussagen der einzelnen Physiker hinein verfolgen läßt.

Beide extremen Standpunkte sind freilich sofort zu widerlegen. Wenn Demokrit recht gehabt hätte, dann wäre es ja schrecklich langweilig in dieser Welt: die einzigen existierenden Dinge sind die Atome und der leere Raum – das würde heißen, daß sich sämtliche Atome, zumindest nach unserer heutigen Erkenntnis, entweder in Ruhe oder in gerader gleichförmiger Bewegung befänden; es würde also überhaupt nichts passieren, was einigermaßen von Interesse wäre: schon die Kräfte sind etwas, was nicht so naiverweise in einem derartigen Realitätsbegriff außer acht gelassen werden kann, weil die Materie ohne ihre Kräfte nicht beschreibbar ist, die Kräfte selbst aber wieder ein Problem darstellen: gibt es die Kraft oder gibt es sie nicht?[4]

Gegen den Standpunkt von Eddington muß man einwenden: es ist zwar schon richtig, daß in einem Wirkungsintegral die Materie direkt nicht vorkommt und es niemals notwendig ist, dieses Integral mit Hilfe einer Materie zu interpretieren, aber es ist doch vorausgesetzt, daß ich jedesmal, wenn ich ein Experiment oder eine Messung mache, mit materiellen Geräten hantiere. Was im Wirkungsintegral an physikalischen Größen steht, sind Abstraktionen, die nicht unmittelbar als Materie interpretiert werden können, aber eben doch Abstraktionen von der ursprünglichen Materie.

So einfach, daß man sich auf die eine oder andere Seite schlägt, ist dies sicherlich nicht. Erinnern wir uns an die physikalische Methode, bevor wir uns dem Problem der Realität in der Naturwissenschaft weiter nähern.

Wolfgang Pauli wurde bereits zitiert: »Der Naturwissenschaftler hat [...] sich auf das zu beschränken, was reproduzierbar ist. Hierzu rechne ich auch das, für dessen Reproduktion die Natur selbst gesorgt hat. Ich behaupte nicht, daß das Reproduzierbare an und für sich wichtiger sei als das Einmalige, aber ich behaupte, daß das wesentlich Einmalige sich der Behandlung durch naturwissenschaftliche Methoden entzieht. Zweck und Ziel dieser Methode ist ja, Naturgesetze zu finden und zu prüfen, worauf die Aufmerksamkeit des Forschers allein gerichtet ist und gerichtet bleiben muß.«

Wolfgang Pauli sagt nicht mehr und nicht weniger, als daß die physikalische Wirklichkeit ein Teil einer umfassenderen Wirklichkeit ist; daß es zwar nicht möglich ist, zu sagen, dies sei die echte Wirklichkeit oder die »wirklichere« Wirklichkeit oder die bessere Wirklichkeit, aber es ist die einzige Wirklichkeit, auf die wir die physikalische Methode anwenden können. Ich glaube nicht, daß Pauli hier zufällig das Wort »Wirklichkeit« verwendet und nicht »Realität«.

Es geht also jetzt darum, uns zu überlegen, was die physikalische Wirklichkeit von dem unterscheidet, was wir vielleicht »Gesamtwirklichkeit« nennen wollen. Pauli hat schon die Reproduzierbarkeit genannt. Und dies ist ja auch der Grund, warum die naive Anschauung, die Materie sei das eigentlich Wirkliche, sich so weit verbreitet hat und sich so hartnäckig hält: Wenn wir uns nämlich darauf festlegen, dann haben wir mit Reproduzierbarkeit kein Problem; es ist ja das Wesen der Materie, daß zum Beispiel ein Gegenstand liegenbleibt, ganz unabhängig von irgendwelchen Spekulationen, ob er auch da liege, wenn ihn keiner anschaut. Materie ist beständig, jeder, der hinschaut, sieht sie, und wenn sie einer nicht sieht, dann ist er eben sehgestört – wir haben mit der Reproduzierbarkeit keine Probleme: Diese naive Anschauung über »Realität« garantiert uns also, daß viele Probleme überhaupt nicht entstehen.

Ich gehe daher vom Begriff »Wirklichkeit« aus und werde zunächst einmal mit Berufung auf meinen Lehrer in Philosophie, Erich Heintel, sagen: »Wirklich ist alles, was zum Handlungsmotiv eines Menschen werden kann.« Weil es »wirkt«. Es ist durchaus sinnvoll, Wirklichkeit so zu definieren; wenn z. B. jemand in der Nacht einen Angsttraum hat und deswegen aus dem Fenster springt, dann hat dieser Angsttraum ein höchst unerwünschtes, aber ein ebenso höchst »reales« Ergebnis! Es ist eine andere Art der Wirklichkeit als die physikalische Wirklichkeit, aber eben doch eine Wirklichkeit: »Wirklich ist alles, was zum Handlungsmotiv eines Menschen werden kann«, also auch Traum und Halluzination. Bei der physikalischen Wirklichkeit ist (unter anderem) die Reproduzierbarkeit entscheidend. »Reproduzierbar« ist vielleicht noch ein bißchen zu sehr eingeschränkt; ich möchte sagen: die physikalische Wirklichkeit ist derjenige Teil der Wirklichkeit, der intersubjektiv feststellbar ist.

Was »intersubjektiv feststellbar« heißt, hat sich im Laufe der Geschichte der Naturwissenschaft so weit herausgebildet, daß es innerhalb der Physik kein Problem gibt, aber es ist nicht einfach zu definieren. Zunächst einmal heißt es, daß etwas nur dann zur physikalischen Wirklichkeit gehört, wenn es reproduzierbar ist. Reproduzierbarkeit bedeutet nicht nur Reproduzierbarkeit durch den gleichen Menschen – es müssen verschiedene Menschen imstande sein zu reproduzieren; aber auch dies genügt noch nicht: es gibt wunderschöne Beispiele, wo sich gezeigt hat, daß der Begriff der Intersubjektivität gar nicht so einfach ist.

Die physikalische Wirklichkeit ist zunächst derjenige Teil der Wirklichkeit, der für alle Menschen in gleicher Weise wirklich ist. Daß dies nicht nur meine Phantasie ist, erläutert ein Zitat von Albert Einstein. Albert Einstein war ja – leider – ein Physiker, der auf dem Begriff »Realität« beharrte. Er hat mit seiner speziellen und seiner allgemeinen Relativitätstheorie sicherlich einen der großartigsten Beiträge zur Physik überhaupt geleistet; wenn man dazu noch berücksichtigt, daß dies die Leistung eines einzelnen war, kann man sogar zu Superlativen greifen und sagen, daß dies die großartigste Leistung als Einzelleistung in der Physik war.

Zur Quantenmechanik hat Einstein im Jahre 1905 einen wesentlichen Beitrag geleistet; die Quantenmechanik ist derjenige Teil der Physik, der gezeigt hat, daß die naive Auffassung des Realismus nicht zu halten ist. Dies schließt auch ein, daß auch der kritische Realismus, wie ihn Karl Popper noch vertritt, abgelehnt werden muß. Die Quantenmechanik ist eine Theorie der Materie, heute eine der wichtigsten, fundamentalen Theorien in der Physik.[5] Zur Entwicklung dieser Theorie waren, wie oben gezeigt wurde, mehrere Schritte notwendig; jeweils ein Schritt wurde von einem bedeutenden Physiker gemacht – und anschließend hat dieser selbe Physiker gesagt, dies hieße ja, daß man den Realitätsbegriff aufgeben müsse, also mache ich nicht mehr weiter. Da war zunächst Max Planck, der den ersten Schritt hin zur Quantenmechanik getan hatte. Als Albert Einstein im Jahre 1905 den nächsten Schritt machte, war er ein unbekannter Patentbeamter in Bern; Max Planck war so begeistert von der Relativitätstheorie, daß er Einstein in die Gemeinschaft der Physiker einführte und – im Jahre 1917 – dafür gesorgt hat, daß er Mitglied der Preußischen Akademie der Wissenschaften wurde; in seinem Empfehlungsschreiben, das auch von Nernst und zwei Experimentalphysikern unterschrieben war, aber von Planck stammte, schreibt er, Einstein habe mit seiner Relativitätstheorie so Großartiges und Unwiderrufliches für die Physik geleistet, daß er die Mitgliedschaft der Akademie verdiene, auch wenn man einem so großen Geist manchmal nachsehen müsse, daß er so etwas wie die Lichtquanten vorgeschlagen habe. – Dann kam de Broglie, und Einstein sagte, ich mache nicht mehr weiter, wir können doch vom Realitätsbegriff nicht ablassen! Als Schrödinger mit der Aufstellung der »Schrödinger-Gleichung« den nächsten Schritt tat, sagte de Broglie, er mache nicht mehr weiter mit, man dürfe den Realitätsbegriff nicht zerstören! Als sich herausstellte, man könne weder die wellentheoretische Betrachtung noch die teilchenhafte Vorstellung der physikalischen Wirklichkeit allein vertreten, sagte Schrödinger: »Wenn es bei dieser Interpretation der Quantenmechanik bleiben sollte, dann tut es mir leid, daß ich mich jemals mit diesem Gebiet befaßt habe!« Niels Bohr aber äußerte: »Und wir anderen sind Ihnen so unendlich dankbar!«

Einstein hat diese Entwicklung der modernen Physik niemals mitvollzogen. »Als Motiv seiner Haltung legte er offen dar, daß ihm ein Abweichen von der engeren Wirklichkeitsidee der Physik vor der Quantenmechanik als eine bedenkliche Annäherung an einen Standpunkt erscheine, bei dem man Traum oder Halluzination nicht deutlich genug vom Wirklichen unterscheiden könne.«[6]

Die Motivation von Einstein gegen die Quantenmechanik war also die, daß man Traum und Halluzination von dem, was »wirklich« wirklich ist, nicht mehr unterscheiden könne. Dies ist freilich nicht der Fall; aber das waren seine persönlichen Ängste, immerhin die Ängste eines Albert Einstein. Zusammenfassend: Es ist gar nicht so einfach, das, was ich vorhin sagte, zu realisieren. Im alten Realitätsbegriff gilt als »wirklich« nur Materie in Raum und Zeit. Ist ein Traum Materie? Nein! Ist Geist Materie? Nein! Die zugrundeliegende Auffassung, mit der Verneinung der Frage sei gezeigt, Geist sei nicht Materie und damit nicht wirklich, ist plausibel, aber zu naiv und beweist nichts; dieser Standpunkt ist zudem in der Physik längst überholt.

Wie macht es die Naturwissenschaft, wenn sie »ihre« Wirklichkeit aus der Gesamtwirklichkeit herauslösen will?

Wenn wir als Kriterium der physikalischen Wirklichkeit die Intersubjektivität (Reproduzierbarkeit im umfassenden Sinn) festlegen, dann müssen die Sätze der Naturwissenschaft so gefaßt werden, daß sie für alle Menschen in gleicher Weise gültig sind. Es ist seit Aristoteles bekannt, daß derartige Aussagen den Axiomen der Logik genügen müssen. Nur genügt das nicht;

wenn wir nämlich nur die Axiome der Logik fordern, dann kommen wir zur Mathematik und nicht zur Naturwissenschaft. Die Mathematik ist jene Disziplin, die sich überlegt, was alles mit den Axiomen der Logik in Einklang zu denken ist. Die Mathematik macht Aussagen über alles mögliche, aber wir müssen entscheiden, welche dieser Aussagen auf die Wirklichkeit zutreffen. Albert Einstein hat dies sehr schön formuliert, klar und präzise, wie man es von ihm gewöhnt ist: »Insofern die Mathematik sicher ist, hat sie nichts mit der Wirklichkeit zu tun; insofern die Mathematik auf die Wirklichkeit angewendet wird, ist sie nicht sicher.« Z. B. sind in der Mathematik Räume mit einer, zwei, drei und mehreren Dimensionen gleichwertig, keiner von ihnen ist irgendwie ausgezeichnet; für den Naturwissenschaftler hat der dreidimensionale Raum eine Sonderstellung (zumindest zunächst in der klassischen Physik).

Wir brauchen irgendein Kriterium dafür, welche Aussagen der Mathematik in der Wirklichkeit zutreffen. Und dieses Kriterium ist von Galilei geschaffen worden, nämlich das Experiment.

Das Experiment hat ebenso Forderungen zu erfüllen (Axiome des Experiments) wie die Theorie. Diese Forderungen sind in genialer Weise so geschaffen, daß wir damit das Kriterium finden, was aus der Gesamtwirklichkeit für alle Menschen in gleicher Weise gültig ist. Sie seien hier zur Verdeutlichung noch einmal erläutert.

Die erste Forderung lautet nach Galilei: »Alles, was meßbar ist, messen, und was nicht meßbar ist, meßbar machen!« Sie ist die Forderung der Quantifizierung: Die experimentellen Ergebnisse sind in Zahlen auszudrücken. Und hier soll gleich klarwerden, wie sehr die Methode der Naturwissenschaft in sich dialektisch ist, das heißt in sich immer damit ringen muß, zwei einander widerstrebende Aspekte zu vereinen. Denn Quantifizieren hat einerseits den Vorteil, daß die Zahlen für alle Menschen in gleicher Weise gelten. Wenn z. B. jemand sagt, er fühle sich schlecht, kann man nicht erkennen, ob er todkrank oder »fast gesund« ist. Wenn man aber mit dem Fieberthermometer mißt und die Temperatur 37,6° C ist, dann ist diese Zahl intersubjektiv. Andererseits ist es aber praktisch unmöglich, daß zwei Menschen genau die gleiche Zahl messen.

Wir haben doch gesagt, in der Gesamtwirklichkeit gibt es Träume und Halluzinationen, die zweifellos nur für ein Individuum gelten. Ebenso sind die Erfahrungen, die Menschen in der Wirklichkeit machen, grundverschieden. Und trotzdem wollen wir einen einheitlichen Teil herausdestillieren, der für alle Menschen in gleicher Weise gilt. Das ist nun das Problem, weil genau dies einerseits notwendig, andererseits aber unmöglich ist, da alle Menschen verschiedene Erfahrungen machen. Und dies ist der ideale Wurf des Galilei, der sagte: Wenn ich quantifiziere, dann habe ich mit der Zahl das, was so weit von allem Individuellen und Persönlichen absieht, daß es für alle Menschen in gleicher Weise gelten kann. Aber: Wenn zwei Menschen ein gleiches Experiment machen, bekommen sie immer Verschiedenes heraus, und deswegen ist es in der Naturwissenschaft grundsätzlich sinnlos, irgendeine Zahl als Meßergebnis anzugeben.

Die Naturwissenschaft löst dieses Problem dadurch, daß sie zu jedem Meßergebnis angibt, wie groß der Fehler ist bzw. die Abweichung sein darf, so daß ein Meßergebnis eines anderen Experiments als das gleiche Meßergebnis gilt, wenn es in diesen so festgelegten Bereich fällt. Zwei verschiedene Zahlen sind in der Physik gleich, wenn sie innerhalb der Fehlergrenzen liegen: so wird die Dialektik der physikalischen Methode offenkundig. Und die Frage, wann zwei Zahlen verschieden sind, kann nicht immer allgemein beantwortet werden; es bedarf zu der Entscheidung oft der großen Konferenzen, in denen die »Fehler«, die Abweichungen bewertet und die Größe des zulässigen Intervalls festgelegt werden. Was »intersubjektiv« im Einzelfall heißt, kann nicht nach irgendwelchen allgemeinen Regeln festgelegt werden, dies müssen die Menschen in kritischer Diskussion miteinander erarbeiten.

Die zweite Forderung Galileis ist, wie bereits gesagt, die Forderung der Intersubjektivität.

Die dritte Forderung ist die Forderung der Analyse. Galilei sagt, die Methode fände nur dann eine vernünftige Anwendung, wenn man aus dem betrachteten Gesamtgeschehen einen Teilbereich so weit herausisolieren kann, daß der Einfluß der anderen Teile zu vernachlässigen ist. (Heute sind die »strange attractors« ein besonderer Gegenstand der Forschung geworden, ebenso chaotische Systeme und ähnliches.) Wenn es nicht möglich ist, ein Phänomen aus dem Gesamtzusammenhang herauszulösen und für sich zu betrachten, dann verliert die Methode ihren Sinn, weil dann auch die Intersubjektivität nicht garantiert werden kann.

Aber das Experiment ist immer noch eine Einzelhandlung. Selbst wenn sie diesen Forderungen genügt, handelt es sich dabei um eine individuelle Situation: ein Experiment irgendwann und irgendwo, von einem bestimmten Team durchgeführt. Die Aussagen der Naturgesetze sind aber sogenannte »Allsätze«. Es ist die wesentlichste Leistung von Karl Popper, darauf hingewiesen zu haben, daß es grundsätzlich unmöglich ist, die Aussagen der Naturgesetze zu verifizieren[7]; d. h. es ist grundsätzlich unmöglich, im Sinne eines mathematischen Beweises oder auch nur etwas Ähnlichem zu einer positiven Aussage über Naturgesetze zu kommen. Naturgesetze sind Allsätze, die immer und überall gelten sollen; nur wenn man *alle* einschlägigen Experimente zu allen Zeiten durchführen könnte, wäre dieser Allsatz bewiesen!

Das Experiment kann also nicht unmittelbar als direktes Kriterium herangezogen werden, sondern das Kriterium für eine Theorie ist, daß sie imstande ist, Voraussagen zu machen. Die sogenannte »Voraussagekraft« einer Theorie ist das Kriterium dafür, ob sie als Beschreibung der physikalischen Wirklichkeit herangezogen werden kann oder nicht. »Voraussage« heißt nicht, daß das Experiment noch nicht gemacht wurde. »Voraussage« heißt, daß sich in intersubjektiver Weise aus einer gegebenen Wirkung eine Zahl ausrechnen läßt, die mit dem Meßergebnis innerhalb der Fehlergrenzen übereinstimmt. Dabei kann es durchaus möglich sein, daß diese Messung schon lange vorliegt. Heute ist es z. B. ein Problem, die Größe der elektrischen Ladung, die sogenannte Feinstrukturkonstante, auszurechnen. Man kennt sie schon lange auf sieben oder acht Dezimalen genau; trotzdem ist es immer noch eine Aufgabe der theoretischen Physiker, diese Zahl »vorauszusagen«. Auch hier verwenden wir das Wort »Voraussage« (Weinberg hat einmal vorgeschlagen, daß man zwischen »prediction« und »postdiction« unterscheide, aber diese – überflüssige – Unterscheidung hat sich nicht durchgesetzt: jeder Physiker weiß, was »Voraussage« bedeutet).

Nun ist in unserer Grundunterscheidung zwischen »Realität« und »Wirklichkeit« das Gewicht ganz eindeutig auf die Seite der »Wirklichkeit« gelegt: Die Theorie ist nicht deswegen akzeptiert, weil sie das beschreibt, was ist, sondern weil sie imstande ist, Voraussagen zu machen für die Ergebnisse, die sich bei einem Experiment einstellen werden.

Dies also bestimmt die naturwissenschaftliche Methode: Wechselspiel von Theorie und Experiment, dadurch ist sie charakterisiert; der Zusammenhang zwischen beiden beruht in der Voraussagekraft der Theorie, in der Voraussage von Experimenten, die diese Theorie bestätigen oder widerlegen, wobei das »bestätigen« keineswegs »beweisen« heißt; eine Theorie, die von genügend vielen Experimenten bestätigt wurde, nennen wir eine bewährte Theorie; wir sprechen nicht von »Beweisen«, von »bewiesenen« Theorien.

Durch die Festlegung der Methode haben wir nun auch die »physikalische Wirklichkeit« (als einen Ausschnitt aus der Gesamtwirklichkeit) eindeutig charakterisiert. Zugleich ist auch zugunsten des »Wirklichkeits«-Standpunktes gegenüber dem »Realitäts«-Standpunkt entschieden. Noch einmal möchte ich darauf hinweisen: das einzige Kriterium dafür, ob eine Theorie die Wirklichkeit beschreibt oder nicht, ist das Experiment als Voraussage der Theorie und nichts anderes.

Es herrscht ein Mißverständnis in der Öffentlichkeit: Theorien haben heute in der Physik nicht mehr den Anspruch, anschaulich zu sein – das war früher einmal notwendig –, denn Anschaulichkeit ist kein Kriterium mehr für die Gültigkeit einer Theorie. Es kommen immer wieder Leute, die meinen, sie hätten eine bessere Relativitätstheorie oder eine bessere Teilchenphysik, weil sie anschaulicher sei; diesen muß man klarmachen, daß es gleichgültig ist, ob eine Theorie anschaulich ist oder nicht. Nur wenn eine Theorie bessere Voraussagen macht, wird sie akzeptiert.

Die Anschaulichkeit einer Theorie war zur Zeit des mechanistischen oder materialistischen Realismus ein Kriterium; das belegt ein Zitat von William Thomson (Lord Kelvin, der der Einheit der absoluten Temperatur den Namen gegeben hat): »Ich bin erst dann zufrieden, wenn ich von einer Sache ein mechanisches Modell herstellen kann. Bin ich dazu in der Lage, dann kann ich sie verstehen. Wenn ich mir nicht in jeder Hinsicht ein mechanisches Modell machen kann, dann kann ich sie auch nicht verstehen.« Im vorigen Jahrhundert war »Verstehen« gleichbedeutend mit »Anschaulichkeit« im Sinne eines mechanischen Modells. Und dies ist aus historischen Gründen verständlich: Die Physik hatte als Mechanik begonnen, und es war selbstverständlich, daß man bei der Beschreibung weiterer Phänomene versuchte, sie auf die bereits bekannten zurückzuführen und so aufgrund des bereits Verstandenen zu »erklären«. So kam es zu der Überschätzung der Mechanik und zur Erwartung, daß man auf mechanistische Weise alles beschreiben könne (Laplacescher Dämon!). In dem Augenblick aber, in dem die Anschaulichkeit (in dem eben beschriebenen Sinne) als Kriterium der Gültigkeit einer Beschreibung der Wirklichkeit fällt, ist dieser Anspruch wesentlich eingeschränkt und eine Trennung eingeführt, die den Bereich der physikalischen Wirklichkeit als einen Teilausschnitt der Gesamtwirklichkeit darstellt. Die festgelegte Methode führt eine Trennung in der Wirklichkeit ein!

Wenn aber eine solche Trennung vorliegt, dann erhebt sich die Frage nach der Grenze zwischen den Bereichen. Am Anfang hatte man eine einzige Grenze akzeptiert, nämlich die Grenze, die gegeben war durch das technisch Mögliche, deshalb wurde sie bereits oben die technologische Grenze genannt. Wenn wir behaupten, daß das, was wir mit der naturwissenschaftlichen Methode feststellen können, die ganze Wirklichkeit umfasse, so folgt daraus, daß wir all das, was wir mit unserer Methode noch nicht erkennen konnten, doch irgendeinmal – sofern es real ist – feststellen werden können (ich darf wieder auf den Laplaceschen Dämon verweisen).

In unserem Jahrhundert ist der Zusammenbruch dieser Anschauung insbesondere durch die Quantenmechanik gekommen; sie hat gezeigt, daß es nicht möglich ist, eine derartige mechanistische Beschreibung der Natur zu erstellen. Oft wird allerdings auf die Quantenmechanik so hingewiesen, als wäre sie die einzige physikalische Theorie, die an dem »Realitäts«-Standpunkt gerüttelt hat. Es ist deshalb wichtig, zu betonen, daß schon die spezielle Relativitätstheorie einen ganz entscheidenden Schritt in dieser Richtung getan hat.

Die spezielle Relativitätstheorie kann durch eine negative Aussage charakterisiert werden, die die Voraussetzungen der Laplaceschen Aussage zerstört; »negativ« in Hinsicht auf das, was vom »Realitäts«-Standpunkt her in naiver Weise als wirklich galt: »Es ist grundsätzlich unmöglich, Gleichzeitigkeit in relativ zueinander bewegten Bezugssystemen festzustellen.« Daraus resultiert, daß die Annahme fällt, Materie in Raum und Zeit sei die »Wirklichkeit«.

Dies wird noch verschärft durch die Aussagen der allgemeinen Relativitätstheorie, die Albert Einstein bei seiner Ankunft in Amerika Journalisten gegenüber so charakterisiert haben soll: »Vor der allgemeinen Relativitätstheorie nahm man an, daß dann, wenn man die Materie aus dem Weltall entfernt, immer noch Raum und Zeit übrig blieben; seit der allgemeinen Relativitätstheorie wissen wir, daß mit der Materie auch Raum und Zeit verschwinden.« Damit ist die naive Anschauung des »Realitäts«-Standpunktes gefallen, denn man kann nicht mehr mit Newton Raum und Zeit sozusagen als Behälter voraussetzen, in dem dann Materie als die Wirklichkeit enthalten sein soll.

Sicher war der noch viel radikalere Schritt im Rahmen der Quantenmechanik vollzogen worden, der wiederum durch eine negative Aussage charakterisiert werden kann: »Es ist grundsätzlich unmöglich, im Mikrokosmos die Bahn eines Teilchens festzustellen.« Dies aber war gerade die Voraussetzung für den Laplaceschen Dämon.

Ich hatte schon darauf hingewiesen, daß viele große Physiker gegen die Theorie, die dann entstanden ist, revoltiert haben. Diese Theorie führt nämlich dazu, daß der Begriff eines Teilchens überhaupt fallengelassen werden muß, so wie Einstein zu der Aussage kam, daß der Begriff der absoluten Zeit fallengelassen werden muß. Man spricht nun von »Komplementarität« von Welle und Teilchen. Worum es eigentlich geht, ist nicht der Gegensatz von Teilchen und Welle, sondern der Gegensatz zwischen diskret und kontinuierlich. Die Frage, ob die Materie im Sinne des »Realitäts«-Standpunktes diskret oder kontinuierlich aufgebaut sei, kann nur mit einem dialektischen »weder-noch oder beides« beantwortet werden. Mit anderen Worten, ich muß den Begriff einer Realität, die unabhängig davon existiert, ob ich sie beobachte oder nicht, aufgeben. Dagegen haben die Physiker, die »ausgestiegen« sind, mehr oder weniger offen revoltiert, haben aber mit ihren Einwänden wesentlich zum Verständnis der neuen Theorie beigetragen: Schrödinger[8] mit seiner »Schrödingerschen Katze« und Einstein mit dem Einstein-Podolsky-Rosen-Paradox[9], mit dem gezeigt wurde, daß die Quantenmechanik – kurz gesagt – ganzheitliche Aspekte hat, daß es unter gewissen Umständen gar nicht mehr sinnvoll ist, von einem isolierten Stück Materie zu sprechen, sondern daß alle Teile, die dazu gehören, mitberücksichtigt und mitbeschrieben werden müssen. Zwar wurden die von Einstein-Podolsky-Rosen vorausgesagten Ergebnisse in Experimenten gefunden[10] – und trotzdem sind immer noch einige Physiker höchst beunruhigt, weil es der letzte Todesstoß für die Annahme einer »Realität« ist im Sinne der Auffassung von Materie in Raum und Zeit, die unabhängig davon, ob wir sie beobachten oder nicht, so ist, wie sie ist. Ich zitiere aus der Arbeit von Clauser und Shimony[5]: »Die Folgerungen dieser Tatsachen sind philosophisch aufrüttelnd: man muß entweder die realistische Philosophie der meisten arbeitenden Wissenschaftler (working scientists) total verwerfen oder unsere Raum-Zeit-Vorstellung dramatisch revidieren.«

Einstein hat 1947 an Max Born geschrieben: »Meine physikalische Haltung kann ich Dir nicht so begründen, daß Du sie irgendwie vernünftig finden würdest. Ich sehe natürlich ein, daß die prinzipiell statistische Behandlungsweise, deren Notwendigkeit im Rahmen des bestehenden Formalismus ja zuerst von Dir klar erkannt wurde, einen bedeutenden Wahrheitsgehalt hat. Ich kann aber deshalb nicht ernsthaft daran glauben, weil die Theorie mit dem Grundsatz unvereinbar ist, daß die Physik eine Wirklichkeit in Zeit und Raum darstellen soll, ohne spukhafte Fernwirkungen. Davon bin ich fest überzeugt, daß man schließlich bei einer Theorie landen wird, deren gesetzmäßig verbundene Dinge nicht Wahrscheinlichkeit, sondern gedachte Tatbestände sind, wie man es bis vor kurzem als selbstverständlich betrachtet hat. Zur Begründung dieser Überzeugung kann ich aber nicht logische Gründe, sondern nur meinen kleinen Finger als Zeugen mitbringen, also keine Autorität, die außerhalb meiner Haut irgendeinen Respekt einflößen kann.« Dies soll zeigen, wie sehr der alte Realitätsbegriff, selbst bei Einstein, verankert ist.

Manche der heutigen Physiker sind über Tatbestände bestürzt, über die sie in anderen Gebieten die höchste Freude hätten, nämlich daß die Voraussagen einer Theorie von den Experimenten bestätigt werden; nur ist es in unserem Fall eine Theorie, die zugleich sagt, man müsse den »Realitätsbegriff« fallenlassen, an dem sie offensichtlich sehr hängen.

Die Grenze, die in der Methode selbst begründet ist, nannte ich die methodologische Grenze. Durch die Methode selbst stoßen wir an eine neue Grenze, die mit den technischen Möglichkeiten oder Unmöglichkeiten nichts zu tun hat: Es ist grundsätzlich unmöglich, die Gleichzeitigkeit in bewegten Systemen oder die Bahn eines Teilchens im Atom zu bestimmen, nicht bloß »bis jetzt technisch nicht möglich«.

Die Herausforderung zu Beginn unseres Jahrhunderts war, die methodologische Grenze näher zu bestimmen; so meine ich, daß es unter anderem eine Herausforderung an unsere Zeit ist, die dritte – ontologische – Grenze physikalischer Erkenntnis zu erkennen, sie unterscheidet die physikalische Wirklichkeit von der Gesamtwirklichkeit. Nun können wir genau sagen, was die physikalische Wirklichkeit ausmacht; dafür haben wir ja Methoden entwickelt, die uns erfolgreich sein lassen im Feststellen dessen, was für alle Menschen in gleicher Weise wirkt. Aber die Gefahr besteht, daß wir den »Wirklichkeits«-Standpunkt verabsolutieren und die so umschriebene Wirklichkeit, weil sie für alle Menschen in gleicher Weise gilt, als die eigentliche Wirklichkeit, die alleinige Wirklichkeit, die bessere Wirklichkeit darstellen.

Für mich ist die ontologische Grenze physikalischer Erkenntnis nichts anderes als die Einsicht, daß die Alternative nicht heißt »physikalische Wirklichkeit oder Traum und Halluzination«, sondern daß zwischen diesen beiden Extremen ein ganzes

Spannungsfeld besteht und daß neben der für alle Menschen in gleicher Weise gültigen Wirklichkeit noch andere Wirklichkeiten existieren, die zwar nicht mehr physikalische Wirklichkeiten genannt werden können, die aber aufgrund unserer historischen Entwicklung und unserer Fähigkeit, mit der physikalischen Wirklichkeit so erfolgreich umzugehen, viel radikaler unterdrückt werden, als dies meines Erachtens sinnvoll ist.

In erster Linie meine ich Fragen, die sich bei der Anwendung der physikalischen Methode auf den Menschen selbst ergeben, besonders bei den Fragen der Medizin, auf die später näher eingegangen werden soll.

Ich glaube, daß es aus den verschiedensten Gründen notwendig ist, von mehreren Seiten auf die ontologische Grenze aufmerksam zu machen. Innerhalb der Physik sollte man schon mit der Quantenmechanik gelernt haben, daß wir immer wieder auf Grenzen stoßen können, die uns weiterbringen können und nicht nur erschrecken müssen. Aber auch interdisziplinär und insbesondere von seiten der Philosophie muß man darauf hinweisen, daß es Probleme gibt, die unter Umständen höchst subjektiver Natur sein können, deswegen aber trotzdem nicht gleich als Traum oder Halluzination abgetan werden dürfen, wie z. B. das Problem des Todes oder auch das Problem des Friedens; ich glaube, es wäre eine Illusion, sich den Frieden so vorzustellen, daß alle Menschen auf der ganzen Welt das gleiche wollen oder mit einer objektiven Methode zur gleichen Einsicht gekommen sind. Auch wenn jeder einzelne den Frieden will, so doch nicht in einer intersubjektiven Weise. Gemeinsamkeit muß nicht widerspruchsfrei sein!

Über den Zufall

Wenn wir als Abendländer über den Zufall sprechen, dann tun wir das – ebenso wie bei jedem beliebigen anderen Thema – vor dem Hintergrund unseres spezifischen Weltbildes, das heute zweifellos am stärksten durch die Naturwissenschaften und ihre Denkungsart geprägt wird. Wir würden also im leeren Raum ohne Halt reden, wollten wir uns nicht zunächst den festen Boden für unser Gesprächsthema sichern: Das naturwissenschaftliche Weltbild. Obwohl es in unserem Kulturkreis immer Hintergrund ist, wird dies meines Erachtens viel zu selten reflektiert und angesprochen. Die Ergebnisse des Denkens sind dann unsinnig, wenn sie nicht in ihrer begrenzten Gültigkeit eingesehen werden. Mir scheint, daß der weit verbreitete, gelebte Atheismus unserer Zeit und unseres Kulturkreises einen solchen Grundirrtum darstellt: Gott kann nicht naturwissenschaftlich erfaßt werden. Der Satz: »Es gibt keinen Gott« ist daher richtig, solange er naturwissenschaftlich gesehen wird. Ob er auch wahr ist, ist eine Frage, die die Grenze des naturwissenschaftlichen Weltbildes überschreitet und daher allzuoft einfach nicht gestellt wird.

Heinrich Zimmer[1] äußert sich zum naturwissenschaftlichen Weltbild mit Bezug auf die indische Weltanschauung: »Beiden Theorien eignet derselbe Ernst, aber ihr Nebeneinander führt zu keinem Konflikt. Augenscheinlich dank der allgemeinen Struktur indischen Denkens: für den gleichen Gegenstand...

verschiedene Aspekte gelten zu lassen, die, jeder in sich theoretisch sinnvoll, keinen Anspruch auf alleinige Gültigkeit entwickeln. Sie sollen nicht die ganze Wirklichkeit erfassen und erklären, sondern nur ein einzelnes Stück Wirklichkeit benennen und begrifflich konstruieren. Aber die widerspruchslose Konstruktion der Gesamtwirklichkeit in ihrer Beziehungsfülle wird nicht als Aufgabe empfunden, und daß ihre Möglichkeit erst die gedankliche Konstruktion von Teilbezügen legitimiert, fehlt als Regulativ der Theorienbildung ...«

Genau das ist aber der Anspruch des naturwissenschaftlichen Denkens: Die widerspruchslose Konstruktion der Gesamtwirklichkeit. Widerspruchsfrei muß dabei nicht nur die Theorie sein, sie darf auch nicht im Widerspruch mit den Experimenten stehen.

Das naturwissenschaftliche Weltbild ist ein Modell der Wirklichkeit, das alle Widersprüche ausschließt. »Austreibung der Geister aus der Natur« wurde diese Entwicklung treffend genannt. Solange noch irgendwo ein Geist – ein Widerspruch – akzeptiert wird, ist der Anspruch der Naturwissenschaft, die Welt zu erklären, nicht möglich. Daher ist eine der Voraussetzungen für naturwissenschaftliches Denken und das naturwissenschaftliche Weltbild der Anspruch, alle Widersprüche (alle Geister) aus der Wirklichkeit eliminieren zu können. Ich betone, es ist eine Voraussetzung für naturwissenschaftliches Denken, die daher nicht weiter bewiesen werden kann und auch keines Beweises bedarf. Sie ist aber jeweils akzeptiert, wenn wir das naturwissenschaftliche Weltbild unserem Denken zugrunde legen. Denn wenn nur irgendwo ein einsamer Geist übrigbleibt, so könnte er ja vermöge seiner Freiheit jedes beliebige Experiment stören, und wir könnten überhaupt keine sicheren Voraussagen machen.

Bei der widerspruchsfreien Konstruktion der Gesamtwirklichkeit wird das naturwissenschaftliche Weltbild immer besser an die Wirklichkeit angepaßt. Dabei wird die ontologische

Grenze physikalischer Erkenntnis immer weiter hinausgeschoben.

Die naturwissenschaftliche Betrachtungsweise ist wie ein Filter, der nur den widerspruchsfreien Teil der Wirklichkeit durchläßt. Wenn es außer der naturwissenschaftlichen Welt noch etwas gäbe, dann könnte es entweder widerspruchsfrei eingegliedert werden oder es stünde mit dieser Welt in Widerspruch. Im ersten Falle wäre es Teil dieser Welt, im letzteren ist es nicht akzeptabel, weil widersprüchlich. Erst wenn die Widerspruchsfreiheit – und damit die Logik – als Kriterium für Wirklichkeit aufgehoben wird, ist es überhaupt möglich, die Frage zu stellen, ob es außer den von der Naturwissenschaft erfaßten Wirklichkeiten noch etwas gibt. Und diese Frage ist an sich schon unsinnig. Denn Sinn und Unsinn wird ja mit Hilfe der Logik unterschieden. Wir können daher auch sagen, die ontologische Grenze physikalischer Erkenntnis trennt Sinn und Unsinn. Aber eben nur im logischen Sinn! Daher ist es zwar unsinnig, aber nicht unvernünftig, nach dem Jenseits dieser Grenze zu fragen. Paradox formuliert lautet diese Frage dann so: »Gibt es etwas, was es nicht gibt?« Das führt uns aber wieder zurück auf die Frage nach Gott, die auch nur so paradox gestellt werden kann.

Es ist ganz klar, daß diese Fragen nach dem, was jenseits der ontologischen Grenze physikalischer Erkenntnis liegt, zu den essentiellen Fragen für jeden Menschen gehören. Der Drang, diese Fragen zu stellen, muß aber im naturwissenschaftlichen Weltbild vermieden werden, weil ja dort der Anspruch besteht, die Gesamtwirklichkeit widerspruchsfrei zu konstruieren, das heißt, die ontologische Grenze als Ende zu betrachten, das kein »jenseits« erlaubt. Dies ist ja die schon betonte Voraussetzung der Methode schlechthin. Darum müssen aber diese Fragen tabuisiert werden. Innerhalb des naturwissenschaftlichen Weltbildes können sie nicht gestellt werden, also müssen sie überhaupt verboten sein. Für das naturwissenschaftliche Weltbild ist also das, was jenseits der ontologischen Grenze liegt, der Bereich des Tabus. Jede Tabu-Verletzung zieht Strafe nach sich. Es ist heute nicht mehr Krankheit oder Tod, die sich als Folge einer Tabu-Verletzung einstellen, sondern eigentlich Schlimmeres: die Lächerlichkeit. Wer eine unsinnige Frage stellt, ist eben von selbst lächerlich, ohne daß er von außen bestraft werden muß. So wie das Tabu in totemistischen Gesellschaftsformen trägt also auch in unserem Kulturkreis die Tabu-Verletzung ihre Strafe schon in sich; es bedarf keiner wachenden Instanz, die bestraft, das Tabu erhält sich selbst. Freilich ist das sehr differenziert. Während sich die »Priester der Neuen Religion Naturwissenschaft«[2] am strengsten an die Tabu-Vorschriften halten, haben zum Beispiel Künstler große Freiheiten. Für Naturwissenschaftler gehört es ja geradezu zu den Pflichtübungen, regelmäßig verächtliche Bemerkungen über die Philosophie zu produzieren, während zum Beispiel Bert Brecht seinen chinesischen Zweifler sagen lassen kann: »Es kann auch eindeutig sein und den Widerspruch aus den Dingen entfernen, ist es zu eindeutig? Dann ist es unbrauchbar, was ihr sagt. Euer Ding ist dann leblos.«[3]

Das naturwissenschaftliche Weltbild stellt also den Anspruch, allumfassend zu sein. Nichts darf mit ihm in Widerspruch stehen – und was mit ihm in Widerspruch steht, ist Nichts! Dies gilt in unserer Sicht auch für andere Kulturkreise. Wenn wir Europäer vom berühmten indischen Seiltrick hören, so können wir erst ruhen, wenn wir eine »Erklärung« gefunden haben. Tatsächlich wird ja berichtet, daß auf Photographien das Seil nicht steht, sondern am Boden eingerollt bleibt. Damit haben wir's! Es handelt sich um Massenhypnose. Was die Beobachter in Indien wirklich sehen und empfinden, ist bedeutungslos. Was wir brauchen, ist eine widerspruchsfreie Einordnung in unser Weltbild!

Nun gibt es aber Ereignisse, die von vornherein nicht in Widerspruch zum naturwissenschaftlichen Weltbild stehen, aber auch nicht aus diesem Weltbild vorhergesagt werden können. Sie bedürfen keiner weiteren »Erklärung«, weil kein Widerspruch zu eliminieren ist. Ich behaupte, daß wir genau diese Ereignisse als »zufällig« bezeichnen! Wir nennen »Zufall« also solche Ereignisse, deren Auftreten innerhalb des naturwissenschaftlichen Weltbildes keiner Erklärung bedarf.

Diese Behauptung muß ich natürlich begründen. Am einfachsten gelingt dies innerhalb physikalischer Modelle: etwa das Würfeln. Die Theorie sagt voraus, daß beim Werfen eines exakten Würfels jede Zahl gleich wahrscheinlich auftritt. Das heißt, daß bei sehr vielen Würfen jede Zahl etwa gleich oft, genauer etwa bei einem Sechstel aller Würfe, erscheint. Dies ist die Vorhersage der Theorie; wird sie durch ein Experiment widerlegt, dann muß dies eine Ursache haben, etwa in Abweichungen des Würfels von der exakten Gestalt. Was aber bei einem individuellen Wurf erscheint, wird von der Theorie nicht bestimmt. Was immer es ist, es bedarf auch keiner weiteren Erklärung (selbst lange Reihen der gleichen Zahl nicht). Wir nennen es daher Zufall, in Übereinstimmung mit obiger Definition.

Das Werfen eines Würfels ist freilich ein triviales Beispiel, und es gäbe treffendere im Rahmen der Physik: etwa der Zerfall eines instabilen Teilchens oder eines radioaktiven Atomkerns. Solche Prozesse folgen Gesetzen, die in vielen Fällen aus umfassenden Theorien abgeleitet werden können. Aber diese Gesetze gelten, wie beim Würfeln, immer nur für eine große Zahl von Ereignissen. Man kann etwa theoretisch vorhersagen, daß von einer gegebenen Art radioaktiver Atomkerne die Hälfte in einer genau berechenbaren Zeit zerfallen wird. Wann ein individuelles Atom zerfällt, bleibt dabei jedoch unbestimmt. Es wird von der Theorie nicht vorausgesagt, das Eintreffen des Ereignisses bedarf aber auch keiner weiteren Erklärung. Es ist *zufällig*! Im Mikrokosmos hat dies die weitere Konsequenz, daß die Teilchen ihre Individualität überhaupt verlieren. Sie sind grundsätzlich ununterscheidbar, was zur Folge hat, daß die Frage nach dem Zerfall eines individuellen Atoms aus einer größeren Menge überhaupt unsinnig wird.

Solchen Zufallsereignissen begegnen wir im Mikrokosmos ständig. Zum Beispiel bei der Streuung von Projektil-Teilchen an anderen, sogenannten Target-Teilchen. Die Streugesetze sagen voraus, welche Verteilung sich bei Streuung von vielen Teilchen einstellt; in welche Richtung ein einzelnes Teilchen gestreut wird, kann nicht berechnet werden: Es bedarf keiner weiteren Erklärung und ist daher Zufall. Gerade am Beispiel des Mikrokosmos haben sich jedoch einige Streitfragen entzündet. Darf ein Weltbild, das den Anspruch stellt, die Gesamtwirklichkeit zu erfassen, dem Zufall so weiten Spielraum überlassen? Es gibt eine Gruppe von Physikern, die dies nicht wollen und gerne sogenannte »verborgene Parameter« einführen möchten, um auch das, was jetzt zufällig ist, theoretisch zu erfassen. Es steht jedoch fest, daß wir nicht dazu gezwungen sind; eine widerspruchsfreie Beschreibung des Mikrokosmos ist möglich, auch wenn die Gesetze nur für eine große Zahl von Ereignissen gelten und Prozesse einzelner Teilchen zufällig bleiben.

Auch im Makrokosmos gibt es viele Erscheinungen, die keiner Erklärung im naturwissenschaftlichen Weltbild bedürfen, die daher zufällig sind. Dabei wird jedoch die Grenze zwischen zufälligen und »vorhersagbaren« Ereignissen stets verschoben. Was heute noch zufällig ist, kann morgen bereits Ergebnis einer verbesserten Theorie sein. Zum Beispiel beschreibt die Newtonsche Gravitationstheorie die Bewegung der Planeten, wenn eine Anfangslage gegeben ist. Der Ablauf der Planetenbewegung folgt also aus der Theorie, während die Abstände der Planetenbahnen von der Sonne oder deren Masse im Rahmen dieser Theorie zufällig sind. Eine umfassende Theorie, die die Entstehung des Planetensystems beschreibt, müßte aber auch die Abstände und die Massen erklären und der Zufälligkeit entreißen.

Wir sehen also: Innerhalb der Physik gilt unsere obige Definition. Was Zufall ist und was nicht, ändert sich aber mit dem

Fortschritt der physikalischen Erkenntnis. Zu einem gegebenen Zeitpunkt ist es aber genau definiert, und nach dem Grund eines zufälligen Ereignisses zu fragen ist Unsinn, weil ein solches Ereignis definitionsgemäß keiner Erklärung bedarf.

Wir haben den Begriff des Zufalles in der Naturwissenschaft anhand des Würfelns erläutert. Nun gibt es aber immer wieder die Behauptung, daß das Ergebnis beim Würfeln durch »Medien« auf telekinetischem Wege beeinflußt werden kann. Ich möchte hier nicht eine weitere Meinung der langen Liste von positiven und negativen Urteilen darüber anfügen; wohl aber will ich aufzeigen, daß eine solche Behauptung innerhalb des naturwissenschaftlichen Weltbildes notwendigerweise unverstanden bleiben muß. Sie kommt nämlich in die Schere zwischen Zufall und Unsinn. Nach der »widerspruchsfreien Darstellung des Werfens von Würfeln unter Ausschließung aller Geister« gibt es tatsächlich nur zwei Möglichkeiten: entweder das Ergebnis eines einzelnen Wurfes bleibt unerklärt, ist also Zufall, oder es kann beeinflußt werden, dann kommt es aber in Widerspruch mit den statistischen Gesetzen und ist daher abzulehnen, weil Unsinn (Widerspruch!). Tatsächlich handelte es sich im konkreten Fall der Telekinese ja um Beeinflussung durch einen »Geist«, was laut Voraussetzung nicht möglich sein darf.

Leider versuchen die Parapsychologen nicht, diese Alternative in Frage zu stellen, sondern sie wählen den schon vorhin als »legitim« erklärten Weg, nämlich eine Abweichung von den statistischen Gesetzen *innerhalb* des naturwissenschaftlichen Weltbildes zu erklären. Da wird dann von neuen Kräften, Energien und dergleichen mehr gesprochen. Damit eliminiert sich die Parapsychologie aber selbst, denn Kräfte, Energien usw. sind Domäne der Physik. Und hier gilt tatsächlich die Alternative: Wenn eine neue Kraft gefunden wird, dann handelt es sich um ein physikalisches Phänomen und *nicht* um Telekinese; wenn Telekinese gefunden werden soll, dann kann dies nicht physikalisch geschehen!

Es sei hier nicht weiter darauf eingegangen, wie die Parapsychologie vielleicht diese Schere vermeiden könnte, sondern nur eine der Konsequenzen aufgezeigt, die sich aus dem dogmatisch-naturwissenschaftlichen Weltbild ergeben: Gewisse Phänomene lassen sich innerhalb dieses Weltbildes einfach nicht erörtern.

Innerhalb unseres Kulturkreises wird – so behaupte ich – die Definition von Zufall, wie oben dargelegt, konsequent in allen Bereichen aufrechterhalten. Wenn jemand den Lichtschalter betätigt und es wird hell, so ist dies eine vorhersagbare Folge unserer Theorien. Wenn jemand den Lichtschalter betätigt und es wird nicht hell, so muß dafür eine Begründung (Zusatzhypothese!) gefunden werden: Etwa, daß die Glühlampe ausgebrannt ist oder daß die Sicherung defekt ist und was uns dergleichen noch einfallen mag. Wenn aber jemand den Lichtschalter betätigt und der Wasserhahn beginnt zu tropfen, weil im selben Augenblick die Dichtung versagt, so bedarf dies keiner Erklärung; wir sagen: »So ein Zufall!«

Im technischen Bereich des täglichen Lebens folgen wir natürlich am ehesten den Regeln der Naturwissenschaft. Aber auch in anderen Bereichen finden wir dasselbe Spiel: Wenn jemand ein Rendezvous vereinbart und seinen Partner trifft, so ist das vorauszusehen. Trifft er den Partner nicht, so sucht er eine Erklärung. Wenn aber jemand seinen Partner trifft, ohne ein Rendezvous verabredet zu haben, sagen sich beide sofort: »So ein Zufall!«

Obwohl wir nun scheinbar in Trivialitäten verflachen, wollte ich dies bewußt, um die ganze Dramatik der Konsequenzen aus unserem Weltbild in voller Schärfe klarzumachen. Schon am Beispiel des Treffens ohne Rendezvous wird dies in Umrissen erkennbar: Jede Frage nach einer Bedeutung des »zufälligen« Treffens ist tabu! Wer sie stellt, macht sich lächerlich! Dabei ist es gleichgültig, ob dieses »zufällige« Treffen eines Partners oder Freundes eine unerträgliche Belastung, eine sehnlich erwartete

Freude, ja eine Änderung des weiteren Lebens bedeutet. Es bedarf keiner Erklärung und ist daher Zufall. Jede weitere Frage ist unsinnig! Dabei möchte ich nicht unterstellen, daß das nicht richtig ist. Dann wäre die Situation ja nicht so dramatisch. Es stimmt tatsächlich, daß wir nach dem Grund zufälliger Ereignisse nicht sinnvoll fragen können. Es stimmt tatsächlich, daß unser individuelles Leben keiner weiteren Erklärung bedarf, weil es nicht im Widerspruch zu unserem Gesamtweltbild steht. Wenn in Österreich jährlich eine bestimmte Zahl von Menschen geboren wird, eine bestimmte Zahl sich verehelicht und nach empirischen Gesetzen mit gewisser Wahrscheinlichkeit eine bestimmte Zahl in einem gegebenen Alter stirbt, dann sind diese statistischen Voraussagen so verläßlich, daß Versicherungsgesellschaften getrost damit rechnen können. Was *ich* tue, wann *ich* sterbe, ist für die Statistik belanglos. Es bedarf keiner weiteren Erklärung und ist daher Zufall. So wie beim Zerfall radioaktiver Atomkerne ist es sinnlos, nach dem Gesetz zu fragen, das *mein* Leben bestimmt. Damit verliere ich aber genauso *meine* Individualität wie das Teilchen. Und das gleiche gilt natürlich für jeden einzelnen; wir sind so gesehen Spielbälle statistischer Gesetzmäßigkeiten. Was immer wir tun, selbst wenn wir uns selbst umbringen, es bedarf keiner weiteren Erklärung, es ist Zufall.

Aber ist es nicht vielleicht die Psychologie, die uns hier einen Weg weist? Versucht nicht gerade sie zu erklären, warum es zu bestimmten Handlungen kommt? Ich fürchte, wir dürfen uns auch von der unserem Weltbild verpflichteten Psychologie nicht allzuviel erhoffen. Wie die Parapsychologie versucht sie allzuoft, sich auf die Naturwissenschaft zu reduzieren und eliminiert sich damit selbst. Denn wenn sie wieder mit statistischen Gesetzen kommt und etwa voraussagt, daß in 90 % aller Fälle die Ursache der bestimmten Handlung durch eine ebenso bestimmte Verkettung von genau beschreibbaren Umständen gegeben ist, dann falle *ich* – und fällt jeder einzelne – als individueller Fall wieder durch die Maschen, weil wir als Individuen keiner Erklärung bedürfen, wir sind und bleiben Zufälle.

Wir müssen jedoch nicht resignieren.

Es gibt nämlich Zufälle, die keine Zufälle sind! Und im Augenblick, wo wir uns trauen, einen Widerspruch auszusprechen und damit ernst zu nehmen, haben wir uns als Individuen gefunden! Als einzelne sind wir tatsächlich »Zufälle«, und es wäre unsinnig, daran zu rütteln. Aber das Gegenteil ist auch richtig! Und es erlaubt uns ein Erfassen der Individualität, *trotz* des naturwissenschaftlichen Weltbildes. Denn ich will nicht *gegen* das naturwissenschaftliche Weltbild auftreten! Es gehört zur Grundlage unserer Kultur, unseres Denkens. Nicht unserem Denken die Grundlage entziehen will ich also; nicht gegen das naturwissenschaftliche Weltbild, aber auf der Grundlage dieses Weltbildes über dieses hinaus will ich gelangen.

Wie oft gebrauchen wir den Ausdruck: »Das kann kein Zufall sein!« und meinen damit genaugenommen: »Das ist ein Zufall, der keiner ist!« Wir haben dafür auch den Begriff »Schicksal«. Das vorhin angeführte Beispiel des Treffens ohne Rendezvous kann, wenn es sich tatsächlich um ein für das Leben entscheidendes Ereignis handelt, auch gut beschrieben werden durch: »Das Schicksal hat uns zusammengeführt!« Schicksal ist also *nicht* das Gegenteil von Zufall. Das wäre ja ein vereinbartes Treffen. Schicksal ist eben jener Zufall, der keiner ist.

Was bedeutet dieser Unsinn nun eigentlich?

Zufall oder nicht muß doch die Alternative heißen. Richtig! Aber nur innerhalb der ontologischen Grenze des naturwissenschaftlichen Weltbildes! Nur dort verlangen wir Widerspruchsfreiheit, nur dort herrscht die Logik. Wenn aber das »zufällige« Treffen zweier Menschen innerhalb dieses Weltbildes keiner Erklärung bedarf, ist es nur innerhalb dieses Weltbildes »Zufall«. Kann es dann »in Wirklichkeit« etwa kein Zufall sein? Natürlich nicht, weil wir nur innerhalb dieses Weltbildes denken. Es ist und bleibt Zufall, solange wir widerspruchsfrei denken! Aber es kann »Schicksal« sein im widersprüchlichen Sinn des Zufalls, der keiner ist. Daß ich die mir lieben Menschen getroffen habe, war in jedem Fall *nachweislich* reiner Zufall. Trotzdem kann ich mich in meiner Individualität und in meiner Beziehung zu diesen Menschen überhaupt nur dann ernst nehmen, wenn ich dieses Treffen *nicht* als Zufall abtue, obwohl ich *weiß*, daß es Zufall war. Und da sehen wir, daß das »zufällige« Zusammentreffen der Frage nach Gott und nach dem Zufall am Anfang dieses Essays auch gar nicht so zufällig war! Denn wenn wir einmal die Grenzen des naturwissenschaftlichen Weltbildes überschreiten, indem wir uns trauen, den »Unsinn« zu denken, dann können wir auch nach dem Sinn zufälliger Ereignisse, ja sogar nach dem Sinn unseres so zufälligen Lebens fragen. Es ist darum auch ein Zufall, der keiner ist, daß wir schon in jenem Weltbild, das das naturwissenschaftliche erst hervorgebracht hat, eine umfassende, wenn auch widersprüchliche Beschreibung des Verhältnisses zwischen statistischem Gesetz und Einzelereignis finden:

»Er sprach zu seinen Jüngern: ›Ärgernisse können nicht ausbleiben. Weh aber dem, durch den sie kommen! Es wäre besser für ihn, wenn ihm ein Mühlstein an den Hals gehängt und er ins Meer versenkt würde...‹« (Lk. 17, 1–2)

Ist es nun noch verwunderlich, daß Autoren[4], die nicht über die ontologische Grenze des naturwissenschaftlichen Weltbildes sehen, in der Alternative zwischen Zufall und Gesetz gefangen bleiben?

Unser Weg in die Zukunft – Fortschritt oder Verbesserung?

Wenn wir die Herkunftsgeschichte des abendländischen Menschen mit einem Satz charakterisieren wollten, so könnten wir vielleicht sagen, daß der Mensch zunächst in die Natur eingebunden war, dann im Zeitalter des Rationalismus aus ihr heraustrat, um sie als »reale Außenwelt« einem Uhrwerk gleich zu betrachten, und schließlich – in der heutigen Zeit – sich seiner notwendigen Interdependenz mit der Natur wieder besinnt, sich nach der Periode der Loslösung aber nicht mehr eins mit der Natur weiß, sondern diese als seine »Umwelt« empfindet. Vielleicht ist dieser Dreischritt mit der Entwicklung des Kleinkindes zum reifen Menschen vergleichbar: das kleine Kind wird in vollständiger Abhängigkeit von den Eltern geboren, muß sich dann während verschiedener Trotzphasen und der Pubertät von dieser Bindung befreien, um schließlich als reifer Mensch eine neue – partnerschaftliche – Bindung zu den Eltern wiederaufzunehmen. Auch das biblische Bild von Paradies, Sündenfall und Erlösung hat in einigen seiner Aspekte sicherlich Analogien zu dieser Entwicklung.

In einer gewissen nostalgischen Sehnsucht nach dem »paradiesischen« Zustand der Einheit mit der Natur übersehen wir heutigen Menschen oft allzu leicht, daß zumindest in unseren geographischen Breiten die Natur nicht nur als nährende Mutter erschien, sondern ebensooft auch als gefährliche Dämonin, die den Menschen Schrecken einjagte. Hunger, Kälte, Finsternis waren die beständigen Drohungen, denen sich zu Zeiten Schrecken wie Erdbeben, katastrophale Fluten, Wetterkatastrophen, aber auch seltenere Ereignisse wie Sonnenfinsternisse oder Meteoriteneinschläge gesellten. Die Loslösung von der Natur war daher für den Menschen unserer Breiten nicht nur ein Bedürfnis auf dem Wege zu sich selbst, vielmehr eine Notwendigkeit, geboren aus dem elementaren Bedürfnis nach Sicherheit.

Die besondere Art und Weise, wie der abendländische Mensch Distanz zur Natur gewann, um sie schließlich als »reale Außenwelt« zu unterwerfen, beruht auf dem von den Vorsokratikern stammenden Ansatz der Unterscheidung von Geist und Materie. Da eine vollständige Trennung jedoch unmöglich ist (Geist »wirkt« auf Materie, ist aber ohne Materie undenkbar), stellt sich die bis heute nicht intersubjektiv zu beantwortende Frage, wem nun der Vorrang einzuräumen sei: der Materie (Materialismus) oder dem Geist (Idealismus). Aber spätestens seit der Erfindung der Naturwissenschaft durch Galileo Galilei ist dieser Streit nicht in die Diskutierstuben der Philosophen zu verweisen, sondern bestimmt seither das menschliche Handeln, ja die Organisation des menschlichen Zusammenlebens durch die Technik, die einerseits die Schrecken der Natur in die Schranken wies, andererseits aber bis tief hinein in das menschliche Geistesleben Umwälzungen hervorrief, die nun ihrerseits schrecklich zu werden drohten.

Der letzte Schritt führte zur Rückbesinnung auf die Natur als »Umwelt«.

Viele Forscher, Wissenschaftshistoriker und Kulturphilosophen haben sich gefragt, warum die Naturwissenschaft als Erkenntnismethode nur im Abendland und auch dort erst sehr spät entwickelt wurde. Ich glaube, daß die Antwort auf diese Frage eigentlich ganz einfach ist, wenn man bedenkt, daß eine allgemeine Beschreibung oder eine allgemeine Aussage über die Gesamtwirklichkeit schlicht unmöglich ist! Zwar stimmen alle

Menschen aller Kulturen darin überein, daß Handlungsanweisungen, die für alle Menschen verbindlich sein sollen, den Axiomen der Logik genügen müssen. Aber es ist schon nicht in allen Kulturen gleich selbstverständlich, daß Aussagen über die Natur (als »Schöpfung«) so gefaßt werden sollen, daß sie auch als Handlungsanweisungen dienen können. Eine mystische Naturbetrachtung, eine Beschreibung der Natur in Analogien, Offenbarungen über die Natur und dergleichen genügen zweifellos nicht dieser Forderung. Es war der abendländische Mensch, der von den drei großen Fragen der Philosophie (Immanuel Kant): Was kann ich wissen? Was darf ich hoffen? Was soll ich tun? die letzte, die Frage nach dem Handeln, als die vordringlichste betrachtete, und zwar nicht nur im Sinne des »Was *soll* ich tun?«, sondern im Sinne des »Was *kann* ich tun?« (letztendlich resultiert daraus das heute oft überhandnehmende Streben nach »Machbarkeit«).

Aber selbst wenn wir diese Einstellung unterstellen, ist eine allgemeine Naturbeschreibung deshalb noch unmöglich, weil die Axiome der Logik zwar die Allgemeinverbindlichkeit garantieren, aber noch nicht zwischen richtigen und falschen Naturbeschreibungen unterscheiden. Es ist hier interessant zu bemerken, daß »richtig« in bezug auf die Naturbeschreibung durchaus auch verstanden werden kann als »zielführend im Sinne des Überlebens«. Denn solange der Mensch noch gegen die Schrecken der Natur und die Gefahren, die ihm von der Natur drohten, kämpfen mußte, war eben diejenige Beschreibung der Natur »am richtigsten«, die sein Überleben am besten garantierte. (Der Mensch mußte zwischen giftigen und ungefährlichen Nahrungsmitteln unterscheiden lernen, er mußte die Gefahren der wilden Tiere ebenso einschätzen lernen wie die Kälte und Dauer des Winters und der finsteren Perioden und dergleichen mehr.)

Es ist dem heutigen Menschen oft schwer verständlich, daß eine derartige Unterscheidung zwischen richtiger und falscher

Naturbeschreibung grundsätzlich unmöglich ist, solange die Natur als Einheit gesehen wird. Denn die Aussagen über die Natur müssen als allgemeine Sätze formuliert werden, während jede Beobachtung, jede Erfahrung, jede Sinnesempfindung immer subjektiv einzeln bleiben muß und daher einen allgemeinen Satz niemals bestätigen oder auch nur widerlegen kann. Es bedurfte der Spaltung der Welt in zwei Hälften durch Galileo Galilei, um dieses Problem einer Lösung zuzuführen! Galilei erfand das Experiment als Kriterium zur Auswahl der richtigen und falschen Naturbeschreibungen. Das Experiment ist nun als jener Teil der Erfahrung definiert, der tatsächlich für alle Menschen in gleicher Weise zutrifft. Wenn wir unsere gesamte Erfahrung auf Quantifikation, Reproduzierbarkeit und Analyse reduzieren, dann gelangen wir tatsächlich zu Aussagen über die Natur, die – in gewissen Grenzen – für alle Menschen gleich gültig (in des Wortes doppelter Bedeutung als gleich gültig und gleichgültig) sind. Durch das Experiment ist es nun möglich, die falschen Naturbeschreibungen auszuscheiden und so zu Naturgesetzen zu gelangen, die einerseits so schlechthin gemeinsam sind, daß sie für alle Menschen in gleicher Weise bedeutsam sind, andererseits aber so weit von dem individuellen Teil der Gesamtwirklichkeit abstrahieren, daß sie eben zu der oben besprochenen Spaltung der Welt führen.

Bedeutende Physiker haben immer wieder betont, daß diese Spaltung nicht zu einer verschiedenen Bewertung der beiden Teile führen darf![1]

Im Laufe der Geschichte hat sich jedoch eine Strömung durchgesetzt, die nun das naturwissenschaftlich Erfaßbare (die Materie in Raum und Zeit) als das »eigentlich Wirkliche« betrachtet und alles andere als »bloße Subjektivität« und damit als weniger bedeutsam wertet.

Die naturwissenschaftliche Methode hat uns nicht nur die Möglichkeit gebracht, eine Beschreibung der materiellen Wirklichkeit, zu finden, die uns als »gesichertes Wissen« erscheint, sie hat mit ihrer Tochter, der Technik, die Welt in einem Maße verändert, das ungeahnte und unvorstellbare Dimensionen angenommen hat. Denn durch die erwähnte Spaltung der Gesamtwirklichkeit in einen materiellen und einen nicht objektivierbaren (geistigen) Teil ist nicht nur diese Methode erst ermöglicht worden, diese Spaltung hat sich auch bis in die Methode selbst hinein fortgesetzt: selbst die materielle Wirklichkeit ist noch zu kompliziert, um durch genügend einfache Gesetze beschrieben zu werden. So beschrieb Galilei etwa nicht die Fallgesetze, wie wir sie in der materiellen Natur beobachten können, er beschrieb vielmehr den einfacheren Fall im Vakuum. Erst dadurch war es ihm möglich, zu intersubjektiv überprüfbaren quantitativen Aussagen zu kommen. Nun gab es aber zur Zeit Galileis kein Vakuum, und die Experimente mußten zunächst auf den Luftwiderstand korrigiert werden. Zugleich aber war zunächst im Geiste eine Welt vorstellbar geworden, in der das Vakuum keinen »Horror« mehr darstellte, sondern eine realisierbare Möglichkeit geworden war. Etwa ein halbes Jahrhundert später hat daher auch Otto von Guericke in Magdeburg die erste Vakuumpumpe gebaut und einem staunenden Publikum verblüffende Effekte vorgeführt. Sobald die Vakuumtechnik zur Grundlage von weiteren möglichen Experimenten geworden war, konnten auch die theoretischen Vorstellungen weiter verfeinert werden. Aber die theoretischen Vorstellungen beschreiben niemals die materielle Wirklichkeit wie sie ist, sie beschreiben immer vereinfachte Modelle, die es erst technisch zu realisieren gilt. So entwickelt sich eine »naturwissenschaftlich-technische Fortschrittsspirale«, in der Naturwissenschaft und Technik einander gegenseitig befruchten und vorantreiben. Ja, man kann die Geschwindigkeit dieser Fortschrittsspirale sogar meßbar machen, indem man den Zeitabstand zwischen dem erstmaligen Auftreten einer neuen Idee in der theoretischen Naturbeschreibung und ihrer technischen Realisierung in einem Gerät angibt. In welche Richtung dieser

»Fortschritt« führt, wird dabei allerdings nicht beachtet, und wir müssen uns nun die Frage stellen, was dies für den Menschen zu bedeuten hat.

Etwa dreieinhalb Jahrhunderte sind seit der Galileischen Erfindung verstrichen; in dieser – gemessen an der Gesamtentwicklung der Menschheit – relativ kurzen Zeit hat die Naturwissenschaft mit ihrer Tochter, der Technik, einen Siegeszug angetreten und das menschliche Dasein in der Natur von Grund auf verändert. Nicht nur sind wir heute im Besitze von Kenntnissen über die feinsten Teile der Materie ebenso wie über die größten Dimensionen des Universums, wir können mit Hilfe der Technik auch die Welt in einem fast beliebigen Ausmaße um-, ja geradezu neugestalten.

Es ist verständlich, daß zumindest am Anfang dieser revolutionären Bewegung die Menschen sie als »Fortschritt« betrachteten, der ihnen half, die Schrecken der Natur in die Schranken zu weisen, und zu einem wenigstens relativ sorglosen Leben führte. Und selbst wenn die Natur noch einmal zuschlug, so war dies eben erklärbarer Zufall und nicht eine Strafe irgendwelcher verärgerter Götter oder Geister, denn mit der neuen Methode waren die Geister aus der Natur ausgetrieben worden (Descartes).

Getreu der neuen Methode, die ja so viele Vorteile brachte, hielten sich die Menschen nun in möglichst allen ihren Tätigkeiten an die Axiome nicht nur der Logik, sondern auch des Experimentes, sie versuchten alle Erscheinungen zu quantifizieren, zu objektivieren und zu analysieren. Daher ist auch »Fortschritt« quantitativ definiert: eine Maschine ist »besser«, wenn sie höhere Geschwindigkeiten ermöglicht, wenn sie weniger Treibstoff verbraucht, aber auch wenn sie weniger Lärm oder Gestanksbelästigung bringt. Es sei nochmals betont, daß am Anfang dieser Entwicklung ein derartiger quantitativer Fortschritt auch immer zu einer Verbesserung der Lebensqualität des Menschen führte. Um dies in der Terminologie Hegels auszudrücken: das, was den Menschen *Nutzen* brachte, gereichte ihnen auch zum *Segen*![2]

Nutzen und Segen sind aber nicht automatisch aneinander gekoppelt, sie stehen vielmehr in einem dialektischen Verhältnis, das heißt, sie können auch in Widerspruch geraten. Und nun stellte sich im Laufe der Entwicklung eine überaus fatale Situation ein: weil anfangs Nutzen und Segen in den meisten Fällen übereinstimmten und weil die Methode von Naturwissenschaft und Technik so große Erfolge brachte, entwickelten die Menschen des Abendlandes nur mehr diese eine Methode und ließen alle anderen Denk- und Handelsformen, ja die Organisationsformen ihrer Gemeinschaft verkümmern. Es dauerte nicht mehr lange, bis sogar die reinen Geisteswissenschaften, ja die Philosophie und die Theologie, Demutsgesten vor der neuen Methode machten und versuchten, sich der Logik sowie des Quantifizierens, Objektivierens und Analysierens zu bedienen. Wir scheinen jedoch heute an ein Ende dieser Entwicklung geraten zu sein, weil das, was uns Nutzen bringt, nicht automatisch auch zum Segen gereicht; ja weil in den meisten Fällen Segen und Nutzen einander zu widersprechen beginnen. Daher stellt sich in vielen Menschen eine innere Unsicherheit ein, und sie wissen nicht mehr, ob sie »Fortschritt« auch in der Zukunft gutheißen oder ob sie ihn geradezu verteufeln sollen. Zwischen »Technikgläubigkeit« und »Maschinenstürmerei« bilden sich Extreme heraus, die die Mitte geradezu entvölkert erscheinen lassen. Ich glaube aber, daß weder das eine noch das andere Extrem die richtige Haltung sein kann, daß auch der »goldene Mittelweg« in einer dialektischen Situation nicht das Rechte ist, daß es vielmehr gilt, völlig neue Begriffe zu formen, die sich freilich auf das Alte und Vergessene berufen dürfen.

Ich schlage vor, den Begriff »Fortschritt« wie bisher in quantitativem Sinne zu verstehen, daneben aber zu bedenken, daß wir Menschen am Fortschritt unmittelbar gar nicht interessiert sind, sondern daß wir *Verbesserungen* brauchen. Darunter möchte ich alle jene Veränderungen verstehen, die zu einer erhöhten *Lebensqualität* führen und die den Menschen nicht isoliert betrachten, sondern ihn immer als Teil seiner Umwelt verstehen. Zur Erläuterung möchte ich als – zugegebenermaßen einfaches – Beispiel das Flugwesen anführen: ein Überschallflugzeug bedeutet einen Fortschritt, es fliegt schneller. Dagegen haben sich die Menschen entschieden, lieber Großraumflugzeuge einzuführen, die zu einer qualitativen Verbesserung des Fluggefühls und des Befindens im Flugzeug führten.

Natürlich muß ich gleich davor warnen, in einer solch einfachen Einführung einer neuen Terminologie bereits eine Lösung zu suchen! Denn das Problem besteht ja nicht darin, die richtigen Wörter zu finden, es entsteht ja nur dadurch, daß wir die quantitative Methode (also Fortschritt) in einer objektivierbaren (also für alle Menschen zugänglichen) Weise beherrschen, daß wir aber keine Methoden entwickelt haben, uns darauf intersubjektiv zu einigen, was wir nun als Verbesserung bezeichnen wollen. Für den einen wird die anzustrebende Lebensqualität ganz anderswo liegen als für andere, und es wird insgesamt unmöglich sein, eine widerspruchsfreie allgemeine Meinung zu bilden. Wir müssen uns daher in Zukunft üben, auch einer Meinungsvielfalt technisch gerecht werden zu können. Das bedeutet nicht nur Diversifikation, das bedeutet nicht nur vernetztes Denken, das bedeutet vielmehr auch die Achtung vor einer anders gearteten Meinung, selbst wenn sie ganz irrational erscheinen mag. Es wird in Zukunft immer häufiger notwendig sein, Widersprüche nicht einfach zu eliminieren. Jeder einzelne kann dies in seinem privaten Kreis schon jetzt ohne Einschränkung üben; wie wir in größerem gesellschaftlichem Rahmen damit umgehen werden, müssen wir allerdings erst entwickeln. Voraussetzung dafür ist aber, daß möglichst viele einzelne den Weg vorangehen, um daraus ein Gemeinsames entstehen lassen zu können.

»Umwelttechnik« verstehe ich als ersten Schritt auf diesem

Wege, wenn sie nicht in einem Etikettenschwindel die quantifizierende, objektivierende und analysierende Methode einfach auf diejenigen neuen Probleme überträgt, die man gemeiniglich unter »Ökologie« zusammenfaßt. Sie kann dann zur Wiege einer völlig neuen Technik werden, wenn sie die qualitativen Bedürfnisse der Menschen wahrhaft berücksichtigt und in ihr Denken einbezieht: wenn sie z. B. sorgsam zwischen Vorräten und Quellen unterscheidet und mit den erschöpfbaren Vorräten entsprechend sorgsam umgeht. Wenn sie bedenkt, daß wir »die Welt von unseren Kindern geborgt« haben und sie in einem Zustande weitergeben müssen, der ihnen ebenfalls ein menschenwürdiges Dasein ermöglicht. Kurz: wenn sie die subjektive Seite des Menschen mit seinem Streben nach »Segen« und nicht nur »Nutzen« berücksichtigt und ihn nicht losgelöst, sondern immer als Teil des größeren Ganzen, der Schöpfung, betrachtet.

Die Welt, die wir uns schaffen

»Am Anfang schuf Gott Himmel und Erde«, so heißt es doch gleich am Beginn des Alten Testaments. Wird hier nicht unmißverständlich zum Ausdruck gebracht, daß Gott die Welt erschaffen hat?

Aber etwas später heißt es dann: »Gott schuf den Menschen ihm zum Bilde, zum Bilde Gottes schuf er ihn und schuf sie, einen Mann und ein Weib.« Hier ist nicht von »Abbild« oder gar »Modell« die Rede, die Ebenbildlichkeit des Menschen hat wohl eine tiefere Bedeutung. Dies wird besonders aus dem Neuen Testament klar, in dem Jesus von Nazareth sagt: »Steht nicht in eurem Gesetz geschrieben: Ich habe gesagt: Ihr seid Götter? Wenn die Schrift schon jene Götter nennt, an die das Wort Gottes ergangen ist, die Schrift aber nicht aufgehoben werden kann, dürft ihr dann von dem, den der Vater geheiligt und in die Welt gesandt hat, behaupten: Du lästerst Gott, weil ich gesagt habe: ich bin der Sohn Gottes?« (Joh. 10, 34 ff.)

Die XI. Kirchenversammlung zu Toledo fand im Jahre 675 dazu die Formulierung: »Wir glauben, daß im Sohne Gottes zwei Naturen sind: die göttliche und die menschliche, welche die eine Person Christi so in sich vereinte, daß nie mehr die Gottheit von der Menschheit oder die Menschheit von der Gottheit getrennt werden kann.«

Wenn weder die Gottheit von der Menschheit noch die Menschheit von der Gottheit getrennt werden kann, sollen wir dann noch dabei bleiben, daß Gott die Welt erschaffen hat, ohne daß die Menschheit dabei ein Wörtchen mitzureden hatte? Schließlich sagte einer der bedeutendsten christlichen Mystiker, Meister Eckhart, dazu: »Alles, was Gott Vater seinem eingeborenen Sohne in der menschlichen Natur gegeben hat, das hat er alles auch mir gegeben: hiervon nehme ich nichts aus, weder die Einigkeit noch die Heiligkeit, sondern er hat mir alles ebenso gegeben wie ihm.«[1] Und Meister Eckhart betonte noch: »Das bewahrheitet sich völlig an jedem guten und göttlichen Menschen.« Allerdings muß dazu gesagt werden, daß Meister Eckhart im März des Jahres 1329 für diese (und einige andere) Sätze von Papst Johannes XXII. in Avignon der Häresie verdächtigt wurde.

Wollen wir alle diese Textstellen ernst nehmen, so dürfen wir es vielleicht wagen, die Möglichkeit zu betrachten, daß Gott die Welt nicht direkt geschaffen hat, sondern daß er sich in gewisser Weise den Menschen geschaffen hat, damit er ihm bei der Erschaffung der Welt beistehe?

Wenn wir die Unterscheidung zwischen Realität und Wirklichkeit übernehmen wollen, dann können wir als Realität alles das bezeichnen, was gegeben (von Gott geschaffen) ist, was sich aber unserem unmittelbaren Zugriff entzieht. Wirklichkeit wäre demgegenüber die Welt, in der wir leben, mit allen unseren Eindrücken, Vorurteilen, aber auch Sinnesempfindungen und wissenschaftlichen Erkenntnissen. Das Verhältnis von Realität und Wirklichkeit zu ergründen ist unter anderem Aufgabe der Wissenschaftstheorie. Es gibt dabei verschiedene typische Geisteshaltungen: Der Realismus meint, unsere Wirklichkeit sei eine mit dem wissenschaftlichen Fortschritt immer besser werdende Abbildung der Realität. Demgegenüber behauptet der Konstruktivismus, daß es gar nicht sinnvoll sei, von Realität zu sprechen, weil wir unsere Wirklichkeit frei konstruieren können.

Ich vertrete, ebenso wie Fritz Wallner, eine synthetische Haltung, die wir den »konstruktiven Realismus« nennen.[2] Der konstruktive Realismus lehnt diese beiden extremen Richtungen als einseitig ab, folgt ihnen aber trotzdem insoweit, als er einerseits zugibt, daß die Realität nicht direkt erkannt werden kann, weil wir immer in einer konstruierten Wirklichkeit leben, daß er aber andererseits diese Konstruktion nicht für vollkommen frei oder willkürlich ansieht, sondern die Realität als notwendiges Korrektiv für die Wirklichkeit braucht. Die Wirklichkeit kann demnach die Realität zwar nicht abbilden, es können aber Widersprüche zwischen Realität und Wirklichkeit auftreten, die sich z. B. als falsche Voraussagen einer Theorie, aber auch als Fehler in unseren Handlungen bis hin zu Katastrophen bemerkbar machen.

Wir Menschen leben *immer* in der von uns geschaffenen Wirklichkeit, trotzdem dürfen wir die zugrunde gelegte Realität nicht unbeachtet lassen, weil nur sie dafür Sorge tragen kann, daß unsere Wirklichkeit nicht in Illusion, Selbstbetrug oder gar Lügengebäude entartet und damit zu Katastrophen führt. Jeder Wirklichkeit ist also eine Realität vorausgesetzt, obwohl sie niemals direkt erkannt oder gar abgebildet werden kann.

Können wir dieselben Worte nicht auch von Gott aussagen? Der Schöpfer ist der Welt immer schon vorausgesetzt, obwohl Er niemals *direkt* erkannt oder gar abgebildet werden kann.

Wenn die Realität nie direkt erkennbar ist, wie können wir dann unsere Wirklichkeit an ihr orientieren?

Widersprüche zwischen beiden machen sich bemerkbar und durch ihre Elimination entwickeln wir unsere Wirklichkeit weiter, wir verbessern sie. Aber nicht im Sinne einer getreueren Abbildung, vielmehr im Sinne eines Vermeidens von Widersprüchen (oder Fehlern). Nicht wie die Wirklichkeit zu konstruieren ist, sondern wie sie *nicht* aussehen sollte, weist uns die Realität.

Durch Ausschalten von Irrtümern und falschen Wegen – durch die Verneinung des Unrechten, die Doppelte Negation – tasten wir uns voran; wir sind nie sicher, ob wir am rechten

Wege sind, aber wir können wissen, wenn wir etwas falsch machen. Die Wahl des Weges ist unserer Verantwortung überlassen; Fehler dabei zu vermeiden ist unsere Sorgfaltspflicht.

Auch die so erfolgreiche Methode der Naturwissenschaft beruht auf der Doppelten Negation, dem Ausschalten falscher Hypothesen und Theorien.[3] Die so entwickelten Naturgesetze können nicht positiv bewiesen werden, trotzdem können wir uns absolut auf sie verlassen.

Und ist es nicht auch ein guter Weiser für die Entwicklung unserer je eigenen Persönlichkeit, darauf zu achten, daß wir nicht scheinen wollen, was wir nicht sind? Kann doch niemand sein eigenes Ich besser entwickeln als durch die Annahme dessen, was ihm oder ihr immer schon gegeben ist! Was wäre der Welt doch verlorengegangen, hätte etwa Mozart oder Beethoven die eigene Gabe gering geschätzt und darauf bestanden, Schriftsteller oder Maler zu werden! Was ich *nicht* bin, ist Versuchung, der ich zu widerstehen habe. Was ich bin, habe ich nicht selbst geschaffen, ich darf und muß mich aber dazu bekennen. Zum dritten Male können wir den Schlußsatz des vorigen Abschnittes abwandeln: Jeder Persönlichkeit ist immer schon ein Ich vorausgesetzt, das aber nicht direkt abgebildet werden kann. »Werden, was du immer schon bist«, ist der Auftrag des Lebens, das sich in seiner Zeit erst entfaltet.

Im Verhältnis von Wirklichkeit und Realität ist wesentlich: es gibt so viele Wirklichkeiten wie Menschen, und trotzdem müssen zumindest gewisse Gemeinsamkeiten festgestellt werden.[4] »Weltbild« wird dann oft die gemeinsame Wirklichkeit genannt, die im besten Falle durch Konsens aller Beteiligten, im schlimmsten Falle aber durch Ausschluß, Verbannung oder gar Ermordung aller Abweichler zustande kommt. Sehr schnell gerät ein solches »Weltbild« auch in Gefahr, als Abbild der Realität mißverstanden zu werden. Immer gerät es dabei in die Schere zwischen tyrannischem Absolutismus und gleichgültigem Relativismus, wobei sich einmal die eine, dann die andere

Extremhaltung durchsetzt, obwohl beide in gleichem Maße falsch sind. Denn in beiden Fällen werden Widersprüche eliminiert, die aber zur gedeihlichen Entwicklung der Gemeinschaft wesentlich sind: Die Widersprüche, die durch jedes Individuum verkörpert werden, weil in jedem Menschen immer schon eine ganze, vollständige und abgeschlossene Welt erschaffen wurde, die trotzdem ohne die Gemeinschaft mit anderen ihren Sinn nicht finden kann.

Ein absolutistisches Weltbild eliminiert diese Widersprüche durch Macht und Gewalt. Ein relativistisches Weltbild nimmt sie erst gar nicht ernst. In beiden Fällen tragen sie nicht zu einer fruchtbaren Entwicklung bei.

Ernstnehmen dieser Widersprüche, also weder Gleichgültigkeit noch Einmischung, sondern Entwicklung des Eigenen am anderen, das nenne ich Toleranz. Und wiederum können wir den Abschnitt mit einer Abwandlung des öfters zitierten Satzes schließen: Das Andere ist notwendige Voraussetzung dafür, daß das Eigene sich finden, darstellen und entwickeln kann.

Wenn der Auftrag des Lebens an das Individuum heißt: »Werde, was du immer schon bist«, könnte dann nicht der Sinn der Zeit darin liegen, das zu entfalten, was seit Anfang mit der Schöpfung gemeint ist, was sie also immer auch schon ist? Eine Entwicklung also, die den Großen Widerspruch jedes Individuums, Teil *und* Ganzes zu sein, in historischen Dimensionen entfaltet? Und ist – trotz aller furchtbaren Rückschläge – nicht wirklich ein solcher Weg der Menschheit zu erkennen? Sind wir nicht von der Selbstverständlichkeit absolutistischer Herrschaft durch viele Revolutionen, aber auch Rückfälle doch schon ein wenig emanzipiert?

Es geht nicht darum, ob diese These richtig oder falsch ist, es geht nur um die Möglichkeit, sich dazu zu bekennen! Denn der eigene Weg ist unserer Entscheidung in Verantwortung überlassen. Wenn wir uns aber dazu bekennen, daß jedes einzelne

Leben seinen Sinn auch darin finden kann, zur Entwicklung der Toleranz beizutragen, dann können wir darin auch die Verwirklichung des christlichen Auftrages sehen, heißt es doch:

»Wenn ihr nur jene liebt, die euch lieben, welcher Lohn steht euch zu? Auch die Sünder lieben die, von denen sie geliebt werden... Liebt vielmehr eure Feinde, tut Gutes und leiht, ohne etwas zurückzuerwarten.« (Lk. 6, 32–35) und:

»Liebt eure Feinde und betet für die, die euch verfolgen. Dann werdet ihr Kinder eures Vaters im Himmel, der seine Sonne aufgehen läßt über Böse und Gute und regnen läßt über Gerechte und Ungerechte.« (Mt. 5, 45)

Und in einer letzten Abwandlung unseres Satzes möchte ich wagen, der »Wiederkunft Christi« eine symbolische Bedeutung zuzuschreiben: Durch die Person Jesus von Nazareth ist die Einheit von Gottheit und Menschheit manifest geworden. Nun liegt es an uns Menschen, die Schöpfung so zu entfalten, daß sie das werde, was sie immer schon ist. Wir wissen nicht, ob die Einheit von Gottheit und Menschheit in dieser Welt erreicht werden kann. Aber als anzustrebendes Ziel kann sie jedem individuellen Leben Sinn, Freude und Hoffnung geben.

Unter den Naturgesetzen

Im Mai 1937 hielt Max Planck einen großen, programmatischen Vortrag[1] zum Thema »Religion und Naturwissenschaft«, in dem er u. a. ausführte: »Die exakte Methodik, deren sich die Naturwissenschaft bedient, hat sich in jahrhundertelanger Arbeit so ausnehmend fruchtbar erwiesen, daß die naturwissenschaftliche Forschung heute sich auch an weniger anschauliche Probleme heranwagt, daß sie auch solche der Psychologie, der Erkenntnislehre, ja sogar der allgemeinen Weltanschauung mit Erfolg in Angriff nimmt und von ihrem Standpunkt aus einer eindringenden Behandlung unterwirft. Man darf wohl sagen, daß es gegenwärtig keine noch so abstrakte Frage der menschlichen Natur gibt, die nicht in irgendeiner Beziehung stünde zu einem naturwissenschaftlich faßbaren Problem.« Diesen Worten können wir heute wohl ohne Einschränkung beipflichten. Wahrscheinlich hat sich die von Max Planck angesprochene Tendenz seither noch verstärkt. Und Max Planck sagt dann weiter: »Wer es also mit seinem Glauben wirklich ernst nimmt und es nicht ertragen kann, wenn dieser mit seinem Wissen in Widerspruch gerät, der steht vor der Gewissensfrage, ob er sich überhaupt noch ehrlich zu einer Religionsgemeinschaft zählen darf, welche in ihrem Bekenntnis den Glauben an Naturwunder einschließt.«

Max Planck meint also – und in diesem Punkt werden ihm auch heute noch viele Wissenschaftler beipflichten –, daß es ein möglicher *Widerspruch* zwischen Glauben und Wissen ist, der uns vor die Gewissensfrage stellt, welcher der beiden einander widersprechenden Seiten wir beitreten sollen. Nach dieser Auffassung ist also das vordringlichste Problem, diesen Widerspruch zu untersuchen und festzustellen, ob es sich dabei nicht vielleicht um einen nur scheinbaren Gegensatz handelt, ob also dieser Widerspruch auf die eine oder andere Art eliminiert werden kann. Wenn dies stimmt, dann können wir Max Planck auch weiter beipflichten, wenn er sagt: »Indem wir darangehen, zu prüfen, welche Gesetze uns die Wissenschaft lehrt und welche Wahrheiten ihr als unantastbar gelten, wird es unsere Aufgabe vereinfachen und für unsere Aufgabe vollauf genügen, wenn wir uns an die exakteste aller Naturwissenschaften halten, die Physik. Denn von ihr wäre jedenfalls am ehesten ein Widerspruch gegen die Forderungen der Religion zu erwarten.«

Demnach wäre also die Elimination eines möglichen Widerspruchs zwischen Physik und Glauben ausreichend, uns von unserem Gewissensdilemma zwischen Glauben und Wissen zu befreien und weder die eine noch die andere Seite unterdrücken zu müssen. Max Planck vertieft sich dann in jene teleologischen Betrachtungen, die die Wissenschaft seit Newton und Leibniz begleitet haben[2], innerhalb der Physik waren es vor allem die Versuche, in den sogenannten »Minimalprinzipien« der Mechanik, aber auch der Optik eine Zweckrichtung der Naturgesetze zu erkennen und damit die schon vor aller naturwissenschaftlichen Tätigkeit auszuklammernde Sinnfrage gewissermaßen hinterrücks wieder einzuführen. Wenn in den Naturgesetzen eine Weltordnung erkennbar ist, dann ist für diese Überlegungen der Schluß auf ein »zweckmäßig handelndes höheres Wesen« zumindest nahegelegt. Und so sagte auch Max Planck in seinem Vortrag: »Wohin und wie weit wir also blicken mögen, zwischen Religion und Naturwissenschaft finden wir nirgends einen Widerspruch, wohl aber gerade in den entscheidenden Punkten volle Übereinstimmung. Religion und Naturwissenschaft – sie schließen sich nicht aus, wie manche heutzutage glauben oder fürchten, sondern sie ergänzen und bedingen einander.«

Es ist dies eine weitverbreitete, aber – wie ich meine – trügerische Hoffnung! So wurden auch in der Blütezeit teleologischer Überlegungen in der Physik – im 18. Jahrhundert waren es Maupertuis und Voltaire, die darüber öffentliche Kämpfe ausfochten – denkende Menschen gerade durch das berühmt gewordene Erdbeben von Lissabon aus ihren Träumen gerissen, weil sie durch das unsagbare Leid unzähliger Betroffener aus ihren abstrakten Phantasien über einen zweckmäßig handelnden Gott der Naturgesetze wieder in die Realität menschlichen Lebens, Leidens und Wirkens zurückgeholt worden waren.

Die Idee, daß Glaube und Wissen so auf getrennte Ebenen verwiesen werden können, daß kein Widerspruch zwischen ihnen auftreten kann, findet sich – wenn auch schon etwas differenzierter – in der Ansprache Papst Johannes Pauls II. an Wissenschaftler und Studenten im Kölner Dom vom 15. November 1980 wieder:[3] »Denn zwischen einer Vernunft, welche durch ihre gottgegebene Natur auf Wahrheit angelegt und zur Erkenntnis der Wahrheit befähigt ist, und dem Glauben, der sich der gleichen göttlichen Quelle aller Wahrheit verdankt, kann es keinen grundsätzlichen Konflikt geben. Der Glaube bestätigt gerade das Eigenrecht der natürlichen Vernunft. Er setzt es voraus; denn seine Annahme setzt jene Freiheit voraus, die nur dem Vernunftwesen eigen ist. Damit zeigt sich zugleich, daß Glaube und Wissenschaft verschiedenen Erkenntnisordnungen zugehören, die nicht ineinander überführbar sind.« Papst Johannes Paul II. spricht also von verschiedenen Erkenntnisordnungen und nicht nur von verschiedenen Bereichen. Und er sagt dann weiter: »Wir fürchten nicht, ja wir halten es für ausgeschlossen, daß eine Wissenschaft, die sich auf Vernunftgründe stützt und methodisch gesichert fortschreitet, zu Erkenntnissen gelangt, die in Konflikt mit der Glaubenswahrheit kommen. Dies kann nur dort der Fall sein, wo die Unterschiedlichkeit der Erkenntnisordnungen übersehen oder verleugnet wird.«

Dennoch scheint auch in dieser Auffassung oberstes Ziel zu bleiben, einen Konflikt (Widerspruch!) zwischen wissenschaftlichen Erkenntnissen und Glaubenswahrheiten gar nicht aufkommen zu lassen oder zumindest zu eliminieren. Wie steht es aber mit dem Verleugnen der Unterschiedlichkeit der beiden Erkenntnisordnungen? Dies scheint mir gerade das zentrale Problem darzustellen. Denn auch der beste Physiker, der seine Methode vollkommen beherrscht, ist frei, seine eigene Erkenntnisordnung als die allein vernünftige zu betrachten. Aus keiner Wissenschaft ist die Grenze ihrer eigenen Erkenntnisordnung ableitbar oder auch nur zu erkennen. Es bedarf vielmehr einer Anstrengung der persönlichen Freiheit, die Grenzen der wissenschaftlichen Erkenntnis zu erkennen, weil ihr Verleugnen geradezu Voraussetzung für erfolgreiches wissenschaftliches Arbeiten ist.

Als Beispiel dafür mochte ich den Nobelpreisträger der Physik, Steven Weinberg[4], zitieren, der in seinem physikalisch großartigen Buch »Die ersten drei Minuten« am Ende schreibt: »Man begreift kaum, daß dies alles nur ein winziger Bruchteil eines überwiegend feindlichen Universums ist. Noch weniger begreift man, daß dieses gegenwärtige Universum sich aus einem Anfangszustand entwickelt hat, der sich jeder Beschreibung entzieht und seiner Auslöschung durch unendliche Kälte oder unerträgliche Hitze entgegengeht. Je begreiflicher uns das Universum wird, um so sinnloser erscheint es auch.«

Man kann also als Physiker entweder aus der Sinnhaftigkeit der Naturgesetze auf ein höheres Wesen schließen oder gerade aus den Naturgesetzen heraus an der Sinnfrage scheitern, ohne daß dies auf die Qualität der physikalischen Tätigkeit irgendwelchen Einfluß hätte. Ja, es ist gerade das Wesen naturwissenschaftlicher Tätigkeit, daß ihre Ergebnisse eben unabhängig von der geistigen Haltung und moralischen Einstellung, aber auch den Bekenntnissen zu Glaubensfragen und ethischen Problemen bleiben müssen.

Es ist also nicht nur schwierig, Erkenntnisgrenzen zu erfassen, das Absehen von der Existenz anderer Erkenntnisordnungen ist geradezu Voraussetzung für erfolgreiche Tätigkeit innerhalb der Physik. Eine Trennung von Glauben und Wissen entweder in verschiedenen Bereichen oder als verschiedene Erkenntnisordnungen zur Vermeidung möglicher Widersprüche zwischen beiden kann daher wohl nicht die letzte Antwort auf diese Gewissensfrage bleiben.

Es liegt im Wesen der Freiheit der Menschen, daß sie gezwungen sind, Entscheidungen zu fällen. Daher haben die Menschen von allem Anfang an versucht, Wissen als Grundlage für die richtigen (d. h. zum Überleben führenden) Entscheidungen zu sammeln. Die Methoden, wie dieses Wissen gewonnen wird, sind von Kultur zu Kultur und von Epoche zu Epoche verschieden. Unsere moderne Naturwissenschaft ist wahrscheinlich eine endgültige Antwort zumindest für einen Teilbereich des Wissens: für das Wissen über die materielle Natur in Raum und Zeit. Sie zeichnet sich durch zwei wesentliche Bestimmungsstücke aus:

1. Für das Wissen über die Natur sind keine äußeren Autoritäten erforderlich, ja der Glaube an solche Autoritäten ist geradezu hinderlich; nur das Experiment, das ist also jener Teil der menschlichen Erfahrung, der vom einzelnen Individuum unabhängig ist, soll als Kriterium herangezogen werden.

2. Das so gewonnene Wissen bleibt auf die materielle Wirklichkeit in Raum und Zeit beschränkt; Sinnfragen, Fragen des Glaubens, aber auch Fragen von Ethik und Ästhetik können auf diese Weise nicht beantwortet werden, weil sie notwendigerweise von Mensch zu Mensch verschieden sein müssen. Es liegt im Wesen der Dialektik von Individuum und Gemeinschaft, daß sich die den Menschen gegenübertretende Wirklichkeit

weder durch allgemeine Gesetze voll erfassen läßt noch sich im rein subjektiven Erleben (quasi solipsistisch) erschöpft.

Galileo Galilei gilt als Begründer der Physik, weil er als erster die Notwendigkeit gesehen hat, zwei Erkenntnisordnungen zu unterscheiden und eine deutliche Grenze zwischen ihnen zu ziehen. Im Ansatz lassen sich ja Wurzeln naturwissenschaftlicher Methodik viel weiter in die Vergangenheit hinein verfolgen; aber die Spaltung der Welt in zwei getrennte Bereiche war erst der wesentliche Schritt, diese Methode zur vollen Entfaltung zu bringen.

So hat etwa Giordano Bruno die erste Voraussetzung für die naturwissenschaftliche Methodik zwar klar erkannt, sie aber nicht deutlich genug von der zweiten getrennt: Er stellte Autoritäten für unser Wissen schlechthin in Frage und mußte daher am Scheiterhaufen enden (historisch ist es vielleicht interessant, daß die berühmten Worte »Und sie bewegt sich doch« des Giordano Bruno vor seiner Verbrennung fälschlicherweise oft Galileo Galilei zugeschrieben werden).

Andererseits hat Johannes Kepler schon im Jahre 1609 das kopernikanische Weltbild durch die Beschreibung der Planetenbahnen als Ellipsen viel weiter entwickelt, als dies Galileo Galilei getan hat. Aber auch Kepler hat die Spaltung der Welt in die zwei Erkenntnisordnungen nicht vollzogen, indem er seine mathematischen Gesetze nur als Schritt auf dem Wege zur Einsicht in die Harmonie der Welt betrachtete. Erst Galileo Galilei hat diesen entscheidenden Schritt vollzogen; er ist darum auch der endgültigen Verdammung durch die Kirche entgangen, weil er deren Autorität bezüglich aller nicht materiellen Fragen niemals angegriffen hat. Der berühmt-berüchtigte Prozeß von 1633 wird oft in irreführender Weise dargestellt. Der Grundansatz Galileis – die Trennung der beiden Erkenntnisbereiche – wurde auch von der offiziellen Kirche niemals bekämpft; um so weniger, als erst im Jahre 1632 das berühmte Werk Galileis »Über die beiden Weltsysteme« mit dem Imprimatur des Großinquisitors von Rom erschienen war.

Wie sehr es Galilei gerade um die Grenzziehung ging, können wir seinen Antworten entnehmen: »Ich bin geneigt, zu glauben, die Autorität der Heiligen Schrift habe den Zweck, die Menschen von jenen Wahrheiten zu überzeugen, welche für ihr Seelenheil notwendig sind und die, jede menschliche Urteilskraft völlig übersteigend, durch keine Wissenschaft noch irgendein anderes Mittel als eben durch Offenbarung des Heiligen Geistes sich Glaubwürdigkeit verschaffen können. Daß aber dieser selbe Gott, der uns mit Sinnen, Verstand und Urteilsvermögen ausgestattet hat, uns deren Anwendung nicht erlauben und uns auf einem anderen Weg jene Kenntnisse beibringen will, die wir doch mittels jener Eigenschaften selbst erlangen können, das bin ich, scheint mir, nicht verpflichtet zu glauben.«

Naturwissenschaft entstand also durch das Herauslösen des für alle Menschen in gleicher Weise beschreibbaren (intersubjektiven) Teiles der Wirklichkeit aus deren Gesamtheit. Daß dies zugleich ein Schritt in Richtung der Wirklichkeit der Freiheit war, hat Galilei ebenfalls erkannt: »Wie kann man zweifeln, daß es zu den schwersten Ärgernissen führen muß, wenn die von Gott frei geschaffenen Geister gezwungen werden sollen, sich sklavisch fremdem Willen zu fügen? Wenn man die eigenen Sinne verleugnen und sie fremder Willkür soll unterwerfen müssen? Wenn man Leute, die jeder Sachkenntnis ermangeln, zu Richtern über Fachmänner macht und ihnen eine Autorität verleiht, vermöge deren sie diese nach ihrem Gutdünken behandeln? Das sind die Neuerungen, welche den Ruin eines Gemeinwesens, die Untergrabung eines Staates herbeiführen können.« Zugleich ist aber diese Neuerung ein dialektischer Schritt und nur als solcher wahrhaft zu verstehen: Die Freiheit der Menschen wird dadurch vergrößert, daß sie im Hinblick auf die Naturgesetze aufgegeben wird. Ich muß dies etwas genauer erläutern.

Alle unsere Erfahrungen, auch die bezüglich der materiellen Wirklichkeit (der Natur, Materie in Raum und Zeit) sind grundsätzlich immer individuell-subjektiv. Die Beschreibung der materiellen Wirklichkeit soll aber Allgemeingültigkeit beanspruchen. Solange also eine allgemeine Beschreibung auf Beobachtung und Erfahrung beruht, ist es immer die Beobachtung und Erfahrung eines Individuums, also eine von einem bestimmten Subjekt ausgehende Beschreibung, die dann als allgemein verbindlich erklärt werden muß. So wurde etwa vor Galilei die aristotelische Naturbeschreibung zum gültigen Weltbild deklariert und von einer Autoritätsinstitution – der Kirche – durchgesetzt und bewahrt. Freiheiten, dieses Weltbild öffentlich in Frage zu stellen, konnten nicht zugelassen werden und mußten – wie etwa im Falle Giordano Brunos – notfalls mit Gewalt verhindert werden.

Demgegenüber hat die Naturwissenschaft einen radikal anderen Ansatz: Nicht die Beobachtung und Erfahrung ist die Grundlage der Naturbeschreibung, sondern das Experiment. Alles, was nicht experimentell erfaßbar ist, fällt damit nicht unter die Erkenntnisordnung der Naturwissenschaft, es fällt in den anderen Bereich, den Galilei zunächst ohne Zögern der Kirche überlassen hat. Damit ist auch die Grenzziehung ganz deutlich gegeben. Damit ist aber auch die Freiheit der Menschen vergrößert, weil sie sich nun nicht mehr einer Autorität unterwerfen müssen, wollen sie Erkenntnisse über die Natur gewinnen oder erfassen. Zugleich aber ist das Ergebnis der naturwissenschaftlichen Arbeit eine auf den Axiomen der Logik beruhende (meist mathematische) Beschreibung der so erfaßten Wirklichkeit, die nun nicht mehr sinnvollerweise angezweifelt werden kann. *Hinsichtlich der Naturgesetze ist der Mensch nicht mehr frei!* Weil er aber diese naturgegebene Beschränkung seiner Freiheit eingesehen hat, ist er zugleich freier geworden.

Es scheint mir ganz wesentlich, diese Dialektik zu erkennen, weil ihr Mißverständnis immer wieder zu den größten Problemen geführt hat, die ja letztlich auch durch Max Planck – und auch von Papst Johannes Paul II. – nur einer höchst vorläufigen Lösung zugeführt wurden. Denn während ohne weiteres einsichtig ist, daß wir Menschen hinsichtlich der Naturgesetze in unserer Freiheit beschränkt sind, ist die Vergrößerung unserer Freiheit durch eben diese Naturgesetze nicht mehr logisch einzusehen, es bleibt vielmehr einem Akt der freien Entscheidung überlassen, sich dazu zu bekennen.

Es ist in der Wissenschaftstheorie völlig unbestritten, daß Naturgesetze nicht so beweisbar sind wie die Aussagen der Mathematik. Von mathematischen Aussagen können wir also behaupten, daß sie »formal richtig« sind. Wohl müssen auch Naturgesetze, insofern sie in mathematischer Sprache formuliert werden, formal richtig sein, jedoch genügt dies noch nicht. Erst wenn sie die Bewährung am Experiment bestanden haben (wenn sie also von entscheidenden Experimenten bestätigt, d. h. nicht widerlegt werden), können sie »Gültigkeit« beanspruchen. Naturgesetze haben also einen anderen Wahrheitsgehalt als mathematische Aussagen. Trotzdem können wir von ihnen nicht einfach behaupten, daß sie wahre Aussagen über die materielle Wirklichkeit sind, weil sie niemals durch ein Experiment positiv ausgezeichnet werden können. Obwohl es also keine Beweise für die Naturgesetze gibt, sind sie doch absolut verläßlich. Wir handeln stets so, als ob die Naturgesetze mit absoluter Sicherheit bewiesen wären! Kein vernünftiger Mensch würde jemals in ein Flugzeug einsteigen, wenn es auch nur die geringste Wahrscheinlichkeit gäbe, daß einmal die Gesetze des dynamischen Auftriebs nicht gelten. Und wenn es tatsächlich einmal zu einem Absturz eines Flugzeuges kommt, dann können dafür alle möglichen Erklärungen herangezogen und überprüft werden; niemals aber darf ein vernünftiger Mensch auch nur den flüchtigen Gedanken fassen, daß vielleicht die Naturgesetze ausgelassen hätten.

Die oben angesprochene Dialektik der Freiheit findet also

hier erneut ihren Ausdruck in der Tatsache, daß die Naturgesetze zwar nicht bewiesen, ja nicht einmal positiv durch Experimente ausgezeichnet werden können (experimentell können nur falsche Naturgesetze ausgeschieden werden), daß sie aber trotzdem in ihren Auswirkungen auf unser Handeln absolut verläßlich sind. Diese Verläßlichkeit beruht auf einer inneren Gewißheit, die durch nichts logisch untermauert werden kann. Daher kommt das Vertrauen in die Naturgesetze einem Akt des Glaubens so nahe, daß auch hervorragende Naturwissenschaftler immer wieder der Versuchung erlegen sind, ihren persönlichen Glauben auf Naturgesetze und Naturwissenschaft zu gründen. Dies führte dann auch zu jenen teleologischen Überlegungen, die wir besprochen haben. Jeder Glaube, der im Vertrauen auf die Naturgesetze gründet oder wenigstens eine verwandte Wurzel sieht, muß notwendigerweise an den eigentlichen Glaubensfragen versagen, klammert er doch die gesamte andere Erkenntnisordnung aus, die nicht auf dem experimentell erfaßbaren Teil der Wirklichkeit beruht. Damit sind aber gerade diejenigen Fragen verdrängt, die mit dem individuellen Leben des einzelnen am tiefsten verknüpft sind, wie z. B. die Fragen nach dem Sinn des Lebens, das weiß, daß es sterben muß, die Fragen nach Freiheit und Liebe, ja nach der Ebenbildlichkeit Gottes und nach der Erkennbarkeit Gottes im Menschen.

Wir haben gesehen, daß Naturwissenschaft und Glaube nicht einfach zwei verschiedenen Bereichen zugeordnet werden können und daß diese beiden Bereiche viel eher als Ziel der beiden entgegengesetzten Erkenntnisordnungen auftreten. Weder Naturwissenschaft noch Glaube können einfach statisch verstanden werden; beiden wohnt eine Dynamik inne, so daß die Ergebnisse der Naturwissenschaft nicht vom Weg der Tätigkeit, durch die sie gewonnen wurden, getrennt werden können, wollen wir ihre Beziehung zum Akt des Glaubens verstehen; denn auch der Akt des Glaubens ist eben ein immer neues tätiges

Bekennen der Freiheit und nicht einfach ein Inhalt, der geglaubt werden muß.

Um die beiden Erkenntnisordnungen und die von ihnen geschaffenen zwei Bereiche näher zu verstehen, können wir sie mit Kant[5] als die Bereiche der Naturnotwendigkeit (Heteronomie) und der Freiheit (Autonomie) bezeichnen: »Um deswillen muß ein vernünftiges Wesen sich selbst *als Intelligenz* (also nicht von seiten seiner unteren Kräfte) nicht als zur Sinnen-, sondern zur Verstandeswelt gehörig ansehen; mithin hat es zwei Standpunkte, daraus es sich selbst betrachten und Gesetze des Gebrauchs seiner Kräfte, folglich aller seiner Handlungen erkennen kann: *Einmal*, sofern es zur Sinnenwelt gehört, unter Naturgesetzen (Heteronomie), *zweitens* als zur intelligibelen Welt gehörig, unter Gesetzen, die von der Natur unabhängig, nicht empirisch, sondern bloß in der Vernunft begründet sind.«

Der Bereich der Heteronomie ist also der Bereich der Naturgesetze, in dem keine Freiheit herrscht. Ziel der naturwissenschaftlichen Methode ist es, jene Wahrheiten (Naturgesetze) zu finden, die unser Handeln, unsere Entscheidungen und unser Leben bestimmen. In diesem Bereich darf es keine Widersprüche geben, es gibt immer ein eindeutiges »entweder richtig oder falsch« bei Entscheidungen. Wir können als Beispiel an die Technik denken, in der der Mensch nicht nur von Naturgesetzen beeinflußt ist, sondern aufgrund dieser Naturgesetze selbst handelnd tätig wird, immer aber zum Erreichen seines Zieles Entscheidungen setzt, die eben entweder richtig oder falsch im Sinne der Naturgesetze sind. Daher gibt es in diesem Bereich auch keine Verantwortung im eigentlichen Sinn, was hier herrscht, möchte ich »Sorgfaltspflicht« nennen. Als Beispiel sei erwähnt, daß in diesem Sinne etwa ein Lokomotivführer keine Verantwortung trägt, weil es einen eindeutigen und widerspruchsfreien Satz von Regeln gibt, bei deren sorgfältiger Befolgung das »richtige Ergebnis« (die Unfallfreiheit) folgt.

Verantwortung im eigentlichen Sinne gibt es erst im Bereich

der Freiheit, indem erst aus unseren Entscheidungen, unserem Handeln, unserem Leben eine neue Wahrheit geschaffen wird. Widersprüche sind hier geradezu der Keim des Lebens, etwa in dem Sinne wie Hegel sagt: »Etwas ist lebendig, nur insoferne es den Widerspruch in sich enthält.« So können wir etwa von einer partnerschaftlichen Beziehung (z. B. einer Ehe, aber auch einer Freundschaft oder einer anderen zwischenmenschlichen Begegnung) niemals im vorhinein wissen, ob es sich um eine »wahre Partnerschaft« handelt, weil dies erst aus dem Verhalten, den Entscheidungen und dem Leben der Partner folgt.

Die Frage nach dem Verhältnis von Naturwissenschaft und Glaube kann vom Verhältnis dieser beiden Bereiche nicht getrennt werden. Wer ein konfliktfreies Nebeneinander der beiden Bereiche verlangt, wird wohl auch Widersprüche zwischen ihnen als scheinbar hinstellen müssen, wie dies noch Kant[5] getan hat: »Ob nun gleich hieraus eine Dialektik der Vernunft entspringt, da in Ansehung des Willens die ihm beigelegte Freiheit mit der Naturnotwendigkeit im Widerspruch zu stehen scheint, und bei dieser Wegescheidung die Vernunft in *spekulativer Absicht* den Weg der Naturnotwendigkeit viel gebahnter und brauchbarer findet als den der Freiheit: so ist doch in *praktischer Absicht* der Fußsteig der Freiheit der einzige, auf welchem es möglich ist, von seiner Vernunft bei unserem Tun und Lassen Gebrauch zu machen; daher wird es der subtilsten Philosophie ebenso unmöglich wie der gemeinsten Menschenvernunft, die Freiheit wegzuvernünfteln.«

Kant erkennt also die Notwendigkeit beider Bereiche an, versucht aber auch, sie in ein konfliktfreies Verhältnis zu bringen. Er sagt dann noch deutlicher: »Diese muß also wohl voraussetzen, daß kein wahrer Widerspruch zwischen Freiheit und Naturnotwendigkeit ebenderselben menschlichen Handlungen angetroffen werde; denn sie kann ebensowenig den Begriff der Natur als den der Freiheit aufgeben.«

Dies erinnert doch recht deutlich an die Worte Papst Johannes Pauls II. Mir scheint aber die Frage nach dem Verhältnis von Wissenschaft und Glaube nicht auf die Frage nach dem Verhältnis der beiden Bereiche zu beschränken zu sein, da es sich – wie gesagt – bei beiden eben um *Tendenzen* handelt, die gerade diese beiden Bereiche in Beziehung setzen. So ist die Naturwissenschaft jene Tendenz, die aus dem Bereich der Freiheit durch ihre Forschung Wahrheiten in den Bereich der Naturnotwendigkeit transportiert, indem sie Begriffe teilt und den jeweils experimentell erfaßbaren Teil in den Bereich der Heteronomie schiebt. Als Beispiel möchte ich etwa den Intelligenzquotienten nennen. Niemand wird bezweifeln, daß wir unter Intelligenz eines Menschen mehr verstehen können (und auch sollten) als jenen Anteil, der durch eine einzige Zahl (eben den Intelligenzquotienten) gemessen werden kann. Durch die Anwendung der naturwissenschaftlichen Methode wird auf den unmeßbaren, persönlich-subjektiven Teil bewußt verzichtet, um dadurch etwas allgemein Gültiges, Vergleichbares zu erhalten. Die Naturwissenschaft geht also in ihrer forschenden Tätigkeit von der beide Bereiche umfassenden Wirklichkeit aus und filtert gewissermaßen jenen Teil heraus, der nun im Bereich der Heteronomie angesiedelt werden kann.

Demgegenüber hat der Glaube gerade die umgekehrte Tendenz: Ausgehend von allgemeinen Wahrheiten (etwa einer Offenbarung, einer Heiligen Schrift, verbindlichen Dogmen oder dergleichen) muß in einem streng persönlichen Akt die eigene Sinnerfüllung gefunden werden, die dann nicht mehr auf andere Menschen übertragbar ist und in den Bereich der persönlichen Autonomie führt. Bei diesem persönlichen Glaubensakt kann es gerade nicht darum gehen, Widersprüche auszuschließen, sondern vielmehr darum, die großen Widersprüche des Lebens »in sich zu fassen und auszuhalten« (Hegel). In diesem Sinne ergänzte auch Heidegger den bekannten Satz des Heraklit »Der Kampf ist der Vater aller Dinge« durch die Aufforderung »Der größte Kampf ist die Liebe, weil sie den tiefsten Streit erregt, um in seiner Bewältigung sie selbst zu sein«.

Wenn wir Naturwissenschaft und Glaube nicht als statische Inhalte, sondern als dynamische Tendenzen betrachten, dann ist es gar nicht mehr sinnvoll, ihre Widerspruchsfreiheit zu fordern. Denn Naturwissenschaft ist dann jene Tendenz, die Wahrheiten aus dem Bereich der Freiheit in den Bereich der Naturnotwendigkeit führt, während Glaube jene Tendenz ist, die gerade umgekehrt aus dem formalen Rahmen, also aus dem Bereich der Heteronomie in den Bereich der Freiheit führt. Dies hat auch Paulus in seinem Brief an die Galater so deutlich geschrieben: »Ja, wenn ein Gesetz gegeben wäre mit der Kraft, das Leben zu spenden, dann käme in der Tat die Gerechtigkeit aus dem Gesetze« (3,21). »Brüder, ihr seid zur Freiheit berufen. Aber mißbraucht die Freiheit nicht zum Dienst des Fleisches. Dient vielmehr einander in Liebe. Denn das ganze Gesetz wird in dem einen Wort erfüllt: Du sollst deinen Nächsten lieben wie dich selbst« (5,13 f.).

Wenn also Naturwissenschaft und Glaube als gegenläufige Tendenzen zwischen den Bereichen Naturnotwendigkeit und Freiheit gesehen werden, dann ist die Frage nach einem möglichen Widerspruch hinfällig geworden; ihr Gegensatz ergibt sich in dialektischer Sicht als Notwendigkeit aus ihrem eigentlichen Wesen; wenn wir erkennen, daß die Gegenüberstellung der Bereiche im statischen Sinne eine reduktionistische Einschränkung sowohl von Naturwissenschaft als auch von Glaube darstellt. Dies wird vielleicht am deutlichsten, wenn wir uns daran erinnern, daß Glaube ja eben nur ein Teil jener Tendenz ist, die in den Bereich der Freiheit führt. Paulus hat im 1. Korintherbrief ganz deutlich gesagt: »Für jetzt bleiben Glaube, Hoffnung und Liebe. Diese drei. Am höchsten aber steht die Liebe. Trachtet nach der Liebe!« Die Unsinnigkeit der Gegenüberstellung der beiden statischen Bereiche wird dann aber sofort klar, wenn wir uns die Frage vorlegen, ob es einen Widerspruch zwischen Naturwissenschaft und Liebe oder Naturwissenschaft und Hoffnung gibt. Das Problem kann erst dann auftreten, wenn die Lebendigkeit des Glaubensaktes durch analysierende Fragen erstarrt und abgetötet wird. Die Versuchung, dies immer wieder zu tun, kommt meines Erachtens vor allem daher, daß wir uns damit auch der Verantwortung für unser eigenes Leben zu entziehen glauben, indem wir sie auf bloße Sorgfaltspflicht reduzieren. Daß dies letztlich unmöglich bleiben muß, hat ja schon Kant ausgedrückt, weil eben auch der Versuch, seine eigene Freiheit vollständig abzuleugnen und sich auf den Bereich der Heteronomie zu reduzieren, selbst schon einen Akt der freien Entscheidung darstellt. Als Folge eines solchen Versuches stellt sich aber dann auch der Zweifel am Sinn des Lebens und der Schöpfung ein, wie dies das Zitat von Steven Weinberg zeigt. Ich habe darum an anderer Stelle gesagt: »Unser Leben *hat* keinen Sinn, weil es schon Sinn *ist*. Wer liebt, ist sich dessen gewiß! Wer nicht liebt, möge sich eher fragen, warum er nicht liebt, als die unsinnige Frage zu stellen, was ein Leben ohne Liebe, Humor und Weisheit für einen Sinn haben könnte.«[6]

Der Widerspruch der Freiheit

Bei der Durchsicht eines Manifests von Managern bin ich gleich unter Punkt eins auf einen interessanten Satz gestoßen. Es handelt sich dabei um eine Aussage, der ich vollinhaltlich zustimmen möchte. Dieser Satz lautet folgendermaßen: »Die Führungskräfte bekennen sich zu persönlicher Freiheit und Verantwortung.« Ich bin absolut einverstanden, wenn dort steht, sie bekennen sich zu persönlicher Freiheit. Und ich bin auch einverstanden, wenn sie sich zu persönlicher Verantwortung bekennen. Aber noch lieber ist es mir, daß hier beides aneinandergekoppelt ist. Weil ich nämlich glaube, daß Freiheit und Verantwortung nicht voneinander getrennt werden können. Freiheit ohne Verantwortung ist Willkür. Die Begriffe Freiheit und Willkür werden heutzutage in einer Weise verwechselt und durcheinandergeworfen, die manchmal groteske Blüten treibt, und zwar nicht nur in allgemeinen Diskussionen, sondern auch in der hohen Wissenschaft. Denn erst aus einer verantwortlichen Entscheidung entspringt das, was über die Willkür hinausgeht, was wir selbst dann mit allen Konsequenzen auf uns nehmen müssen.

Was heißt denn Verantwortung ohne Freiheit? Es scheint zunächst einmal paradox zu sein. Ich glaube auch, daß das den Namen Verantwortung nicht verdient. Ich nenne Verantwortung ohne Freiheit Sorgfaltspflicht. Sorgfaltspflicht und Verantwortung ist etwas Grundverschiedenes. Ich habe dies am einfachen Beispiel eines Lokomotivführers deutlich gemacht.

Dort, wo es möglich ist, zwischen richtig und falsch zu unterscheiden, dort gibt es weder Freiheit noch Verantwortung, dort gibt es aber Sorgfaltspflicht, deren Verletzung ebenso schlimm sein kann wie eine Verantwortungslosigkeit. Wir Menschen sind, wie Kant das so schön ausgedrückt hat, immer versucht, die Freiheit wegzuvernünfteln. Denn die Freiheit bedeutet, daß es eben nicht möglich ist, bei jeder Handlung von vornherein zu wissen, was aus ihr folgt, sozusagen nach richtig und falsch zu unterscheiden. Nur in dem Bereich, in dem das nicht möglich ist, spreche ich von Verantwortung.

Denken wir an irgendeine zwischenmenschliche Beziehung. Wir können dort nicht aus einem vollständigen Satz von Regeln ableiten, was wir tun müssen, daß sich diese Beziehung richtig entwickelt. Dort gibt es den Begriff der Richtigkeit nicht, denn dort existieren Widersprüche und Konflikte, bei denen man nicht so ohne weiteres entscheiden kann, was richtig und was falsch ist, während die Sorgfaltspflicht der Bereich der Widerspruchsfreiheit ist. Kant hat allerdings weiter gesagt, es ist gar nicht möglich, unsere Freiheit wegzuvernünfteln, denn auch das Wegvernünfteln der Freiheit geschieht aus Freiheit. Es ist so schön, immer zu wissen, daß es irgend jemanden gibt, der mir sagen könnte, ob es richtig ist oder nicht, was ich mache. In unserer Freiheit fühlen wir uns hingegen immer verlassen.

Der Mensch wird manchmal philosophisch der Losgelassene der Schöpfung genannt, weil er tatsächlich in seinen notwendigen Entscheidungen verlassen ist. Die Natur sorgt nicht dafür, daß er das Richtige trifft. An dieser Stelle möchte ich eine weitere sehr wichtige Unterscheidung einführen. Ich habe schon gesagt, in dem Bereich Sorgfaltspflicht, in dem Bereich, wo es keine Widersprüche gibt, da können wir nach richtig und falsch entscheiden.

Eine weitere sehr traditionsreiche, aber zuletzt oft vergessene

Unterscheidung ist die zwischen richtig und wahr. Denn im Bereich der Freiheit, wo die Widersprüche wesentlich sind, wo es um Konflikte geht, dort geht es nicht darum, etwas richtig zu machen, sondern dort geht es darum, wahr zu sein. Aussagen, die richtig sind, die also den Anspruch erheben, richtig zu sein, wenn kein Fehler vorliegt, sind im Extremfall die Aussagen der Mathematik. Die sind nämlich beweisbar. Der pythagoreische Lehrsatz z. B., a-Quadrat + b-Quadrat = c-Quadrat, ist richtig. Ich halte es für eine Umweltverschmutzung auf geistigem Gebiet, daß in unseren Lehrbüchern der Mathematik, aus denen unsere Kinder heute lernen müssen, das Wort wahr steht. Denn a-Quadrat + b-Quadrat = c-Quadrat ist nicht eine wahre Aussage, sondern eine richtige. Oder 2 x 2 = 4 ist nicht wahr, sondern richtig, denn jemand, der sagt: 2 x 2 = 5, der begeht einen Fehler. Deshalb ist er aber weder ein Lügner noch ein schlechter Mensch.

Dieser Unterschied ist sehr, sehr wichtig. Was also beweisbar ist im Sinne der Mathematik oder im anderen Sinn, das bezeichne ich als richtig, während das, was wahr ist, aus dem Bereich stammt, in dem man die Widersprüche nicht ganz los wird. In diesem Bereich ist es notwendig, sich für die Wahrheit persönlich einzusetzen, das heißt, sich zu ihr zu bekennen. Ich sage immer als extremes Beispiel den Satz »Ich liebe dich«. Wenn jemand zu mir sagt »Ich liebe dich« und ich sage: »Kannst du mir das beweisen?«, dann habe ich den Sinnanspruch dieses Satzes total mißverstanden. Ich könnte natürlich den Satz, wenn jemand zu mir sagt »Ich liebe dich«, bezweifeln, denn es könnte ja sein, daß es meine grauen Schläfen oder mein Auto oder mein Scheckbuch oder meine Titel sind, die dazu führen. Dann ist der Satz ja nicht wahr. Grundsätzlich ist er bezweifelbar. Die Wahrheit dieses Satzes entsteht daraus, daß er bezweifelbar wäre, ich ihn aber nicht bezweifle. Das Bekenntnis dazu läßt diese Wahrheit überhaupt zur Wahrheit werden. Und dieser Unterschied ist ungeheuer wichtig. Denn wir können jederzeit mit richtigen Sätzen lügen.

Als Beispiel hierfür möchte ich den Satz anführen, mit dem Hitler die Eröffnung des Zweiten Weltkriegs im Rundfunk verkündet hat. Da hat er gesagt: »Seit heute morgen wird zurückgeschossen.« Dieser Satz ist nicht falsch. Denn es wurde zurückgeschossen, nur ist er auch nicht wahr. Denn sie haben ja nicht erst zurückgeschossen, sondern angefangen. Sie können, wie gesagt, mit richtigen Aussagen lügen. Das ist überhaupt kein Problem. Sie können umgekehrt manchmal um der Wahrheit willen falsche Sätze sagen müssen.

Nun ist diese Unterscheidung zwischen wahr und richtig für unsere Kultur zum Unterschied von anderen Kulturen, in denen die Geschichte ja anders gelaufen ist, zu einem ganz wesentlichen Punkt geworden. Denn unsere Kultur im Unterschied zu anderen Kulturen hat viele, viele Menschen geopfert um der Wahrheit willen. Nun kann man nicht sagen, eine Kultur sei besser als die andere. Aber die Grundsätze, um die es geht, sind verschieden. Bei uns ist es um die Wahrheit gegangen. Und seit zweieinhalb Jahrtausenden, seit die Menschheit aus dem mythischen Zeitalter herausgetreten ist, gibt es in jeder Kultur etwas, was wir den Denkrahmen oder Logik dieser Kultur nennen können. In unserem Kulturkreis hat sich die aristotelische Logik – das Entweder-Oder-Denken – durchgesetzt. Dabei wird verlangt, daß man, um vernünftige Aussagen machen zu können, die der Logik gehorchen, alle Begriffe definieren muß. Dabei muß man nicht nur wissen, was mit einem Begriff gemeint ist, sondern es wird automatisch vorausgesetzt, daß das, was nicht gemeint ist, ausgeschlossen ist. Das klingt trivial. Bei meinem ersten Japanbesuch habe ich meine Kollegen gebeten, daß wir uns einmal am Abend zusammensetzen, um über buddhistisches Denken zu sprechen. Und wie das dann zustande gekommen ist, haben die gesagt, wenn du dich für Buddhismus interessierst, dann mußt du zuerst einmal lernen, daß Buddhismus ein Begriff ist, den der Buddhist nicht kennt. Weil er ausschließt, was er nicht einschließt. Aha. Aber verstanden habe ich das natürlich überhaupt nicht. Und dann haben mir meine Kollegen gesagt, na schau, in Japan gibt es etwa 10 Prozent Christen und je zwei Drittel Buddhisten und Schintoisten. Habe ich gesagt: Du meinst ein Drittel. Sagt er: Nein, zwei Drittel. Sagte ich: Das geht sich ja nicht aus. Sagt er: Eben.

Unsere Art zu denken ist auch sehr ökonomisch. Wenn ich sage, ich bin katholisch, habe ich mit einem Wort sämtliche Weltreligionen aufgezählt und bei den anderen überall »nicht« dazu gesagt. Ich bin nicht... Wenn ich aber dann im Geschichtsbuch meiner Tochter die prozentuale Verteilung der Weltreligionen lese, dann ist das eine vollkommene Verfälschung dessen, was es auf dieser Welt alles gibt. Durch unseren Denkrahmen. Dieser hat unser Abendland bestimmt, und wir haben für eineinhalb Jahrtausende oder eigentlich fast zwei Jahrtausende gedacht, daß es möglich ist, auf diese Art und Weise zu denken und die Wahrheit zu erkennen.

Deduktion heißt, Schluß vom Allgemeinen auf das Besondere und nicht umgekehrt. Alle Menschen sind sterblich, Sokrates ist ein Mensch, also ist Sokrates sterblich. Das ist der klassische Schluß der Deduktion. Aber wenn ich nur von oben nach unten schließen darf, nur vom Allgemeinen auf das Besondere, stellt sich die Frage: Wie komme ich zum Allgemeinen? Und da hat Aristoteles gesagt, das Allgemeine muß unmittelbar einsichtig sein. Alle Menschen sind sterblich ist unmittelbar einsichtig. Und es ist ihm sogar gelungen, und das ist eine gewaltige Leistung, auf der Basis von wenigen allgemein einsichtigen Sätzen eine Physik zu begründen, die zwei Jahrtausende das Abendland beherrscht hat. Nur dann hat es nicht mehr funktioniert. Viele Leute glauben, da ist der Galileo Galilei gekommen und hat mit der Kirche gestritten. Das war viel komplizierter. Die oberen Ränge der Kirche waren auf der Seite von Galilei. Die haben ihn verteidigt gegen die Kleinen. Es sind immer die kleinen Geister, die den Fortschritt verhindern, nicht die großen, weder der Papst noch der Kardinal. Aber das ist eine andere Geschichte.

Worum es aber damals tatsächlich gegangen ist, das war ja etwas viel Dramatischeres. Es war ja nicht so, daß plötzlich die Deduktion ersetzt wurde durch die Induktion, wie manche gedacht haben. Es war auch nicht so sehr die plötzliche Erfindung einer neuen Methode oder die Einführung des Experiments durch Galilei. Worum es damals wirklich gegangen ist, ist die Abschaffung der Autorität zur Festsetzung der Wahrheit. Denn bis dahin war es so, daß man gesagt hat, na ja, gut, zur Wahrheit kommen wir nur durch Eindeutigkeit, Widerspruchsfreiheit, Begründbarkeit und den Schluß vom Allgemeinen auf das Besondere. Das Allgemeine, hat Aristoteles noch gesagt, muß unmittelbar evident sein. Platon, der Lehrer von Aristoteles, hat schon gesagt, er hält da nichts davon. Er hat gesagt, was man zu einer gewissen Zeit für unmittelbar einsichtig hält, kann nämlich nach dreißig Jahren höchst uneinsichtig sein und umgekehrt, und darum werde es niemals eine Schrift von Platon geben, sondern alles, was er schreibt, sind Dialoge seines etwas verjüngten und verschönten Lehrers Sokrates. Nun, es ist doch gegangen, aber halt nur zweitausend Jahre. Und dann waren diese Sätze nicht mehr unmittelbar einsichtig, sondern sie bedurften eben der Aufrechterhaltung durch die Autorität.

Es wird heute meistens vergessen, daß damals die Kalenderreform ein wesentlicher Punkt war. Der Kalender mußte reformiert werden, und dazu hat man natürlich eine bessere Physik gebraucht als das damalige aristotelische Modell. Daher hat die Kirche die Kopernikanische Lehre sehr begrüßt für die Kalenderreform. Aber sie hat eine Unterscheidung eingeführt. Sie hat gesagt, es gibt eine Unterscheidung zwischen Wahrheit und Hypothese. Da gibt es die Wahrheit, zu der müsse man sich bekennen; und diejenigen, die sich nicht zu ihr bekennen, werden verbrannt. Und dann gibt es die Hypothesen, die müssen ja nur richtig sein im Sinne ihrer Anwendbarkeit, die können daher beliebig sein. Jeder kann eine beliebige Hypothese machen.

Der Großinquisitor, der für die Zensur des Kopernikanischen Werks verantwortlich zeichnete, meinte, daß die Passagen über die Bewegung der Erde weder gegen die Wahrheit noch gegen die Heilige Schrift verstießen. Im Gegenteil, in gewissem Sinne würden sie mit beiden übereinstimmen, weil die Annahmen, derer sich die Wissenschaft von der Astronomie mit besonderem Recht zu bedienen pflegt, falscher Natur sind. Galilei hat diese Trennung zwischen Wahrheit und Hypothese ernstgenommen. Der Prozeß Galilei wird ja höchst übertrieben, es ist ihm ja nichts passiert. Denn im Vergleich zur Verbrennung war ja Hausarrest ein regelrechtes Vergnügen. Und wie ihm dort in Umbrien das Essen nicht zugesagt hat, weil er schon älter war, haben sie ihn in die Toskana zurück auf seine eigenen Güter fahren lassen, also in dem Sinne ist ihm natürlich nichts passiert. Und das hat er sich dadurch erkauft, daß er diese Trennung, die die Kirche gemacht hat, ernstgenommen hat. Er hat gesagt, ich unterscheide nicht zwischen Wahrheit und Hypothese, sondern er hat das genannt Wahrheit und Kenntnis, oder Wahrheit und Wissen.

Die Forderungen des Galilei haben die Logik ergänzt und uns ungeahnte Möglichkeiten gegeben. Ein Zitat von Galilei zeigt, wie bescheiden er selbst war. Wie er den Unterschied zwischen Wahrheit und Wissen deutlich macht. Er sagt: »Die eitle Einbildung, man verstehe alles, kann ja nur daher kommen, daß man nie etwas verstanden hat. Denn wer nur ein einziges Mal das Verständnis einer Sache erlebt hat, wer wirklich geschmeckt hat, wie man zum Wissen gelangt, der weiß auch, daß er von der Unendlichkeit der übrigen Wahrheiten nichts weiß.«

In dieser Spannung zwischen wahr und richtig ist eine neue Qualität eingetreten. Mit dieser Methode ist es uns ja gelungen, Naturgesetze zu erfassen und niederzuschreiben. Diese Naturgesetze haben nun eine dritte Qualität. Sie sind nicht richtig im Sinne der Mathematik, denn niemand kann die Naturgesetze beweisen. Darum heißt es ja immer, das ist Empirie. So ist beispielsweise der Satz, es gibt kein Perpetuum mobile, durch nichts zu beweisen, ist aber trotzdem einer der Grundsätze der Physik. Er ist aber auch nicht wahr in dem Sinn, daß wir uns dazu bekennen müssen. Hier ist daher eine dritte Qualität entstanden, die nenne ich sicher.

Richtig ist, was formal beweisbar ist. Im Extremfall die Mathematik. Wahr ist das, was bezweifelbar ist. Es ist deshalb wahr, weil ich es nicht bezweifle, mich dazu bekenne. Sicher sind schließlich die Gesetze, die durch Experimente überprüfbar sind. Diese sind so sicher, daß wir uns absolut darauf verlassen können.

Unsere Handlungen bewegen sich in diesem Spannungsfeld zwischen wahr und sicher. Mathematische formale Sätze sind für unsere Handlungen zunächst einmal irrelevant. Unser Denken bewegt sich umgekehrt zwischen wahr und richtig. Die Sicherheit der Naturgesetze ist zunächst einmal für unser Denken irrelevant. Denken und konstruieren unterscheiden sich darin, daß zum Denken gehört, die Widersprüche, die auftreten, zunächst einmal zu akzeptieren und sich zu überlegen, ob das gewöhnliche Fehler sind oder ob das tatsächlich echte Anliegen sind, wie das normalerweise bei Konflikten, z. B. in Ehen oder anderen Partnerschaften, vorkommt. Und dann können wir sagen, die richtigen Sätze kommen zustande aus dem Schnittpunkt von Denken und Konstruieren unter Ausschluß des Handelns. Die wahren Sätze aus dem Schnittpunkt von Denken und Handeln unter Ausschluß des Konstruierens. Und die sicheren Sätze aus dem Schnittpunkt von Konstruieren und Handeln unter Ausschluß des Denkens. Das ist ein Satz von Heidegger. Er hat gesagt, die Wissenschaft denkt nicht. Das hat zur Folge, daß meine Kollegen aus der Wissenschaft, die nur solche Sätze hören, von den Philosophen furchtbar empört sind. Aber Heidegger meint ja etwas damit. Was er damit meint, ist, daß bei der Erforschung der Naturgesetze das Wesentliche ist, die Widersprüche auszuklammern. Sonst komme ich nicht zu den Naturgesetzen.

Wir alle stehen in diesem Dreifeld von Naturnotwendigkeit, Freiheit und Ordnung. Naturnotwendigkeit, das sind die Naturgesetze. Wir sind dieser Notwendigkeit unterworfen. Wir tragen für Naturnotwendigkeit keine Verantwortung, sondern im Bereich, wo nur die Naturnotwendigkeit gilt, da gilt es, Sorgfaltspflicht zu wahren.

Unsere persönliche Freiheit, die ich anfänglich bereits angesprochen habe, ist eigentlich immer nur selbst schon als Widerspruch zu verstehen. Denn unsere Freiheit ist zugleich die größte Unfreiheit. Durch den Zwang nämlich, entscheiden zu müssen. Nur wer frei ist, muß entscheiden. Wer nicht frei ist, muß auch nicht entscheiden, denn das tut entweder die Natur oder sonst jemand für ihn. Und dieser Zwang zu entscheiden macht diese Freiheit immer so ambivalent, weil wir uns zugleich nach ihr sehnen und vor ihr fürchten. Wir sehnen uns nach ihr, weil erst die Freiheit uns über ein bloßes Vegetieren hinaushebt. Und wir fürchten uns vor ihr, weil wir im Augenblick, wo wir frei sind, Verantwortung übernehmen müssen. Sonst ist es nicht Freiheit, sondern Willkür. Wir müssen also Verantwortung übernehmen für Entscheidungen, deren Konsequenzen wir nicht immer voraussagen können. Nur dann handelt es sich um die Freiheit. Das ist der Grund, warum Kant gesagt hat, wir versuchen immer, die Freiheit wegzuvernünfteln. Und sei es mit den großartigsten Theorien.

Die Ordnung entsteht im Spannungsfeld zwischen Naturnotwendigkeit und Freiheit. Es gibt Ordnungen, die notwendig sind zur Aufrechterhaltung unserer Freiheit. Und diese Ordnungen unterscheiden sich von Naturnotwendigkeit dadurch, daß sie nicht sicher sind, sondern daß sie von uns selbst gegeben uns selbst bestimmen und unsere Freiheit ermöglichen. Denn es ist eine bekannte Tatsache, daß dann, wenn irgendwo die Freiheit so groß wird, daß sie in Willkür umschlägt, irgend jemand nach den Ordnungshütern ruft, und umgekehrt, wenn die Ordnung so stark wird, daß sie die Freiheit zu sehr eindämmt, es sofort heißt: Sire, geben Sie Gedankenfreiheit oder ähnliches. Das ist eine sehr schwierige Balance. Wir müssen uns zu dieser Ordnung immer in zweifacher Weise stellen. Also noch einmal: bezüglich der Naturnotwendigkeiten gibt es Sorgfaltspflicht, bezüglich der Freiheit gibt es Verantwortung. Bezüglich der Ordnung gibt es beides. Es gibt nämlich die Verantwortung dafür, ob wir die jeweils gegebene Ordnung, die ja nicht naturgegeben, sondern von den Menschen gemacht ist, akzeptieren oder nicht. Wenn wir sie akzeptieren, dann gilt es, Sorgfaltspflicht zu tragen und sie richtig auszuführen.

Ich will an dieser Stelle folgenden Satz aus dem Manager-Manifest zitieren, der hier relevant ist: »Die Führungskräfte bekennen sich zum System der parlamentarischen Demokratie, zum demokratischen Rechtsstaat.« Zu einer derartigen Rahmenordnung müssen wir uns bekennen. Niemand braucht sich zum pythagoreischen Lehrsatz oder zu den Bernoullischen Gesetzen zu bekennen, die sind von der Natur garantiert. Aber zu der Ordnung, die von uns gegeben ist, müssen wir uns auch bekennen. Aber nicht vorbehaltlos. Wenn wir das nämlich tun, dann kommt es zu so einer Krise wie z. B. 1968, wo auf einmal viele der nächsten Generation sagen: »Wir nicht mehr.« Und dann kommt es zu neuen Widersprüchen, die erst wieder integriert werden müssen.

Wir können also von zwei Bereichen sprechen: Dem Bereich, wo es Verantwortung gibt, und jenem, wo es Sorgfaltspflicht gibt. Im Bereich der Verantwortung ist die Freiheit wesentlich, im Bereich der Sorgfaltspflicht die Naturnotwendigkeit. Im Bereich der Verantwortung sind wir selbstbestimmt, nur wir entscheiden über unsere Freiheit, in der Sorgfaltspflicht sind wir fremdbestimmt durch die Naturgesetze.

Die Schwierigkeit liegt darin, diese Bereiche auseinanderzuhalten, wann bin ich im Bereich der Freiheit und wann bin ich es nicht. Und dann, wenn das möglich ist, würde ich behaupten, Fremdbestimmung im Bereich der Freiheit ist feig. Dort, wo ich eigentlich frei entscheiden sollte, aber nach dem Vati oder der Mutti oder letzten Endes auch nach irgendwelchen äußeren Moralgesetzen oder sonst irgend jemandem rufe, dann ist das eben Feigheit. Selbstbestimmung im Bereich der Naturnotwendigkeiten ist Dummheit. Aber auch das ist passiert. Wenn man beispielsweise mit dem Auto weiterfährt, obwohl die Ölwarnlampe aufleuchtet, und sagt, ich bin ein freier selbstbestimmter Mensch, ich fahre weiter, so ist das einfach dumm. Zwischen Feigheit und Dummheit führt daher unser Weg der Vernunft, und es ist nicht vermeidbar, daß wir ab und zu auf der einen oder anderen Seite abstürzen. Es handelt sich um eine Gratwanderung. Und wer sagt, er ist diesen Grat gegangen, ohne jemals gestrauchelt zu sein, dem würde ich zunächst einmal nicht glauben. Es ist sozusagen unser gemeinsames Schicksal, diesen Weg zu gehen. Wann immer die Menschen etwas ganz großartig Neues gefunden haben, haben sie es dazu benutzt, um sich fremdzubestimmen. Eines dieser Beispiele ist die Naturwissenschaft, die ursprünglich eine gewaltige Befreiung für die Menschen gewesen war. Es ist kein Zufall, daß die Forderungen des Galilei in der Französischen Revolution verwirklicht wurden. Freiheit, Gleichheit, Brüderlichkeit und das Maßsystem. Unser allgemeines Maßsystem geht ja auf die Französische Revolution zurück. Das war ursprünglich ein ungeheurer Befreiungsgedanke. Sehr bald hat er jedoch in den sogenannten Mechanismus oder Determinismus, Atheismus geführt, so daß die Leute gesagt haben, ha, jetzt wissen wir, es gibt gar keine Freiheit. Denn jetzt haben wir erst die Möglichkeit, Naturgesetze zu finden, und sind vollständig fremdbestimmt. Der Ausdruck dieses Determinismus findet sich am schönsten beim Laplaceschen Dämon.

Nun, der Determinismus, das ist freilich angenehm, denn da gibt es keine Verantwortung. Wenn alles ohnehin bestimmt ist, dann kann ich ja nichts dafür, was ich tue.

Dann ist natürlich in unserem Jahrhundert eingesehen worden, daß es so rein mechanisch doch nicht abläuft, da hat es die Quantenmechanik gegeben oder die Relativitätstheorie und einiges andere. Da haben die Leute auf einmal gedacht, jetzt können sie die Willensfreiheit quantenmechanisch beschreiben. Das ist natürlich ein Unsinn gewesen. Auch in der Chaostheorie gibt es sicherlich sehr subtile Dinge. Das kann man nicht so pauschal auf die Willensfreiheit anwenden.

Wie sind die Japaner oder Chinesen darauf gekommen, unser Denken zu übernehmen? Sie haben ja ein anderes Denken, warum haben die das gemacht? Eben weil die Aufklärung diese ungeheuer positiven Seiten gehabt hat, daß es nun möglich war, uns in weiten Teilen unseres Lebens selbst zu bestimmen.

Und nun, scheint mir, kommen wir wiederum in eine so wesentliche Zeit hinein, in der ein weiterer Schritt notwendig ist, darum reden die Leute vom Paradigmenwechsel.

Ich weiß nicht, wie lange es dauern wird. Aber mir scheint der Zeitpunkt gekommen, in dem sich dieser Wandel durchsetzt, in dem es notwendig ist, daß wir einsehen, daß wir selbst als menschliche Gemeinschaft es sind, die unsere eigene Wirklichkeit weitestgehend bestimmen. Denn die Naturnotwendigkeit bestimmt nur einen wichtigen, aber doch ganz kleinen Teil unseres menschlichen Zusammenlebens. Trotzdem versuchen wir immer wieder, uns hinter dieser Notwendigkeit in der einen oder anderen Form zu verstecken, um nicht entscheiden zu müssen und unsere Freiheit wegzuvernünfteln.

Was wir einsehen müssen, ist nicht, daß uns die Naturgesetze nichts angehen, das wäre furchtbar. Sondern wir müssen erkennen, daß das allein in Zukunft nicht mehr ausreichen wird, um unsere menschliche Gemeinschaft vernünftig zu organisieren.

Der große Widerspruch der Freiheit entsteht durch den

Zwang zu entscheiden, der mit ihr einhergeht. Entscheidungen sind aber nur dann wahre Weichenstellungen, wenn sie zu unwiderruflichen Folgen führen. Wenn eine Entscheidung ohne Konsequenzen jederzeit wieder rückgängig gemacht werden kann, ist sie keine wahre Entscheidung und stammt nicht aus der Freiheit. Denn eigentlich ist ja dann alles beliebig. Entscheidungen, die wir bloß bei uns oder gar im Traume fällen, sind nur Spielereien und keine wahren Entscheidungen. Etwas muß durch unser Handeln entschieden und festgelegt werden. Nur dann müssen wir die Entscheidung verantworten und nur dann können und müssen wir alle Folgen auf uns nehmen. Unwiderruflich festgelegt wird aber nicht im Geist, sondern in der Materie. Aus diesem Grunde gibt es keine Freiheit ohne Materie, ihre Naturnotwendigkeit ist Voraussetzung für Freiheit. Wenn wir auch nicht wissen, wieso die Naturgesetze sicher sind, können wir doch den Sinn dieser Gewißheit erahnen. Mehr denn je ist uns bewußt, daß wir die Wirklichkeit bestimmen, daß unsere Freiheit den nächsten Schritt festlegt. Und weil wir dabei große Ziele anstreben, müssen wir oft verzagen. Was kann ich denn schon tun in einer Welt von Milliarden, in der unbekannte Mächte am Werk sind und mich einschränken? Ich denke dann an alle jene Menschen, die den Frieden wollten, aber vor dem Ende des Zweiten Weltkriegs sterben mußten. Ich denke dann an alle jene Menschen, die sich nach Freiheit sehnten, aber vor der Öffnung der Grenzen in einer Diktatur schmachteten. Sie haben ihre Wünsche nie verwirklicht gesehen. Und doch war ihre Sehnsucht, ihr Denken und Handeln ein wesentlicher Baustein für den Durchbruch, der erst nach ihrem Tode zustande kam.

Habe ich also ein Recht darauf, meine Wünsche und Sehnsüchte noch während meiner Lebenszeit Wirklichkeit werden zu sehen? Der Verzicht auf diesen verständlichen Anspruch, ohne dadurch in Tatenlosigkeit zu fallen, ist Hoffnung. Wenn ich nur das tue, was meine Wahrheit von mir verlangt, auch wenn es schwierig und manchmal schmerzhaft sein mag, dann sagt mir die Hoffnung, daß es so recht ist. Beweise durch die Wirklichkeit darf ich dabei nicht erwarten.

Physik und Poesie

In der interdisziplinären Wissenschaftszeitung »Scientific American« vom August 1991 schreibt der Biophysiker Stuart A. Kauffmann: »Chaos in the weather is exemplified by the so-called butterfly effect: the idea that a butterfly fluttering in Rio de Janeiro can change the weather in Chicago.« Ganz ähnliche Beschreibungen dieses sogenannten »Schmetterlingseffektes« finden sich in fast allen gemeinverständlichen Artikeln über die Chaos-Theorie.

Nur einen Monat vorher heißt es in derselben Zeitschrift (John Horgan) über die Konsequenzen der Ölbrände in Kuwait: »Wissenschaftler machen sich langsam ein Bild über die Konsequenzen der Feuer. Mehr als ein halbes Dutzend Gruppen haben Computermodelle über die atmosphärischen Auswirkungen der Feuer fertiggestellt... Obwohl sie dabei verschiedene Annahmen über so wichtige Fragen wie die Menge des brennenden Öls trafen, stimmen sie alle darin überein, daß die Feuer keinen signifikanten Einfluß auf das globale Klima haben werden.«

Ein Schmetterling in Rio de Janeiro kann das Wetter in Chicago verändern, aber die riesigen Ölfeuer in Kuwait können das Klima nicht beeinflussen? Man könnte freilich argumentieren, daß der Unterschied zwischen Wetter und Klima (ersteres ist lokal, zweiteres großräumig zu verstehen) dafür verantwortlich sei. Mir kommt es aber hier auf einen anderen Aspekt an:

Obwohl jedem Physiker, der sich mit dynamischen Systemen befaßt, der sogenannte Schmetterlingseffekt bekannt ist, spielt er doch bei konkreten Rechnungen – vor allem bei Computermodellen konkreter Situationen – in den seltensten Fällen eine Rolle, einfach weil er auf anderen Voraussetzungen, einem anderen Ansatz beruht. Die Physik ist durch die neueren Entwicklungen in der Chaos-Theorie ergänzt, nicht aber verändert worden! Dennoch ist es kein unzulässiges Popularisieren, wenn Physiker – oder Fachleute anderer Gebiete, die sich der physikalischen Sprechweise bedienen – immer wieder auf den Schmetterlingseffekt verweisen. Ich möchte aber hier einen klaren Unterschied einführen zwischen konkreten Rechnungen, die sich meist auf ganz einfache Modelle beschränken müssen, und dem, was ich vielleicht »Poesie« nennen möchte, ohne damit eine (wie immer geartete) Abwertung verbinden zu wollen. Denn die Entscheidungen, die wir Menschen in den vielfältigsten Situationen zu treffen haben, beruhen ja nur zu einem Teil auf quantitativen Ergebnissen mathematischer oder numerischer Berechnungen, zu einem großen Teil auf Überlegungen, die wir mit einer mehr oder weniger exakten sprachlichen Formulierung verbinden. Daher ist die Bereicherung der Sprache durch neue Begriffe ebenso bedeutsam wie die Möglichkeit, neue Formen der Berechnung anzuwenden. Aber sie ist sehr wohl davon zu unterscheiden, weil im einen Fall die exakte Deduktion, im anderen Falle aber das Denken in Analogien zu Entscheidungen führt, die darum von verschiedener Qualität sein werden.

Bevor wir diese Gedankengänge weiter ausführen, sollten wir einen kurzen – zugegebenermaßen oberflächlichen – Blick auf das werfen, was der Physiker mit dem Begriff Chaos-Theorie verbindet.

Physiker gliedern ihr Gebiet traditionellerweise in verschiedene Kapitel wie z. B. Lehre von Elektromagnetismus, Akustik, Wärmelehre, Atomphysik und dergleichen mehr. Die sogenannte Chaos-Theorie ist ein Teil eines Unterkapitels der klassischen Mechanik, also der Physik vor den sogenannten »Revolutionen« des 20. Jahrhunderts, insbesondere vor der Quantenmechanik. Innerhalb der klassischen Mechanik befaßt sich die sogenannte »Theorie dynamischer Systeme« mit der Frage, wie sich ein bestimmter gegebener Zustand – also etwa ein aus der Ruhelage gebrachtes Pendel oder aber auch ein bestimmter Zustand der Atmosphäre – zeitlich entwickelt.

Seit der Einführung großer elektronischer Rechenanlagen ist es nun möglich, derartige zeitliche Entwicklungen nicht nur durch geschlossene Rechnungen auf dem Papier, sondern auch numerisch oder graphisch durch den Computer anzustellen. Dabei ergaben sich völlig neue Aspekte, die zweifellos eine wesentliche Bereicherung der physikalischen Sichtweise darstellen. Insbesondere stellt sich heraus, daß auch bei grundsätzlich vollständig determinierten Systemen (wie etwa bei der Bewegung eines Doppelpendels) eine Voraussage des zukünftigen Verhaltens deshalb unmöglich sein kann, weil dazu eine ideal exakte Kenntnis der Anfangslage notwendig wäre. Wegen der grundsätzlich immer vorhandenen Meßungenauigkeiten ist dies daher nicht möglich! Mit anderen Worten, zwei Anfangslagen, die sich nur um einen so geringen Betrag unterscheiden, daß er innerhalb der gegebenen Meßgenauigkeit nicht festgestellt werden kann, führen unter Umständen schon nach kurzer Zeit zu vollständig verschiedenen Endlagen und dies nicht nur bei komplizierten Systemen wie beim Wetter, sondern eben schon bei einem so einfachen System wie dem Doppelpendel (dies ist genau der eingangs erwähnte Schmetterlingseffekt).

Die quantitative Beschäftigung mit diesem Phänomen hat nun zu einer ganzen Reihe neuer Begriffsbildungen geführt, die allerdings zum Teil unabhängig von der sogenannten Chaos-Theorie entwickelt worden waren. Ich möchte stellvertretend hier nur einige Begriffe wie etwa »Fraktal«, »Selbstähnlichkeit« und dergleichen erwähnen, ohne sie hier genauer erläutern zu können. Worauf es mir ankommt, ist erneut der Hinweis auf den Unterschied zwischen Physik und Poesie, wobei ich wiederholen muß, daß auch die Verwendung dieser Begriffe im analogen Denken, insbesondere in Gebieten wie der Wirtschaft nützlich sein kann, wobei ich aber vor möglichen Irrtümern und Verwechslungen im folgenden warnen werde.

Wenn wir das soeben Gesagte noch einmal überdenken, so mag es merkwürdig erscheinen, daß eine der wesentlichen Aussagen der Chaos-Theorie nur negativ formuliert ist: bei gewissen (nichtlinearen) Systemen ist eine eindeutige Voraussage über das längerfristige Verhalten des Systems nicht möglich! Wenn wir aber die Geschichte der Physik überdenken, werden wir schnell feststellen, daß die großen und bedeutenden Fortschritte meist auf eine negative Aussage zurückgeführt werden können. Denn der grübelnde Forschergeist kann ja nicht durch eindeutige Handlungsanweisungen geführt werden, die Naturgesetze können ihm aber Hinweise auf jene Sackgassen geben, denen es sich nicht zu widmen lohnt. So war etwa die Erkenntnis »es gibt kein Perpetuum mobile« einerseits eine negative Aussage, andererseits aber machte sie den Weg frei zur Entwicklung der Dampfmaschine, weil die Menschen nun wußten, daß alle Versuche, eine Kraftmaschine auf rein mechanischen Grundlagen zu entwickeln, vergeblich sein müssen.

Die so eindrucksvollen und umwälzenden Erkenntnisse der speziellen Relativitätstheorie Albert Einsteins kann man mit der negativen Aussage zusammenfassen: »Es ist unmöglich, Ort und Impuls eines Teilchens gleichzeitig zu messen.« So gesehen reiht sich die obige negative Aussage der Chaos-Theorie schön in die historischen Wendepunkte in der Entwicklung der Physik ein. Und jedesmal waren es neue Begriffsbildungen, die aufgrund der negativen Aussage notwendig geworden waren, die sich in der zukünftigen Entwicklung des neuen Gebietes aber als überaus fruchtbar und auch erfolgsträchtig erwiesen haben. Dasselbe ist sicherlich auch mit der Chaos-Theorie der Fall, und in allen jenen Gebieten, die sich mit einiger Berechtigung auf die physikalische Methode berufen können, werden die Begriffe – vermutlich in abgewandelter Form – sinnvoll eingesetzt werden können. Die Frage ist aber, inwieweit sich andere Gebiete zu Recht auf die Physik berufen.

Die drei Grenzen physikalischer Erkenntnis haben wir bereits kennengelernt.

Alles grundsätzlich Einmalige, alle Qualitäten, alles, was nur ganzheitlich erfaßt werden kann, alles Offene, Widersprüchliche und Zielgerichtete bzw. Vernetzte liegt jenseits der ontologischen Grenze. Wenn es uns auf die damit umrissenen Aspekte menschlicher Tätigkeit – ja unserer gesamten Welt – wesentlich ankommt, dann ist es nicht mehr sinnvoll, sich auf physikalische Methoden oder auch nur Analogien zu beschränken. Damit können wir Chancen und Grenzen der Chaos-Theorie nun exakter fassen.

Wie jede andere rein physikalische Theorie definiert auch die Chaos-Theorie trotz all ihrer neuen Aspekte eine neue methodologische, keinesfalls aber eine ontologische Grenze. Dies darf nicht als Geringschätzung angesehen werden, ist doch das Auffinden einer neuen methodologischen Grenze jedesmal einem gewaltigen Umsturz in unserem Weltbild gleichzusetzen. Überall dort, wo es uns auf die durch den physikalischen Denkrahmen definierten Aspekte menschlicher Tätigkeit ankommt, wird es daher sinnvoll sein, die neue Begriffswelt der Chaos-Theorie versuchsweise zu benutzen. Nicht immer wird dies zielführend sein, wenn es sich um nicht-physikalische Gebiete handelt.

Ich bin ziemlich sicher, daß sich auch in der Wirtschaft und insbesondere im Management Modelle und Aspekte finden lassen, bei denen die Begriffswelt der Chaos-Theorie zielführendere Analogien anbietet als die der alten klassischen Physik. Überall dort aber, wo es uns auf die zuletzt genannten Aspekte jenseits der ontologischen Grenze ankommt, ist die Begriffswelt der Chaos-Theorie ein Hemmschuh, weil sie uns wegen ihrer Neuigkeit dazu verleiten kann, wieder einmal die ontologische Grenze mit der methodologischen Grenze zu verwechseln. Dies war schon nach dem Aufkommen der Quantenmechanik der Fall, als viele Physiker meinten, nur mit Hilfe physikalischer Begriffe bis in die Bereiche der menschlichen Seele vordringen zu können. So schrieb etwa einer der Urväter der Quantenmechanik, Niels Bohr, im Jahre 1929:

»Es sei hier noch erlaubt, kurz auf die Beziehung hinzuweisen, die zwischen den Gesetzmäßigkeiten auf psychischem Gebiet und dem Problem der Kausalität der physikalischen Erscheinungen besteht. ... Obwohl es sich hier zunächst nur um mehr oder weniger zutreffende Analogien handeln kann, so wird man sich schwerlich von der Überzeugung freimachen können, daß wir in dem von der Quantentheorie entschleierten, unserer gewöhnlichen Anschauung unzugänglichen Tatbestand ein Mittel in die Hände bekommen haben zur Beleuchtung allgemeiner Fragestellungen menschlichen Denkens.«

Wir wissen heute, daß die Hoffnungen der Schöpfer der Quantenmechanik in den dreißiger Jahren nicht erfüllt werden konnten. Es handelte sich eben um eine Verwechslung der beiden Grenzen physikalischer Erkenntnis. Wir sollten uns hüten, neuerlich einer derartigen Selbsttäuschung zu unterliegen, weil sie uns Zeit kostet, die wir dringend brauchen, um die anstehenden Probleme menschlichen Zusammenlebens bewältigen zu können. Eine Verwechslung dieser beiden Grenzen kommt einer Verwechslung von Sorgfaltspflicht und Verantwortung gleich.

Verantwortung ist in jenem Bereich gefragt, der jenseits der ontologischen Grenze physikalischer Erkenntnis liegt, in dem es grundsätzlich nicht möglich ist, die Konsequenzen unserer Entscheidungen vorherzusagen. Ein Begriff wird häufig im Zusammenhang mit der Chaos-Theorie genannt: der Begriff der »Ordnung«. Ich halte diesen Begriff im Zusammenhang mit der

Chaos-Theorie für irreführend, weil er etwas vortäuscht, was es nur im Bereich menschlichen Zusammenlebens gibt: nämlich die Zustimmung der Betroffenen.

Wenn ein Wasserstrahl chaotisches Verhalten (Turbulenzen) zeigt, so ist dies nicht auf den Störwillen oder die Konterdependenz der Wassertröpfchen zurückzuführen, sondern folgt den Gesetzen der klassischen Hydrodynamik. Wenn ein Wasserstrahl (bei Verlangsamung der Ausströmungsgeschwindigkeit) in ein laminares, also »geordnetes« Verhalten übergeht, so ist dies nicht der Zustimmung der Wassertröpfchen zu verdanken, sondern den Gesetzen der Hydrodynamik.

Ich schlage daher vor, im Zusammenhang mit der Chaos-Theorie den Begriff »Ordnung« überhaupt zu streichen und an seine Stelle das Wort »Regelmäßigkeit« zu setzen. Es wird dann viel deutlicher, wo die Begriffe vernünftigerweise angewendet werden können und wo nicht. Im Bereich menschlichen Zusammenlebens, also insbesondere auch dort, wo Regeln, Normen, Befehle und Anweisungen notwendig sind, kommt Ordnung durch die Zustimmung der Betroffenen zustande; entweder durch freiwillige oder auch durch erzwungene Zustimmung, jedenfalls aber nicht durch Naturgesetzlichkeit. Eine Verwechslung dieser beiden Begriffe kann uns auf jenem Wege aufhalten, den wir notwendigerweise rasch durchschreiten müssen, nicht nur um zu einem gedeihlichen demokratischen Zusammenleben der Menschen zu kommen, sondern auch um in von Menschen getragenen Organisationsformen konkurrenzfähig zu bleiben. Die Zustimmung der Betroffenen ist zugleich eine Verbesserung der Lebensqualität und eine Verbesserung der Konkurrenzfähigkeit dieser menschlichen Gemeinschaft, weil es kein besseres Mittel der Leistungssteigerung gibt als die eigene Zufriedenheit mit den Regeln und Normen, die die Gemeinschaft zusammenhalten.

Natur und Wirklichkeit

Obwohl die gedankliche Auseinandersetzung mit der Natur die Menschen zu allen Zeiten und in allen Kulturen beschäftigt hat, gibt es doch erst seit der »Nuova Scienza« des Galileo Galilei Naturgesetze in dem modernen Sinn, und nur in diesem Sinne möchte ich den Begriff hier gebrauchen. Wir werden sehen, daß Naturgesetze in diesem Sinne das Ergebnis des Wechselspiels von theoretischer Naturbeschreibung und experimenteller Unterscheidung zwischen brauchbarer und falscher Naturbeschreibung sind. Vor Galilei hatte die begriffliche Beschreibung der Natur immer auch anthropomorphe Züge. Ein Stein fiel deshalb zu Boden, weil sein »natürlicher Platz« möglichst nahe an der Erde war; er »wollte« gewissermaßen zur Erde. Ganz deutlich wird dies bei Meister Eckhart, der sich in seinem »Buch der göttlichen Tröstung« auf diese Naturbeschreibung beruft:[1] »... haben wir ein anschauliches Zeugnis am Steine: dessen äußeres Werk ist es, daß er niederfällt und auf der Erde aufliegt. *Dieses* Werk kann gehindert werden, und er fällt nicht jederzeit noch ohne Unterlaß. Ein anderes Werk (aber) ist dem Stein noch inniger: das ist die Neigung niederwärts, und dies ist ihm angeboren; das kann ihm weder Gott noch Kreatur noch irgendwer benehmen. Dies Werk wirkt der Stein ohne Unterlaß Tag und Nacht. Und wenn er tausend Jahre da oben läge, er würde nicht weniger noch mehr niederwärts neigen als am ersten Tage.«

Erst seit weder auf anthropomorphe Vorstellungen noch auf Gott als Schöpfer auch der Naturerscheinungen methodisch zurückgegriffen wird, gibt es Naturgesetze im heutigen Sinn. Wesentlicher Schritt dazu ist das Wechselspiel von Theorie und Experiment: Die theoretische Naturbeschreibung mit Hilfe von Naturgesetzen folgt den Axiomen der Logik, und das Experiment als Kriterium zur Unterscheidung von brauchbaren und falschen Naturgesetzen folgt den »Galileischen Axiomen«. Die theoretische Beschreibung hat Modellcharakter, das heißt, die Naturwissenschaft versucht gar nicht, die Wirklichkeit so zu beschreiben, wie sie ist, sondern sie konstruiert ein vereinfachtes Modell, das den Axiomen von Logik und Experiment unterworfen werden kann. Gerade beim Fall des Steines wird dies deutlich. Die anthropomorphe Vorstellung haben wir schon charakterisiert. Aber auch der Verzicht auf direkte menschliche Analogien führt noch nicht zur Naturwissenschaft. Eine Naturbeschreibung, wie sie etwa Aristoteles lieferte, kommt zu dem unmittelbar stimmigen Ergebnis, daß schwere Körper schneller, leichte Körper langsamer fallen und »feuerförmige Körper« sogar aufsteigen. Dies entspricht der Beobachtung, wie sie jeder Spaziergänger in der Natur treffen kann. Demgegenüber sagt die moderne Naturwissenschaft, daß alle Körper gleich schnell fallen, und niemand kann das unmittelbar beobachten. Ein derartiger Satz ist aber quantifizierbar, und man kann nun die Zeitdauer für den Fall von einer gewissen Höhe sowie die Endgeschwindigkeit berechnen. Eine Überprüfung ist aber nun nicht mehr durch Beobachtung möglich, sondern sie erfordert eben das Experiment, das seinerseits nun die unmittelbar gegebene Natur so verändert, daß es zum Kriterium für die Theorie werden kann. Jedes Experiment ist also ein verändernder Eingriff in die Wirklichkeit mit der Absicht, die theoretischen Aussagen über eben diese Wirklichkeit zu testen oder unsere Kenntnisse zu erweitern.

Vielleicht ist es hilfreich, sich nun den Unterschied von »Verstehen« und »Erklären« klarzumachen. Die Natur können wir nicht verstehen, denn verstehen können wir nur die Motive menschlicher Handlungen. (So wenigstens will ich hier den Begriff »Verstehen« verwenden.) Haben wir aber eine Handlung und ihr Motiv einmal verstanden, dann bedarf es dafür keines Kriteriums mehr, ob dieses Verstehen »richtig« oder »falsch« ist, es ist einfach unmittelbar gegeben. Ein kleines Beispiel kann das vielleicht klarmachen: Wenn wir beobachten, wie ein Vater oder eine Mutter von Kindern im Trotzalter gereizt wird und dies zu einem Zornausbruch – ja vielleicht sogar einer Tätlichkeit – führt, so können wir dies unter Umständen unmittelbar verstehen, ohne es dabei gleichzeitig gutheißen zu müssen. Ein solches Verstehen ist aber hinsichtlich der Natur – etwa beim Beobachten des Fallens eines Steines – grundsätzlich unmöglich, denn der Stein hat kein Motiv, selbst wenn ihm dies in einer anthropomorphen Weltsicht unterschoben wird.

Die Vorgänge in der Natur können wir aber »erklären«. Und dies heißt – zumindest seit der modernen Naturwissenschaft –, sie so in quantifizierbare Gesetze zu fassen, daß daraus vorhergesagt werden kann, was das Ergebnis von Experimenten sein wird. Die Möglichkeit, Experimente richtig vorherzusagen, ist also das Kriterium für richtige Erklärung, denn eine Erklärung kann eben auch falsch sein. Damit wird aber zugleich deutlich, daß der Begriff der Naturerklärung unmittelbar mit unserer gestaltenden – ja umgestaltenden Tätigkeit verbunden ist. Was wir mit dem Erklären erreichen, ist die Fähigkeit, unsere Handlungen so einzurichten, daß das gewünschte Ergebnis dabei resultiert. Naturwissenschaft ist daher von ihrer Tochter, der Technik, nicht zu trennen, und naturwissenschaftliches Weltverständnis beinhaltet unmittelbares Umgestalten der Welt, wie sich dies ja auch in den dreieinhalb Jahrhunderten naturwissenschaftlicher Arbeit gezeigt hat.

Uns interessiert hier aber die Frage, wie es nun zu der Möglichkeit kommt, den Ausgang von Experimenten richtig vorherzusagen. Daß dabei natürlich auch immer wieder Fehler auftreten müssen und die Methode der Naturwissenschaft geradezu als die Methode von Versuch und Ausschaltung des Irrtums bezeichnet werden kann,[2] setze ich dabei als bekannt voraus. Das Problem der Sicherheit der Naturgesetze ergibt sich ja gerade daraus, daß Experimente immer nur die falsche Naturbeschreibung ausscheiden können, daß sich die richtige Naturbeschreibung zwar bewährt, nicht aber bewiesen werden kann. Albert Einstein wird der schöne Ausspruch zugeschrieben, daß wir mit dem Experiment Fragen an die Natur richten, die Natur niemals ja, meistens nein und nur manchmal vielleicht sage.

Ein wesentlicher Zug der Naturwissenschaft ist also die Quantifikation der experimentellen Ergebnisse und die Mathematisierung der theoretischen Naturbeschreibung. Wir müssen uns daher zunächst ein bißchen mit der Mathematik befassen. Die Sätze der Mathematik sind beweisbar, sie sind formal richtig im logischen Sinn; genaugenommen heißt dies, daß mathematische Sätze mit den Axiomen der Logik vereinbar sind. Wenn sie dies aber sind, sind sie damit auch schon bewiesen. Aus diesem Grunde können wir vielleicht etwas scharf formulieren: Mathematische Sätze sind beweisbar, weil sie nichts mit der Wirklichkeit zu tun haben, sondern vom Menschen allein gemacht sind. Mathematische Aussagen sind aber auch *niemals absolut,* gerade deshalb sind sie beweisbar. Mathematische Aussagen beziehen sich immer auf einen Satz von Voraussetzungen und gelten immer nur in dem dadurch abgesteckten Rahmen.

Ein kleines Beispiel möge dies wieder veranschaulichen: Unter den mathematischen Sätzen, die bis ins Allgemeinbewußtsein eingedrungen sind, finden wir die klassischen Aussagen über die Unmöglichkeit der Quadratur des Kreises, der Dreiteilung des Winkels und der Verdoppelung des Würfels. *Scheinbar* handelt es sich dabei um absolute Aussagen, so schlampig hingesagt sind diese Sätze aber schlicht falsch! Die Unmöglichkeit wird in der Mathematik nämlich nur relativ behauptet, als Unmöglichkeit der Konstruktion mit Zirkel und Lineal. Tatsächlich ist es in der Praxis ohne weiteres möglich, jeden beliebigen Winkel mit der gewünschten Genauigkeit in drei gleiche Teile zu teilen, wenn man zuläßt, daß auf dem Lineal eine Strecke markiert wird und daß das Lineal drei Punkte (und nicht wie bei der Konstruktion nur zwei) gleichzeitig zur Deckung bringt.

Der Mathematiker Roland Fischer hat sehr deutlich beschrieben, wie diese Selbstbeschränkung der Mathematik einerseits für die exakte Beweisbarkeit notwendig ist, andererseits aber künstliche Grenzen schafft.[3]

In der Mathematik gibt es auch den sogenannten Beweis durch vollständige Induktion. Man kann damit beweisen, daß eine Aussage etwa für alle (unendlich vielen) natürlichen Zahlen gilt, ohne dies natürlich direkt überprüfen zu können.

Ein Beispiel ist der mathematische Satz, daß die Summe der ersten N ungeraden Zahlen gleich dem Quadrat von N ist.

Für einige wenige (aber immer nur endlich viele) Fälle kann dies direkt nachgeprüft werden: $1 + 3 = 2^2$, $1 + 3 + 5 = 3^2$ usw. Niemals könnten wir aber eine derartige Gleichung für alle unendlich vielen natürlichen Zahlen direkt überprüfen.

Der Beweis durch vollständige Induktion verläuft nun so, daß wir von einer natürlichen Zahl N auf die nächste N + 1 schließen. Wenn die behauptete Beziehung (1) bis zu einer natürlichen Zahl N gilt, dann gilt sie auch für die nächste, N + 1. Damit haben wir aber gezeigt, daß sie für alle natürlichen Zahlen gilt, ohne dies direkt nachprüfen zu müssen.

Auch Naturgesetze sind sogenannte All-Sätze, das heißt, sie machen nicht Aussagen für einige bestimmte Fälle, sondern für alle möglichen Fälle, die irgendwann oder irgendwo stattfinden. Auch sie sind daher nicht direkt nachprüfbar. Aber im Gegensatz zur Mathematik ist in bezug auf die Naturgesetze ein formaler Beweis nicht mehr ausreichend, denn die Naturgesetze müssen nicht nur den Axiomen der Logik gehorchen, sie müssen auch in der wirklichen Welt zutreffen, sie müssen stimmen. Wir haben schon gesagt, daß das Kriterium zur Ausscheidung der nichtzutreffenden Aussagen über die Natur das Experiment ist. Aber das Experiment kann eben nur falsche Aussagen ausscheiden, es kann niemals positive Beweise für Naturgesetze erbringen. In der Logik heißt dieser Satz: Aus bloß besonderen Aussagen kann nichts Allgemeines geschlossen werden! Und da Experimente immer durch besondere Aussagen dargestellt werden (hier und jetzt und dort und dann wird ein bestimmtes Ergebnis erzielt, niemals immer und überall!), kann daher aus Experimenten nicht direkt auf die theoretische Naturbeschreibung geschlossen werden.

In diesem Punkte sind alle Wissenschaftstheoretiker einig: Es gibt keine Beweise für Naturgesetze im mathematischen Sinn. Wieso können wir dann aber überhaupt von einem »gesicherten Wissen« sprechen? Tatsächlich wird sehr häufig das Wort »bewährtes Wissen« vorgeschlagen, aber das bewährte Wissen ist gerade ein solches, das wir als gesichert ansehen, auf das wir uns verlassen können. Diese offensichtliche Paradoxie hat immer wieder zu Versuchen geführt, auch in der Naturwissenschaft von Induktion, ja von Induktionslogik zu sprechen.

Ich möchte hier zeigen, daß dies in bezug auf die moderne Naturwissenschaft grundsätzlich unmöglich ist! Der Grund dafür liegt vor allem in der Tatsache, daß es sich bei der modernen Naturwissenschaft eben nicht um eine Beschreibung der materiellen Wirklichkeit in Raum und Zeit handelt, sondern um die Konstruktion eines Modelles, das uns bezüglich unserer Handlungsvorschriften (Experimente) zwischen zielführend und falsch unterscheiden läßt. Theorie und Experiment sind dabei jeweils einander vorausgesetzt; ohne experimentelle Ergebnisse bleibt jeder theoretische Ansatz völlig ungesichert; ohne theoretische Erklärung der Phänomene können Experimente aber nicht interpretiert, in den meisten Fällen gar nicht konzipiert werden. Das heißt aber, daß im historischen Entwicklungsprozeß der Naturbeschreibung auf einem Gebiet, für das noch keine anerkannte Theorie vorliegt, die Experimente gewissermaßen das Feld aufbereiten und notwendigerweise in ihren Aussagen unsicher sein werden. Mit anderen Worten, wenn auf einem bestimmten Gebiet nach einer Theorie (einer mathematischen Beschreibung) gesucht wird und auf diesem Gebiet viele Experimente vorliegen, dann werden von diesen Experimenten mit großer Wahrscheinlichkeit einige einfach falsch sein, weil das Experiment ja einen gezielten Eingriff in die unmittelbar gegebene materielle Wirklichkeit darstellt und bei diesem Eingriff immer auch Manipulationen mitspielen, die ohne Theorie in ihrer Wirkung nur schwer abgeschätzt werden können. Natürlich gehört es zu den Fähigkeiten begabter Physiker, hinsichtlich der Experimente zwischen besseren und unsichereren unterscheiden zu können. Aber selbst wenn wir uns auf die allgemein als sehr gut angesehenen Experimente beschränken, wird es bei einer genügenden Vielzahl und der Abwesenheit einer Theorie einige darunter geben, die Fehlinterpretationen enthalten. Wenn also eine Theorie auf dem Induktionswege daraus abgeleitet werden sollte, dann müßte diese Theorie notwendigerweise auch Fehler enthalten oder widersprüchlich sein, das heißt, ein solcher Weg ist eben nicht beschreitbar.

Tatsächlich gehört es in der Geschichte der Physik beim Aufstellen einer neuen Theorie immer mit dazu, daß von einigen Experimenten dezidiert erklärt wird, sie seien falsch. Ich möchte dies wieder mit einem Beispiel erhärten, und zwar mit der Theorie der schwachen Wechselwirkungen, die 1958 unabhängig von Marshak und Sudarshan sowie von Feynman und Gell-Mann gefunden worden ist. In ihrer berühmt gewordenen Arbeit schreiben Feynman und Gell-Mann abschließend:[8] »It is amusing that this interaction satisfies simultaneously almost all the principles that have been proposed on simple theoretical grounds to limit the possible β couplings. It is universal, it is symmetric, it produces two-component neutrinos, it conserves leptons, it preserves invariance under CP and T and it is the simplest possibility from a certain point of view (two-component wave functions).

These theoretical arguments seem to the authors to be strong enough to suggest that the disagreement with the He^6 recoil experiment and with some other less accurate experiments indicates that these experiments are wrong. The $\pi \rightarrow e + \nu$ problem may have a more subtle solution.«

Das Beispiel zeigt ganz dramatisch die Schwierigkeiten bei der Aufstellung einer neuen Theorie: Die Autoren müssen einerseits Mut genug haben, einige Experimente als falsch zu bezeichnen, dürfen aber andererseits nicht willkürlich sich nur auf einige der Resultate berufen, weil sie mit einer Theorie ja den Anspruch auf Allgemeingültigkeit erheben. Auf dieser Gratwanderung ist es unvermeidlich, daß entweder die Risikobereitschaft oder die Vorsicht überbewertet werden. So haben auch in unserem Beispiel Feynman und Gell-Mann nicht gewagt, das sogenannte $\pi \rightarrow e + \nu$-Experiment als falsch zu bezeichnen, obwohl es ihrer Theorie widersprochen hat. Tatsächlich stellte sich nach dem allgemeinen Erfolg der Theorie bald heraus, daß auch dieses Experiment falsche Ergebnisse geliefert hatte.

Zugleich zeigt aber dieses Beispiel, daß eine Theorie eben nicht auf induktivem Wege aus den Experimenten gewonnen wird, sondern daß sie auf theoretischen Prinzipien und der Forderung nach Einfachheit beruht. Es ist also die Idee, die zu einer neuen Theorie führt, die zwar vom Experiment befruchtet wird, aber nicht unmittelbar aus dem Experiment extrahiert werden kann. Das Experiment ist nur gewissermaßen Schiedsrichter zur Elimination der falschen Ideen und Prinzipien. Dies drückte auch Albert Einstein ganz drastisch aus, als er meinte, die physikalischen Theorien seien freie Erfindung.

Sind also die Naturgesetze nur mit sehr hoher Wahrscheinlichkeit, aber nicht mit Sicherheit gültig?

Noch vor einigen Jahren hätte ich mich dieser Meinung angeschlossen. Ich habe damals die Ansicht vertreten, daß die Naturgesetze in dem Kontinuum zu finden sind, das von den Gegensätzen »richtig« und »wahr« aufgespannt wird. Obwohl ich in der Zwischenzeit meine Meinung weiterentwickelt habe, muß ich dieses Kontinuum zunächst etwas erläutern: Nach allem, was wir über die Mathematik gesagt haben, sind die mathematischen Sätze formal beweisbar und daher richtig. Eine fehlerhafte mathematische Aussage ist demnach als falsch zu bezeichnen.

Dies ist das eine Ende des Kontinuums. Am anderen Ende liegen Aussagen, die gar nicht nach Beweisbarkeit verlangen, ich nenne sie die wahren Aussagen.

Nicht nur individuell persönliche Aussagen gehören an dieses Ende des Kontinuums, selbst ganz allgemeine Wahrheiten (etwa Glaubenswahrheiten als Beispiel) können wir hier finden. Bestimmendes Kriterium für wahre Aussagen bleibt aber, daß sie *grundsätzlich* bezweifelt werden können. Die Wahrheit einer Aussage entsteht gerade daraus, daß sie im Konkreten nicht bezweifelt wird, obwohl sie bezweifelbar wäre. Eine innere Gewißheit kann für einen Menschen so unmittelbar gegeben sein, daß er an ihr viel fester hängt als etwa an einer bewiesenen Tatsache. Trotzdem bleibt die Wahrheit grundsätzlich bezweifelbar, sie erfordert ein persönliches Bekenntnis und daher auch persönliches Risiko.

Der Weg der Wahrheit ist der Weg des persönlichen Risikos!

Wenn nun die Naturgesetze in diesem Kontinuum aufzufinden wären, müßten sie zweifellos in der Nähe des Pols der Beweisbarkeit liegen, aber eben nicht ganz am Ende. Das würde bedeuten, daß Naturgesetze einen zwar kleinen, aber doch endlichen Grad von Unsicherheit und Anzweifelbarkeit enthielten. Zwar ist es richtig, daß der Weg der Forschung, der zu den

Naturgesetzen führt, selbst immer ein Weg des persönlichen Risikos sein muß (siehe das Zitat von Feynman und Gell-Mann), das einmal experimentell gesicherte Wissen ist aber absolut verläßlich! Um dies zu zeigen, genügt es nicht mehr, sich dem Problem durch reines Denken zu nähern. Ich schlage vor, die Handlungen der Menschen zu untersuchen, da Naturgesetze ja eben untrennbar mit menschlicher Tätigkeit verknüpft sind.

Wenn wir nicht den Aporien der Naturgesetzlichkeit nachgehen, die Einstein so schön formulierte, als er sagte, das Unbegreiflichste an der Welt sei ihre Begreiflichkeit, wenn wir vielmehr dem Handeln der Menschen auf den Grund gehen und nachspüren, dann können wir unmittelbar feststellen, daß Naturgesetze absolut verläßlich sind. Als Beispiel möge das Flugwesen dienen.

Wir können beispielsweise behaupten, daß die zweifellos großartige Sicherheit des internationalen Flugwesens darauf zurückgeht, daß alle Tätigkeit in diesem Bereich von dem Axiom ausgeht: Es gibt kein technisches Versagen! Jedes Versagen ist immer ein menschliches Versagen, denn auch ein scheinbar technisches Versagen (wie etwa der Bruch eines wesentlichen Teiles) läßt sich letztlich auf menschliches Versagen bei der Fehlerüberprüfung oder schon bei der Berechnung zurückführen. Niemals kann dafür ein Naturgesetz verantwortlich gemacht werden.

Wir können also feststellen, daß wir Menschen immer so handeln, als ob die Naturgesetze absolut sicher seien, und daß dieses Handeln zielführend in dem Sinne ist, daß es tatsächlich zu größerer Sicherheit führt. Ich glaube daher, daß das einfache lineare Kontinuum, das von den Polen richtig und wahr aufgespannt wird, zu einfach ist, um die komplexe Struktur der Naturgesetzlichkeit zu erfassen. Daher schlage ich nunmehr vor, daß wir uns dem Problem mit einem Kontinuum nähern, das von drei Punkten aufgespannt wird, wie dies hier dargestellt wird.

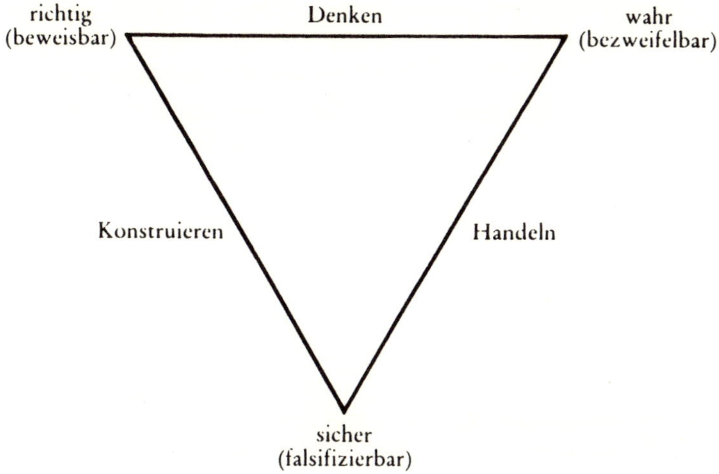

Die drei Pole dieses Kontinuums sind nun »richtig« (formal beweisbar), »wahr« (bezweifelbar, aber konkret nicht bezweifelt) und »sicher« (falsifizierbar, aber konkret nicht falsifiziert). Naturgesetze sind sicher, weil sie zwar falsifizierbar sein müssen,[5] sich aber gerade dadurch bewährt haben, daß sie von keinem der Experimente tatsächlich falsifiziert wurden.

An den drei Seiten des Kontinuums habe ich die Begriffe Denken, Handeln und Konstruieren angeschrieben. Damit meine ich, daß formal beweisbare Aussagen im Schnittpunkt von Denken und Konstruieren liegen und das Handeln ausschließen. Wahrheiten ergeben sich im Schnittpunkt von Denken und Handeln unter Ausschluß des Konstruierens und die sicheren Naturgesetze im Schnittpunkt von Konstruieren und Handeln (Wechselspiel von Theorie und Experiment) unter Ausschluß des Denkens. Damit wird zugleich der Unterschied von Denken und Konstruieren klar, wie ich ihn verstehen möchte. Denken ist demnach immer auf das Ganze gerichtet und verlangt Widerspruchsfreiheit nur im extremen Fall der Mathematik. Konstruieren ist auf Widerspruchsfreiheit gerichtet und muß deswegen notwendigerweise das Ganze der Wirklichkeit durch Modelle annähern. Es ist mir natürlich bewußt, daß die Darstellung des dreipoligen Spannungsfeldes selbst wieder modellhaften Charakter haben muß, den wir erst dadurch überhöhen können, daß wir uns nun einem völlig anderen Denkrahmen zuwenden und nicht mehr logisch-deduktiv vorgehen, sondern unseren Gegenstand polar-ganzheitlich durchleuchten. Wir wollen also nicht mehr Widersprüche grundsätzlich eliminieren, sondern ganz im Gegenteil danach fragen, welche Gegensatzpaare wir finden können, deren Pole einander jeweils voraussetzen oder einander bedingen, um das Ganze nicht in seine Teile aufzulösen.

Wir haben schon gesehen, daß das Prinzip der Falsifikation von Theorien durch Experimente zwar die Methode der Naturwissenschaft hinlänglich erklärt, aber keine Antwort auf die Frage geben kann, wieso es überhaupt sichere Naturgesetze gibt.

Anton Kolb hat ganz deutlich darauf hingewiesen, daß Verifikation und Falsifikation einander wechselseitig vorausgesetzt sind, wenn überhaupt sinnvoll von einem der beiden gesprochen werden soll.[6] Wenn wir nun tatsächlich Verifikation und Falsifikation als ein erstes polares Paar ansehen, das in einer ganzheitlichen Betrachtungsweise nicht zerrissen werden soll, dann müssen wir natürlich fragen, wieso innerhalb der Naturwissenschaft mit Recht nur von der Falsifikation gesprochen wird. Der Grund dafür ist natürlich im logisch-deduktiven Denken begründet, in dem weder Widersprüche noch Gegensätze geduldet werden können. Trotzdem ist aber gewissermaßen ein Schatten davon auch in der Methode der Naturwissenschaft zu finden: Die Verifikation wird als Voraussetzung in Form des sogenannten Universalitätsprinzips der Methode vorangestellt. Das Universalitätsprinzip besagt, daß alle einmal gefundenen Naturgesetze schon immer und überall gültig waren und sind. In dieser Form ist das Universalitätsprinzip selbst nicht mehr falsifizierbar, weil es eben Voraussetzung der Methode ist und gewissermaßen das Verifikationsprinzip schattenartig repräsentiert. Erst durch das Universalitätsprinzip ist es z. B. möglich zu fragen, ob die irdischen Gesetze etwa am Mond oder in anderen entfernten Gegenden des Universums ebenso gelten wie auf der Erde oder ob es davon Abweichungen gibt. Die quantitativ inhaltlichen Abweichungen über große Zeiten oder Distanzen sind also keine Widerlegung des Universalitätsprinzips, es ist im Gegenteil erst durch das Universalitätsprinzip möglich, solche Fragen überhaupt zu stellen.

Aber natürlich genügt es nicht, anstelle der Verifikation einfach ein Prinzip in den Voraussetzungen der Methode festzuschreiben. Wir können in unserer polaren Denkweise zunächst nur feststellen, daß die Verifikation als Gegenpol der Falsifikation notwendig und bedeutsam ist, sind ihr aber noch nicht wirklich auf die Spur gekommen. Vielleicht hilft uns wieder ein Zitat von Albert Einstein weiter, in dem er zur Feier des 60. Geburtstages von Max Planck die Methode der Physik beschreibt:[7] »Höchste Aufgabe des Physikers ist also das Aufsuchen jener allgemeinsten elementaren Gesetze, aus denen durch reine Deduktion das Weltbild zu gewinnen ist. Zu diesen elementaren Gesetzen führt kein logischer Weg, sondern nur die auf Einfühlung und Erfahrung sich stützende Intuition. Bei dieser Unsicherheit der Methodik könnte man denken, daß beliebig viele, an sich gleichberechtigte Systeme der theoretischen Physik möglich wären: diese Meinung ist auch prinzipiell gewiß zutreffend. Aber die Entwicklung hat gezeigt, daß von allen denkbaren Konstruktionen eine einzige jeweils sich als unbedingt überlegen über alle anderen erwies.« Aus dieser Darstellung möchte ich die folgenden Punkte besonders hervorheben: Sind die »allgemeinsten elementaren Gesetze« einmal gefunden, kann alles weitere durch »reine Deduktion« gewonnen werden. Zu diesen Gesetzen aber führt nur der Weg von »auf Einfühlung und Erfahrung sich stützender Intuition«. Trotzdem erscheint dann jeweils eine einzige Form der konstruierten Naturgesetze als überlegen und im Sinne des vorher Gesagten »sicher«.

Bevor wir diesem Geheimnis weiter nachspüren können, müssen wir noch eine andere Frage stellen, die wiederum auf ein polares Paar führen wird: Wenn es sich bei den Naturgesetzen wirklich um gesicherte Erkenntnis handelt, wie ist dann eine Veränderung dieser Naturgesetze durch den Fortschritt möglich? Zwei Antworten stehen miteinander im Streit, und ich werde versuchen, in ihnen die Polarität zum Ausdruck zu bringen: Einerseits könnte man behaupten, durch den Fortschritt wird eine einmal gewonnene Erkenntnis nicht verändert, weil der Fortschritt nur im Sinne einer Erweiterung des Wissens stattfindet; die neue Theorie muß jeweils die alte als Grenzfall in sich enthalten! Andererseits spricht Thomas Kuhn mit Recht vom Paradigmenwechsel,[8] in dem sich eine völlig neue Darstellung der Erkenntnisse über die Natur durchsetzt.

Obwohl es sich um zwei entgegengesetzte Ansichten handelt, die auch innerhalb der Wissenschaftstheorie heftig miteinander im Streit liegen können, halte ich doch beide für berechtigt. Wiederum scheint es mir, daß es sich um ein polares Paar handelt, in dem jeweils die eine Seite der anderen vorausgesetzt ist.

Geradezu ein Paradebeispiel für einen Paradigmenwechsel stellt wohl die spezielle Relativitätstheorie dar. Ihre Grundgleichungen – die Lorentz-Transformation – verbinden Ortskoordinaten x und Zeitkoordinaten t in relativ zueinander bewegten Systemen (gestrichene und ungestrichene Koordinaten): x, t und x', t').

Nun kann man mit Hilfe dieser Gleichungen sofort zeigen, daß sich für Relativgeschwindigkeiten, die klein sind gegen die Lichtgeschwindigkeit, tatsächlich die klassische Physik ergibt. In diesem Sinne ist es also richtig, daß die alte Theorie als Grenzfall in der neuen enthalten ist. Eine der Gleichungen ergibt aber in diesem Grenzfall die Beziehung t = t', bei der es sich nur scheinbar um eine triviale Identität handelt. Denn die Gleichheit der Zeiten t und t' in den beiden Bezugssystemen war vor Einstein eine solche Selbstverständlichkeit, daß niemand überhaupt auf die Idee gekommen wäre, eine Zeit t' auch nur anzuschreiben. Also ist es auch richtig, von einem Paradigmenwechsel zu sprechen, weil der Zeitbegriff nun völlig neu gefaßt werden mußte und damit die gesamte Auffassung von der physikalischen Wirklichkeit geändert wurde. Sowohl inhaltlich als auch formal bleiben daher die Naturgesetze in ihrem Gültigkeitsbereich erhalten, sie müssen in diesem einmal bewährten Bereich in der neuen Theorie aufgehen. In ihrer Interpretation und unserer Vorstellung, die auf diesen Gesetzen aufbaut, können allerdings gewaltige Änderungen eintreten.

Wir sind nun soweit, uns der zentralen Frage zu nähern, wie es zu der von Einstein angesprochenen Intuition kommen kann, die den Physiker auf die Naturgesetze führt. Dazu sei die Beschreibung Einsteins noch ergänzt durch eine durchaus ähnliche Beschreibung seiner Kreativität durch Richard Feynman, den Mitbegründer der modernen Feldtheorie.[9] Feynman beschreibt seine oft bewunderte Fähigkeit, auch komplizierten Erklärungen so zu folgen, daß er Fehlschlüsse jederzeit aufdecken kann: »He thinks I'm following the steps mathematically, but that's not what I'm doing. I have the specific, physical example of what he's trying to analyse, and I know from instinct and experience the properties of the thing. So when the equation says it should behave so-and-so, and I know that's the wrong way around, I jump up and say, ›Wait! There's a mistake!‹«

So wie Einstein betont also auch Feynman den Instinkt als Quelle seiner Einsichten auch in scheinbar rationale Zusammenhänge.

In seiner schon einmal zitierten Rede zum 60. Geburtstag

von Max Planck stellte Albert Einstein auch die Frage, was die »etwas sonderbaren, verschlossenen, einsamen Kerle« in den »Tempel der Wissenschaft« geführt hat: »Die Antwort ist nicht leicht zu geben und kann auch gewiß nicht einheitlich ausfallen. Zunächst glaube ich mit Schopenhauer, daß eines der stärksten Motive, die zu Kunst und Wissenschaft hinführen, eine Flucht ist aus dem Alltagsleben mit seiner schmerzlichen Rauheit und trostlosen Öde, aus den Fesseln der ewig wechselnden eigenen Wünsche... Zu diesem negativen Motiv aber gesellt sich ein positives. Der Mensch sucht in ihm irgendwie adäquater Weise ein vereinfachtes und übersichtliches Bild der Welt zu gestalten und so die Welt des Erlebens zu überwinden, indem er sie bis zu einem gewissen Grade durch dies Bild zu ersetzen strebt. Dies tut der Maler, der Dichter, der spekulative Philosoph und der Naturforscher, jeder in seiner Weise. In dieses Bild und seine Gestaltung verlegt er den Schwerpunkt seines Gefühlslebens, um so Ruhe und Festigkeit zu suchen, die er im allzu engen Kreise des wirbelnden und persönlichen Erlebens nicht finden kann.« Können wir hier eine Parallele finden zu der christlichen Forderung, die allerdings auf den *ganzen* Menschen gerichtet ist und nicht nur auf seinen materiellen Niederschlag in Raum und Zeit? Das »Inscende et transcende te« des heiligen Augustinus ebenso wie die Forderung des Meisters Eckhart, sich selbst leer zu machen, damit Gott einziehen könne, weisen doch deutlich darauf hin, daß ein Übersteigen der sinnlich gegebenen Welt den Ausgleich der Polarität von innen und außen erfordert: Wer nur nach außen geht, wird die sinnlich gegebene Welt nicht übersteigen können; wer nur nach innen geht, wird nur sein Ich finden. Wer beides zur Harmonie bringen kann, kann durch die Einkehr in sich selbst die größeren Zusammenhänge der Welt und des sie übersteigenden Sinnes ausführen. Daß nicht einmal die Sinnesqualitäten ohne Polarität von innen und außen verstanden werden können, hat ja schon Goethe in seiner Farbenlehre gezeigt[10]: »Das Auge hat sein Dasein dem

Lichte zu danken. Aus gleichgültigen tierischen Hilfsorganen ruft sich das Licht ein Organ hervor, das seines Gleichen werde; und so bildet sich das Auge am Lichte fürs Licht, damit das innere Licht dem äußeren entgegentrete.

Hierbei erinnern wir uns der alten ionischen Schule, welche mit so großer Bedeutsamkeit immer wiederholte: nur von Gleichem werde Gleiches erkannt; wie auch der Worte eines alten Mystikers, die wir in deutschen Reimen folgendermaßen ausdrücken möchten:

Wär' nicht das Auge sonnenhaft,
Wie könnten wir das Licht erblicken?
Lebt' nicht in uns des Gottes eigne Kraft,
Wie könnt' uns Göttliches entzücken?

Jene unmittelbare Verwandtschaft des Lichtes und des Auges wird niemand leugnen, aber sich beide zugleich als eins und dasselbe zu denken hat mehr Schwierigkeit. Indessen wird es faßlicher, wenn man behauptet, im Auge wohne ein ruhendes Licht, das bei der mindesten Veranlassung von innen oder von außen erregt werde.«

Ich möchte nun meine Leserinnen und Leser bitten, dieses Zitat aus Goethes Farbenlehre noch einmal zu lesen und in Gedanken jeweils das Wort »Augen« durch »Mensch« und das Wort »Licht« durch das Wort »Kosmos« zu ersetzen. Wer dem zustimmen kann, hat verstanden, worauf ich hinauswill; denn in Worten ausgedrückt und niedergeschrieben führen diese Überlegungen allzu leicht zu Mißverständnissen.

Wenn wir nun diesen Ansatz auf die Frage nach der Sicherheit der Naturgesetze erweitern, dann kommen wir wohl zu dem Schlusse, daß das Erkennen eines Naturgesetzes ebenfalls auf einem polaren Ausgleich beruhen muß: Wer nur nach außen geht, kann höchstens zufällige Korrelationen, nicht aber Naturgesetze finden; wer nur nach innen geht, wird schnell bei persönlichen Phantasien und Wunschvorstellungen enden. Der subtile Ausgleich von dem, was Einstein und Feynman in unseren Beispielen die Intuition oder die Einfühlung genannt haben, mit der umfassenden Beherrschung der logisch-deduktiven Methode der Naturwissenschaft kann erst zum weiteren Ausbau unserer Erkenntnisse der Naturgesetze führen. Die logischdeduktive Methode des Wechselspiels von Theorie und Experiment ist dann dazu notwendig, um die persönlichen Wünsche und Vorstellungen eines kreativen Naturwissenschaftlers von den allgemeinen Naturgesetzen, die beide in gleichem Maße in seinem Inneren zu spüren sind, zu unterscheiden. Die Sicherheit der Naturgesetze beruht aber dann nicht auf dem methodischen Vorgehen der Naturwissenschaft und kann dort auch nicht begründet werden. Sie ist vielmehr Hinweis darauf, daß Mensch und Kosmos einander polar entgegengesetzt sind, weil ohne diese Polarität ein Mensch Naturgesetze ebensowenig aufspüren könnte, wie sein Auge – angeregt durch elektromagnetische Wellen – die Qualität des Lichtes hervorbringen könnte.

Die Polarität von Mensch und Kosmos ist übrigens in den ältesten Schriften fast aller Kulturen verankert. Beispielhaft möchte ich nur aus den Upanishaden (Chândogya-Upanishad VIII, 1, 3)[11] zitieren: »Wahrlich, so groß dieser Weltraum ist, so groß ist dieser Raum inwendig im Herzen; in ihm sind beide, der Himmel und die Erde, beschlossen; beide, Feuer und Wind, beide, Sonne und Mond, der Blitz und die Sterne, und was einer hienieden besitzt und was er nicht besitzt, das alles ist darin beschlossen.«

Wer alles dies akzeptieren kann, der wird vielleicht auch verstehen, was ich meine, wenn ich nun – gewissermaßen schlagwortartig – behaupte: Naturgesetze sind säkularisierte Offenbarung!

Der Begriff Offenbarung ist in diesem Zusammenhang wohl einsichtig, denn es handelt sich in dieser Sichtweise bei den

Naturgesetzen eben um Aussagen über die Schöpfung, die nicht vom Menschen allein stammen können, da sie absolut gesichert im Sinne des vorigen Kapitels sind. Da es sich dabei aber nicht um Aussagen über die ganze Schöpfung, sondern nur über ihren materiellen Niederschlag in Raum und Zeit handelt, ist die Offenbarung eben in eingeschränkter Weise als säkularisiert zu bezeichnen. Daher finden wir die größten Erfolge im Hinblick auf das Aufspüren der Naturgesetze auch bei Menschen, die imstande sind, ihre ganze Persönlichkeit gewissermaßen zu säkularisieren und auf den widerspruchsfrei-materiellen Teil in Raum und Zeit zu reduzieren. In besonders eindrucksvoller Weise hat dies der japanische Nobelpreisträger Hideki Yukawa in seiner Autobiographie geschildert.[12]

Schon beim Entstehen der Naturwissenschaft aus den Arbeiten von Galileo Galilei wurde klar, daß Offenbarung zumindest im negativen Sinne in die Überlegungen eingeschlossen werden muß. Zur Erinnerung noch einmal Galileis Worte: »Ich bin geneigt zu glauben, die Autorität der Heiligen Schrift habe den Zweck, die Menschen von jenen Wahrheiten zu überzeugen, welche für ihr Seelenheil notwendig sind und die, jede menschliche Urteilskraft völlig übersteigend, durch keine Wissenschaft noch irgendein anderes Mittel als eben durch Offenbarung des Heiligen Geistes sich Glaubwürdigkeit verschaffen können. Daß aber dieser selbe Gott, der uns mit Sinnen, Verstand und Urteilsvermögen ausgestattet hat, uns deren Anwendung nicht erlauben und uns auf einem anderen Weg jene Kenntnisse beibringen will, die wir doch mittels jener Eigenschaft selbst erlangen können: das bin ich, scheint mir, nicht verpflichtet zu glauben.«

Aus diesen Überlegungen ergeben sich nun eine Reihe von Paradoxa, die aber nicht mehr als logische Widersprüche eliminiert werden müssen, sondern deren Widersprüchlichkeit gerade zur Aufhellung des Gegenstandes dient:

Gerade weil Naturgesetze mit Gott *unmittelbar* nichts zu tun haben und selbst Sinnfragen ausklammern, können sie nur als Offenbarung (im säkularisierten Sinne) verstanden werden.

Naturgesetze sind ein Geschenk, das unsere Freiheit vergrößert, weil es uns mit Sicherheit zeigt, wo wir notwendigerweise unfrei sein müssen. Dies hat sich auch im historischen Weg von Naturwissenschaft und Technik in eindrucksvoller Weise gezeigt: Die bedeutendsten Einsichten und Neuerungen sind immer dadurch möglich geworden, daß ein vorher versuchter Weg als endgültig unmöglich erkannt worden war. So können viele der wichtigsten Naturgesetze in negativer Weise formuliert werden, führen aber gerade deshalb zu den weitreichendsten positiven Konsequenzen. Die Erkenntnis des Energiesatzes, daß es unmöglich sei, ein Perpetuum mobile zu konstruieren, führte zur Entwicklung der Wärmekraftmaschinen. Die Erkenntnis der speziellen Relativitätstheorie, daß es unmöglich sei, Gleichzeitigkeit in relativ zueinander bewegten Bezugssystemen festzustellen, führte bis zur Einsicht in die Äquivalenz von Energie und Masse. Die Erkenntnis der Unmöglichkeit, Ort und Impuls eines Teilchens gleichzeitig festzustellen, führte zur vielleicht tiefschürfendsten Einsicht in die Natur: zur Quantenmechanik bis hin zu ihren Konsequenzen in der Mikroelektronik.

Wenn wir das polare Denken noch einmal einen Schritt weiterführen, dann können wir aus all dem die Konsequenz ziehen, daß das Ausklammern von Sinn, von Werten, von Moral und Ethik aus der Tätigkeit der Naturwissenschaft zwar nicht logisch konsequent, aber als ganzheitliche Forderung gerade wieder auf die Beschäftigung mit diesen Fragen hinführen kann. Und so möchte ich jede einzelne Leserin und jeden einzelnen Leser bitten, sich selbst die Frage vorzulegen, wie weit sie oder er auch in der heutigen Zeit mit all ihren drohenden Gefahren und Mißständen nicht doch noch den großartigen Weg des Weltgeistes zu erkennen vermag: Denn zur Bewältigung der gigantischen Probleme, die heute von uns selbst an uns herangetragen werden, ist wiederum eine Polarität zur Harmonie zu bringen: Wer nur die Gefahren und Risiken unseres Handelns sieht, wird wohl kaum aus tiefstem Herzen dazu beitragen können, die Menschheit über die Klippen der Zukunft zu bringen. Wer nur das Schöne und Gottgegebene des menschlichen Daseins sieht, wird wohl kaum in realistischer Weise an den Problemen der unmittelbaren Zukunft mitarbeiten können. Es gilt vielmehr, einzusehen, daß gerade die Möglichkeit der kollektiven Vernichtung der ganzen Art eine gewaltige Herausforderung darstellt, die in diesen Dimensionen wohl noch nie von den Menschen zu bewältigen war: Wenn der kollektive Selbstmord der Menschheit zwar möglich ist, aus freien Stücken aber nicht verwirklicht wird, dann werden wir – vielleicht – zu jenem Zustand finden, den wir alle erhoffen und den wir Frieden nennen: Denn auch der Friede ist nicht durch Abwesenheit von Krieg definiert, sondern eine völlig neue Qualität des Zusammenlebens der Menschen, die vielleicht erst durch die drohende Möglichkeit der Selbstvernichtung vorstellbar werden kann.

Wenn wir auch heute noch nicht wissen können, ob wir diese gewaltige Klippe auf dem Wege der Menschheit überwinden können, wenn wir auch zukünftige Qualitäten bestenfalls erahnen, aber nicht erkennen können, so scheint mir doch eines als Forderung auf unserem Weg wesentlich zu sein: Es geht nicht um das Ersetzen einer Denkmethode oder eines Erkenntnisrahmens durch einen anderen, nicht also um den vielbeschworenen Paradigmenwechsel, es geht vielmehr darum, eine Öffnung herbeizuführen, die eine Vielfalt der Denkmethoden und Handlungsweisen zuläßt, die zwar sauber unterschieden werden müssen, doch aber nebeneinander bestehen bleiben können. Nicht eine Wende sollten wir erhoffen, sondern eine Öffnung, die jeder von uns zunächst in seinem ureigensten Bereich erüben kann.

Das Geheimnis des Widerspruchs

Die naturwissenschaftliche Methode, die heute auch weitgehend Grundlage der Medizin geworden ist, beruht auf dem Wechselspiel von Theorie und Experiment.

Hier soll es nun um die dritte Forderung der theoretischen Naturbeschreibung gehen, den »Satz vom zureichenden Grunde«. Schon Aristoteles hat darauf hingewiesen, daß der Grund für eine Aussage, ein Bedürfnis oder eine Handlung in vierfacher Weise gesehen werden kann – Schopenhauer nennt dies die vierfache Wurzel des Satzes vom zureichenden Grunde.

Demnach gibt es 1. die Causa efficiens oder Wirkursache, 2. die Causa finalis oder Zweckursache, 3. die Causa materialis und 4. die Causa formalis.

Eine Methode, deren Ziel eine widerspruchsfreie Beschreibung der Gesamtwirklichkeit ist, kann nicht alle vier Formen der Kausalität zulassen, da dies notwendigerweise zu Widersprüchen führen müßte. Daher hat sich die Naturwissenschaft seit Anbeginn auf die Causa efficiens beschränkt und alle anderen Ursachen ausgeklammert. So ist die Aussage der aristotelischen Physik, daß die Ursache des Fallens eines Steines darin liegt, daß der Stein in der Nähe der Erde seinen natürlichen Platz hat, ganz deutlich eine Beschreibung mit Hilfe der Causa finalis. Dagegen sagt die Naturwissenschaft seit Galilei, die Kraft ist die Ursache jeder Bewegungsänderung, beim fallenden

Stein ist es die Gravitation oder Schwerkraft. Dabei handelt es sich klarerweise um eine Causa efficiens, eine Wirkursache. Die Kraft ist jedoch selbst gar kein Objekt der physikalischen Messung, sie ist nur indirekt – eben als Ursache der Beschleunigung – »festzustellen«. Gemessen können nur die Beschleunigungen werden, die Kraft wird aus ihnen erschlossen. Tatsächlich hat sich herausgestellt, daß es möglich ist, gerade die Gravitationskraft aus einer physikalischen Beschreibung wegzulassen. In der allgemeinen Relativitätstheorie hat Albert Einstein die Gravitationskräfte als Ursache von Bewegungsänderungen durch eine nicht-euklidische Geometrie (gekrümmter Raum!) ersetzt. Die Kraft wurde sozusagen überhaupt nur eingeführt, um Bewegungsänderungen durch eine Wirkursache erklären zu können.

Die Galileische Physik hat in bezug auf die Erklärung der Schwerkraft sicherlich einen bedeutenden Fortschritt gebracht. Die Frage erhebt sich allerdings heute, ob nicht das zwanghafte Ausklammern jeder Zweckursache und der Versuch, *alles* auf Wirkursachen zurückzuführen, ebenso einseitig und damit unsinnig ist wie der mittelalterliche Versuch, die tote Natur mit Motiven verstehen zu wollen. Schon in der Biologie wird dies an manchen Stellen deutlich, wenn etwa die Insektenflügel durch sehr umständliche und langwierige Konstruktionen auf das Wirken von Mutation und Selektion zurückgeführt werden müssen; natürlich entspricht dies auch dem Prinzip, nur die Causa efficiens zuzulassen. Wir sollten uns vor Augen halten, daß es ja einen wesentlichen Unterschied zwischen Motiven im menschlichen Bereich und Ursachen im Bereich der toten Natur gibt: Motive sind unmittelbar verstehbar, sie bedürfen keiner weiteren Erklärung. Warum ein Stein zur Erde fällt, ist erklärbar und konstruierbar, nicht aber im obigen Sinne »verständlich«. Daher bedarf es ja in der Naturwissenschaft eines anderen Kriteriums zur Auswahl der richtigen Beschreibung, eben des Experimentes. Kriterium für Richtigkeit ist die Möglichkeit, aus der Theorie den Ausgang eines Experimentes richtig vorherzusagen. Damit ist aber das Element des handelnden Eingreifens für die Methode der Naturwissenschaft deutlich geworden. Wir können es vielleicht mit den Worten beschreiben: »Was muß ich *tun,* um ein gewünschtes Ergebnis zu erzielen?«

Zugleich ist damit aber ein gewaltiges Ordnungsprinzip geschaffen worden. Denn in der Vielfalt verschiedener Erscheinungen, die wir in der Natur beobachten, können wir nun eine gemeinsame Ursache finden, die für alle diese Erscheinungen gleich ist. So wird ja auch das Entstehen dieser Ansicht durch eine Parabel charakterisiert: Isaac Newton habe – dieser Parabel zufolge – das Fallen eines Apfels beobachtet, und dabei sei ihm klargeworden, daß die Schwerkraft, die den Apfel zum Fallen bringt, dieselbe ist wie diejenige, die den Mond in seiner Bahn hält. Die Vorteile und die Ordnungskraft dieses Prinzips brauche ich hier nicht weiter zu erläutern. Wichtiger erscheinen uns aber die Grenzen, jenseits derer die Anwendung dieses so erfolgversprechenden Ordnungsprinzips eben nicht mehr sinnvoll erscheint. Zunächst verliert die Wirkursache als Ordnungsprinzip sofort ihre Kraft, wenn wir den Bereich des monokausalen Geschehens verlassen. Wenn die Verknüpfung zwischen Ursache und Wirkung nicht mehr notwendig ist, können wir nicht mehr statt der Erscheinungen selbst die Ursachen als das eigentlich Wesentliche ansehen. Im Bereich der Medizin möchte ich nur das Beispiel der Krankheitserreger als Ursache für die Krankheit anführen, um die ganze Problematik eines nicht monokausalen Geschehens deutlich zu machen. Der Ausklammerung aller anderen Ursachen in der naturwissenschaftlichen Methode entspricht wahrscheinlich der Widerstand gegen psychosomatische Betrachtungsweisen in der Schulmedizin, obwohl hier heute schon ein deutlicher Wandel zu bemerken ist. Noch klarer wird jedoch die Problematik am Beispiel der Akupunktur oder gar der Homöopathie. Der Grund, warum homöopathische Methoden an Universitäten meist nicht gelehrt werden, ist doch gerade der, daß kein Kausalzusammenhang (im Sinne einer Wirkursache) zwischen der Verabreichung des Medikamentes und den Folgen für den Gesamtorganismus hergestellt werden kann. Daß hier unter Umständen der Versuch, die Wirkursache als alleinige Beschreibung zuzulassen, einfach dem Phänomen nicht mehr gerecht wird, wird in unserem naturwissenschaftlich orientierten Zeitalter allzuoft unkritisch ausgeschlossen. Es muß aber zugegeben werden, daß wir für die Einbeziehung anderer Formen der Kausalität den geeigneten Begriffsapparat wahrscheinlich erst entwickeln müssen.

Wissenschaft und Wirklichkeit

Sehr häufig sind Begriffe, mit denen wir ohne weiteres umgehen können, trotzdem sehr schwer zu definieren. Vielfach erübrigt sich auch eine derartige Definition, weil Mißverständnisse selten oder ausgeschlossen sind. So geht es uns mit vielen abstrakten Begriffen, aber etwa auch mit einem so wichtigen Begriff wie »Zeit«.

Beim Begriff »Wissenschaft« ist deshalb eine Definition unerläßlich, weil Wissenschaftlichkeit oft als Kriterium oder gar Kampfargument für Einschluß oder Ausschluß gewisser Methoden oder Verfahren an unseren Universitäten verwendet wird. Dabei genügt es aber, ein sogenanntes Abgrenzungskriterium zu finden, das uns erlaubt festzustellen, was wir als wissenschaftlich und was als unwissenschaftlich bezeichnen müssen. Eine genaue Definition des Begriffes ist dazu nicht erforderlich.

Ein zweiter Gesichtspunkt macht die Beschäftigung mit einem Abgrenzungskriterium für »Wissenschaft« notwendig: die häufige Vermischung der Begriffe »Wissenschaft« und »Naturwissenschaft«. Wenn heute jemand von einer Methode behauptet, sie sei unwissenschaftlich, so ist zuallererst zu fragen, ob er damit nicht etwa meint, sie sei nicht naturwissenschaftlich. Diese häufige Begriffsverwirrung ist auf den Siegeszug der naturwissenschaftlichen Methode zurückzuführen, die es uns in den letzten Jahrhunderten tatsächlich erlaubt hat, die

Welt in einer Weise umzugestalten – ja neu zu gestalten –, die vorher völlig unvorstellbar gewesen war. Hinzu kommt noch, daß im Englischen der Begriff »science« nur die Naturwissenschaft meint, im Deutschen aber oft mit »Wissenschaft« übersetzt wird.

Schließlich ist ein Abgrenzungskriterium deshalb erforderlich, weil manchmal im Sinne eines »anything goes«[1] alles, was sich nur selbst wissenschaftlich gebärdet, auch als wissenschaftlich verteidigt wird. Soll aber der Wissenschaftsbegriff nicht jeden Sinn für menschliches Handeln verlieren, bedarf es eben einer Abgrenzung, das heißt einer Festlegung, was nicht unter diesem Begriff zu verstehen ist.

Während sich etwa im Kosmos-Lexikon der Naturwissenschaften (Ausgabe 1953) der Begriff »Wissenschaft« überhaupt nicht findet, wird dort »Naturwissenschaft« folgendermaßen definiert: »Auf den Gesetzen der Logik und der Kategorien Kausalität, Raum und Zeit sich gründende Erforschung der Natur. Die dabei angewandten Methoden des Forschens beruhen auf der Analyse, der Synthese, der Induktion und der Deduktion. Voraussetzungen sind die Existenz einer realen Außenwelt und die Begreiflichkeit der Natur.«

Freilich ist eine derartige Definition für unsere Zwecke nicht zielführend. Wiederum ist es besser, im Sinne eines Abgrenzungskriteriums Naturwissenschaft durch ihre Methode zu definieren. Was überprüfbare, wiederholbare Ergebnisse bringt, die nicht vom individuellen Experimentator abhängen, was genügend deutlich von störenden Fremdeinflüssen befreit werden kann, zählt als naturwissenschaftliches Ergebnis, unabhängig davon, ob es bereits theoretisch verstanden werden kann. Die Eingliederung in das Theoriengebäude ist Anspruch, nicht Kriterium der Naturwissenschaft.

Wegen der intersubjektiven Überprüfbarkeit (Reproduzierbarkeit) beschränkt sich die naturwissenschaftliche Methode auch auf die Erkenntnisgewinnung in jenem Bereich der Wirklichkeit, der für alle Menschen gleich gültig ist. Einerseits können damit Naturgesetze gewonnen werden, die eben tatsächlich für alle Menschen in gleicher Weise gelten und auf die wir uns absolut verlassen können. Aber es ist ebenso festzustellen, daß das Wort »gleichgültig« im doppelten Sinne gilt: Gerade weil die Erkenntnisse der Naturwissenschaft für alle Menschen in gleicher Weise gültig sind, sind sie für die Menschen konkret auch gleichgültig, weil sie erst den Rahmen abgeben, innerhalb dessen die individuelle Gestaltung des Lebens stattzufinden hat.

Da unser Wissen sich ja nicht auf die Natur allein beziehen kann, muß der Begriff »Wissenschaft« umfangreicher sein als der der Naturwissenschaft. Während aber – wie oben ausgeführt – die Methode der Naturwissenschaft genau abgegrenzt werden kann, ist dies bei »Wissenschaft« nicht mehr so leicht möglich. So finden sich oft recht allgemeine Definitionen, wie etwa die des Bundesverwaltungsgerichtes, die »Wissenschaft« beschreibt als »die Gesamtheit der Erkenntnisse auf einzelnen Wissensgebieten«.[2] In gewissem Sinne ist diese Definition tautologisch, weil der Begriff »Erkenntnisse« selbst nicht näher erklärt wird. Daher gibt es nach Auffassung des Gerichtes dazu noch folgende Voraussetzungen:

a) Ein möglichst lückenloses, geschlossenes Erfassenwollen eines bestimmten Teilbereiches der wirklichen Welt (System).
b) Das Beobachten aller Schritte, die bei der Erfassung des Gegenstandsbereiches gemacht werden (also bei der Forschung), und das folgerichtige Aufbauen einer Erkenntnis auf die andere (Methode).
c) Sicherung der systematisch und methodisch gewonnenen Erkenntnisse und das geordnete Zusammenfügen (Objektivität und Systematik).[3]

Solange jedoch derartige Beschreibungen des Begriffes »Wissenschaft« Werte wie »Erfassenwollen« enthalten, werden sie immer Quelle von Meinungsverschiedenheiten und Auseinandersetzungen sein. Dasselbe gilt etwa für Definitionen wie »methodisch geordnete Suche nach objektiv wahren und in einem Begründungszusammenhang eingeordneten Erkenntnissen«[4] oder »der autonome geistige Prozeß planmäßiger, methodischer und eigenverantwortlicher Suche nach Erkenntnissen fachbezogen-objektiver Wahrheit, sowie kommunikativer Vermittlung solcher Erkenntnisse«.[5]

Vielleicht können wir ein Abgrenzungskriterium für Wissenschaft finden, wenn wir uns darauf besinnen, daß wissenschaftliche Erkenntnisse mehr umfassen als bloß naturwissenschaftliche Erkenntnisse, die das für alle Menschen in gleicher Weise Gültige beschreiben, daß sie aber andererseits nicht bloß Produkte eines einzelnen Individuums sein können, die für andere Individuen keine Bedeutung haben. Es gilt dann in erster Linie, wissenschaftliche Ergebnisse von Täuschungen, Wunschvorstellungen, ja Halluzinationen, Irrtümern und Betrug abzugrenzen. So können selbstverständlich etwa auch Träume Gegenstand wissenschaftlicher Untersuchungen sein, der Wissenschaftler wird aber nur dann ernst zu nehmen sein, wenn er zumindest den Versuch unternimmt, festzustellen, ob ein Traumbericht auf einem tatsächlichen Traum oder auf der dichterischen Phantasie oder gar schelmischen Neckerei des Erzählers beruht.

Ein derartiger Unterscheidungsversuch muß außerdem selbst wiederum kritisierbar und daher mitteilbar sein. Die bloße subjektive Überzeugung genügt meines Erachtens nicht für Wissenschaftlichkeit.

Damit hätten wir aber einen ersten vorläufigen Versuch, den Begriff »Wissenschaftlichkeit« abzugrenzen:

Jede kommunizierbare (das heißt kritisierbare) Methode, die zwischen Halluzinationen, Wunschvorstellungen, Irrtümern,

Einbildungen und Betrug einerseits und dem Wirklichen andererseits unterscheidet, liefert wissenschaftliche Ergebnisse!

Es scheint mir zweckmäßig, noch einmal zwischen dem »Wirklichen« und der »Realität« zu unterscheiden. Realität ist das Wirkliche der Naturwissenschaft, also alles das, was für alle Menschen in gleicher Weise gilt. Darunter fällt zunächst die Materie in Raum und Zeit, dann aber auch alles, was sich in irgendeiner Form durch Ortsveränderung von Materie in Raum und Zeit beschreiben läßt. Wenn etwa Biologie auf Chemie und damit auf Physik reduziert wird, dann sind auch alle Lebensvorgänge Ortsveränderungen in Raum und Zeit, weil sie sich als chemische Prozesse durch die relativen Koordinaten der Atome oder Elektronen beschreiben lassen.

Dagegen möchte ich unter dem »Wirklichen« *alles* verstehen, was Handlungsmotiv eines Menschen werden kann. Wir haben gerade am Beispiel der Träume gezeigt, daß auch Träume Gegenstand wissenschaftlicher Erkenntnis sein können, und dasselbe gilt natürlich für Halluzinationen, ja Wunschvorstellungen. Nur muß innerhalb der Ebene dieser Wissenschaftlichkeit im obigen Sinne selbst wiederum zwischen dem auf dieser Ebene Wirklichen und bloßem Schabernack unterschieden werden.

Zunächst ist ganz offensichtlich, daß eine derartige Abgrenzung der Wissenschaft einen Begriff liefert, der die Naturwissenschaft als Unterbegriff enthält. Darüber hinaus sollte es aber eben bis auf die angegebene Abgrenzung keine weitere Einschränkung geben, soll doch gerade Wissenschaft dem forschenden Geist ein fruchtbares Feld offenlassen und ihn nicht behindern. Natürlich wird es auch bei einer derartigen Abgrenzung des Begriffes »Wissenschaft« noch viele mögliche Meinungsverschiedenheiten – insbesondere hinsichtlich der Wirksamkeit einer bestimmten Methode der Unterscheidung zwischen Irrtum usw. und dem Wirklichen – geben; derartige Meinungsverschiedenheiten sind aber notwendige Voraussetzung für die Kritikalität, ohne die Wissenschaft nicht auskommen kann. Die wahre Haltung eines Wissenschaftlers muß wohl in sich widersprüchlich sein: Sie muß offen (im Gegensatz zu verschlossen, scheuklappenbehaftet) sein und zugleich kritisch (im Gegensatz zu unkritisch, leichtgläubig). Leider wird allzuoft kritisch mit verschlossen, aber auch offen mit leichtgläubig verwechselt. Ich hoffe, daß das obige Abgrenzungskriterium diesen Unterschied ganz deutlich macht.

Medizin zwischen Naturwissenschaft und Kunst

In unseren Tagen wird die Frage, inwieweit sich die Medizin naturwissenschaftlicher Methodik zu bedienen hat und was überhaupt als naturwissenschaftliche Methodik zu gelten hat, wieder intensiv diskutiert. Die einfache Entweder-oder-Logik, die uns im Abendland so sehr ans Herz gewachsen zu sein scheint, daß wir sie universell anzuwenden versuchen, schießt immer dann zu kurz, wenn es sich um einen komplexen Bereich handelt, in dem auch spezifisch menschliche Aspekte berücksichtigt werden müssen. Daß dies bei der Medizin der Fall ist, darf ich wohl als unbestritten voraussetzen.

Der Mensch – ungefragt in diese Welt geboren und mit seinem Tode bewußt konfrontiert – sieht sich einer Fülle von zum Teil unbeantwortbaren Fragen gegenüber. Wir können bei diesen Fragen zwei verschiedene Klassen unterscheiden, die »Fragen nach dem Sinn des Daseins« und die »Fragen nach dem Ort des Daseins«. Diese Einteilung fällt ungefähr mit der klassischen Unterscheidung zwischen Geist und Natur zusammen. Die Fragen nach dem Ort des Daseins sind die Fragen nach der uns umgebenden Natur, aber auch die Fragen nach dem Ort des eigenen Ich, also die Frage nach dem menschlichen Körper. Während die Fragen nach dem Sinn des Daseins nach individuellen, ganz persönlichen Antworten verlangen, muß es für die Fragen nach dem Ort des Daseins allgemein verbindliche Antworten geben, ist doch gerade die Natur das, was allen Menschen gemeinsam ist, Heimat für die Menschheit genauso wie für jedes Individuum.

Naturwissenschaft ist der Versuch, die Natur, die »Heimat der Menschheit wie auch jedes Menschen«, in allgemein verbindlicher Weise so zu beschreiben, daß diese Beschreibung für jedes Individuum in gleicher Weise gültig sein kann. Daß dieser Versuch notwendigerweise scheitern muß, sehen wir nicht zuletzt daran, daß jede Kultur ihr eigenes »Weltbild«, also ihre ganz spezifische Beschreibung dieser Natur entwickelt hat. Untereinander stimmen diese Beschreibungen nicht überein, was sich auch in ganz verschiedenen, ja unter Umständen widersprüchlichen Methoden der Heilung kranker Menschen ausdrückt.

Der Grund, warum ein solcher Versuch scheitern muß, liegt darin, daß die beiden Fragenkomplexe, Geist und Materie oder Sinn und Ort des Daseins, nicht voneinander getrennt werden können. Es ist zwar richtig, daß die Natur Heimat jedes Individuums ist, aber jedes Individuum findet sich ja nicht gewissermaßen als Tier in dieser Natur, sondern vermöge seines Bewußtseins auch als von allen anderen Menschen unterschiedenes, einmaliges und unauswechselbares Subjekt. Daher erscheint auch die Natur jedem Menschen in seiner ganz persönlichen und spezifischen Form, verschieden von jedem anderen. Jeder Mensch hat daher auch sein eigenes Weltbild, seine eigene Naturbeschreibung. Eine allgemein verbindliche Naturbeschreibung ist daher unmöglich. Im Abendland hat man als Ausweg aus diesem Dilemma einen Kompromiß eingeschlagen: Ein ganz bestimmtes subjektives Weltbild – das Weltbild des Aristoteles – wurde für alle anderen zur verbindlichen Naturbeschreibung erklärt.

Das was wir im Abendland seit Galileo Galilei Naturwissenschaft nennen, stellt einen radikal neuen Ansatz und eine Synthese der Gegensätze »individuell« und »allgemein« dar. Während vor Galilei in bezug auf die Natur das als wahr galt, was mit dem aristotelischen Weltbild vereinbart werden konnte, setzte Galilei nun ein neues Wahrheitskriterium: Wahr ist nur das, was im Prinzip jeder für sich selbst überprüfen und als wahr erkennen kann. Während vor Galilei die theoretische Beschreibung das wesentliche Kriterium für Wahrheit war, ist nun das Experiment die Basis unseres Wissens, und alle Erklärungs- und Beschreibungsversuche müssen sich danach richten.

Daß es bei der einschneidenden Erneuerung durch Galileo Galilei viel weniger um die Methode selbst als vielmehr um Wahrheit und Autorität ging, das drückte Albert Einstein deutlich aus, als er 1952 das Vorwort zur deutschen Ausgabe von Galileis erstem Hauptwerk »Dialog über die beiden hauptsächlichen Weltsysteme« schrieb: »Das Leitmotiv von Galileis Schaffen sehe ich in dem leidenschaftlichen Kampf gegen jeglichen, auf Autorität sich stützenden Glauben. Erfahrung und sorgfältige Überlegung allein läßt er als Kriterien der Wahrheit gelten. Wir können uns heute schwer vorstellen, wie unheimlich und revolutionär eine solche Einstellung zu Galileis Zeiten erschien, in welcher der bloße Zweifel an der Wahrheit von auf bloße Autorität sich stützenden Meinungen als todeswürdiges Verbrechen betrachtet und bestraft wurde. Wir sind zwar auch heute keineswegs so weit von einer solchen Situation entfernt, als sich viele von uns schmeicheln mögen; aber der Grundsatz, daß das Denken vorurteilsfrei sein soll, hat sich inzwischen wenigstens in der Theorie durchgesetzt, und die meisten sind bereit, diesem Grundsatz Lippendienste zu leisten.«

Der Preis für diese unglaubliche Synthese, die ich nur mit der Erfindung des Rades oder gar des Feuers vergleichen kann und die sich ja auch in einem atemberaubenden Eroberungszug auf alle Kulturen und über die ganze Welt ausgebreitet hat, ist allerdings eine stärkere Trennung der eingangs erwähnten beiden Bereiche. Die Methode des Galileo Galilei ist nur zur Erstellung eines allgemeinen Bildes der Natur brauchbar. Naturgesetze beschreiben den Ort des Daseins, sie können niemals Antworten auf Sinnfragen geben. Wir können gerade heute nicht oft genug diese Voraussetzung für das Funktionieren der Galileischen Methode betonen, welche oft in Vergessenheit zu geraten scheint; gerade Naturwissenschaftler sind immer wieder versucht, aus ihrer Methode heraus sich auch der Sinnfrage zu nähern.

Der Ansatz des Galileo Galilei war so radikal, daß er sich zunächst gar nicht verwirklichen ließ. Sehr bald wurde die Naturwissenschaft, die angetreten war, falsche Autoritäten abzubauen, selbst zu einer solchen Autorität und maßte sich an, aus theoretischen Überlegungen zu entscheiden, was in der Natur wahr oder falsch sein sollte. Am Ende des 18. Jahrhunderts bezeichnete etwa Lavoisier jeden, der von Meteoriten behauptete, sie seien Steine, die vom Himmel fielen, als Betrüger oder irr. Und es ist fast tragikomisch, sich zu erinnern, daß viele der Begründer der großartigen Quantentheorie unseres Jahrhunderts, unter ihnen Max Planck, Albert Einstein und Erwin Schrödinger, die Beschreibung der Phänomene des Mikrokosmos nicht akzeptieren konnten, weil sie nicht mit ihren vorgefaßten Meinungen zusammenstimmten. Eine geschlossene naturwissenschaftliche Theorie befriedigt eben auch ein gewisses Sicherheitsbedürfnis des Menschen, und jedes Abgehen davon erinnert ihn vielleicht zu sehr an seine eigene Zerbrechlichkeit in dieser Welt.

Zusammenfassend möchte ich betonen, daß Naturwissenschaft immer dann falsch verstanden wird, wenn sie sich nicht an den Experimenten orientiert, sondern aus theoretischen Erwägungen über wahr und falsch bei Phänomenen entscheiden will.

Es liegt mir fern, hier auch nur annäherungsweise eine Theorie der Kunst entwickeln zu wollen. Was ich unter »Kunst« hier verstehe, ist jede menschliche Tätigkeit, die nicht auf den Fragenbereich nach dem Sinn des Daseins so verzichtet wie die

Naturwissenschaft. Künstlerische Tätigkeit wird daher immer an ein bestimmtes Individuum gebunden sein, sie wird gar nicht nach allgemein verbindlichen Aussagen streben, sondern vielmehr der Ausdruck der Einmaligkeit des tätigen Individuums sein. Vielleicht können wir sagen, daß Naturwissenschaft versucht, die Beziehungen eines Menschen zu den Dingen, die ihn umgeben, zu ordnen, während Kunst immer auf die direkte und unmittelbare Beziehung von Mensch zu Mensch zielt. »Handlung« und »Kommunikation« sind vielleicht zwei Begriffe, die diesen Gegensatz deutlich machen. Natürlich wird auch dabei wiederum klar, daß eine Trennung der beiden eingangs beschriebenen Bereiche nicht möglich ist, höchstens eine Unterscheidung. Denn Kommunikation setzt immer auch eine Handlung voraus, und sei es bloß das Sprechen oder Schreiben. Meist wird aber beim Gespräch die sogenannte nonverbale Komponente noch viel wichtiger sein als die bloße Bedeutung der Worte. Umgekehrt ist eine menschliche Tätigkeit nicht möglich, wenn sie nicht in einem Rahmen vollzogen wird, der immer durch andere Menschen gegeben ist. Ein Mensch allein ist kein Mensch! Zwischenmenschliche Kommunikation ist also auch Voraussetzung dafür, daß menschliches Handeln möglich ist.

Ich halte es für wichtig, zwischen menschlichen Fähigkeiten zu unterscheiden, die entweder durch »Lernen« oder durch »Üben« erworben werden können. Auch dabei ist es klar, daß diese strenge Trennung nur typischen Charakter haben kann, in der Vielfalt menschlichen Verhaltens aber immer Mischformen auftreten. Lernen und Üben können nun den beiden Bereichen wiederum zugeordnet werden. Naturwissenschaftliche Methodik und naturwissenschaftliche Ergebnisse können durch Studium erlernt werden, künstlerische Fähigkeiten müssen durch Üben entwickelt werden. Es ist interessant, daß in der neueren Entwicklung der Hohen Schulen hier auch eine sprachliche Trennung vorgenommen wurde. Anstalten, in denen das Lernen im Zentrum steht, heißen »Universitäten«, Anstalten, bei denen das Üben im Zentrum steht, heißen »Hochschulen«. Die Umbenennung der technischen Hochschulen in Universitäten ist der konsequente Ausdruck dafür, daß auch im Bereich der Technik heute der Anspruch der naturwissenschaftlichen Methode sich durchgesetzt hat. Eine vergleichende Studie von Fächern, wie etwa Musik oder Architektur, die sowohl an Hochschulen als auch an Universitäten vertreten sind, könnte sehr deutlich den Unterschied der beiden Bereiche zum Ausdruck bringen.

Zusammenfassend möchte ich wiederholen, daß ich für unsere Zwecke unter Kunst jene Tätigkeit verstehe, die sich nach den *individuellen Eigenschaften* richtet und den Menschen in seiner Unauswechselbarkeit ernst nimmt.

Immanuel Kant[1] betont, daß wir nicht nach dem Zweck eines menschlichen Daseins fragen dürfen, weil dieses selbst schon der Zweck ist! Und er sagt dann über die Unauswechselbarkeit des individuellen Menschen: »Im Reiche der Zwecke hat alles entweder einen *Preis* oder eine *Würde*. Was einen *Preis* hat, an dessen Stelle kann auch etwas anderes als Äquivalent gesetzt werden; was dagegen über allen *Preis* erhaben ist, mithin kein Äquivalent verstattet, das hat eine *Würde*.« Und als Forderung für die Handlung der Menschen formuliert Kant den praktischen Imperativ: »Handle so, daß du die Menschheit sowohl in deiner Person als in der Person eines jeden anderen jederzeit zugleich als Zweck, niemals bloß als Mittel brauchest.« In bezug auf unsere beiden Bereiche können wir diese Forderung zumindest so verstehen: Handle niemals so, daß du dich nur an allgemeinen Gesetzen und nicht auch an den individuellen Bedürfnissen deines Nächsten orientierst.

In seinem Büchlein »Vom Sinn des Erkrankens« schreibt Friedrich Weinreb[2]: »Der Mensch kann naturwissenschaftlich erklärt und bestimmt, gemessen und behandelt werden, und zugleich entzieht er sich dem naturwissenschaftlichen in einem akausalen Bereich, wo nicht bestimmt und nicht gemessen werden kann, wo er nicht behandelt, sondern eventuell geliebt oder ihm vertraut werden kann, wo nur Sehnsucht und Hingabe zählen. Und beides ist der Mensch, nicht das eine *oder* das andere.«

Aus diesen Worten geht schon deutlich hervor, daß die Medizin auf keinen der beiden Bereiche verzichten kann und daß der handelnde Arzt eine Synthese der zunächst unvereinbar erscheinenden Ansprüche vollziehen muß, will er den Patienten als Mensch ernst nehmen. Um dies noch klarer zu machen, stellen wir uns einmal vor, man könnte auf den einen oder den anderen Bereich verzichten. Der Arzt, der Medizin nur als Kunst auffaßt, wird sich nur auf den Patienten als Mensch einzustellen versuchen und auf medizinisch-naturwissenschaftliche Kenntnisse vollkommen verzichten wollen. »Heiler« oder »Wunderheiler« wären die Bezeichnungen für die Extremkarikaturen solchen Verhaltens. Im anderen Extrem könnte der Arzt geneigt sein, die individuelle Unauswechselbarkeit seines Patienten, sein Menschsein schlechthin zu vergessen, und ihn nur als zu reparierende Maschine betrachten. »Apparatemediziner«, »Organmechaniker« oder ähnliches wären Bezeichnungen für diesen Extremfall. Natürlich spielt sich wirkliches ärztliches Handeln immer auf einem Kontinuum zwischen diesen beiden Extremen ab. Ich fürchte aber, daß im allgemeinen unsere Medizin eher dem letzteren Extrem zuneigt, als die Waage zu halten versucht. Ich möchte behaupten, daß der wahre Arzt eine Synthese zwischen Behandeln und Heilen finden muß, indem er weder auf die Arzt-Patient-Beziehung, also auf die Komponente der Kommunikation, verzichtet noch auf die allgemeinen Gesetze naturwissenschaftlich orientierter Medizin. Allerdings setzt dies voraus, daß die Medizin selbst beide Bereiche anerkennt und sich nicht ausschließlich an naturwissenschaftlichen Kategorien orientiert.

Während in der Naturwissenschaft der sogenannte Einheitsgedanke eine entscheidende Rolle spielt, scheint mir dies in der

Medizin nicht vertretbar zu sein. Beachten wir zunächst die Formulierung dieses Gedankens für die Physik, die Adolf E. Haas in seinem Vortrag vor der 80. Versammlung Deutscher Naturforscher und Ärzte in Köln im Jahre 1908 gefunden hat: »Das Einheitsbedürfnis des forschenden Geistes aber findet seine Befriedigung in der Erkenntnis der Einheitlichkeit und der Gleichartigkeit, die die verschiedenen Naturerscheinungen miteinander verketten ... Der physikalische Einheitsgedanke ... tritt in vier Hauptformen auf, die seinen verschiedenen Entwicklungsstufen entsprechen. Die Physik sieht einzelne Naturerscheinungen zunächst als analog, dann als verwandt, später als identisch an und überträgt schließlich die zwischen einzelnen Phänomenen festgestellte Identität durch die Annahme einer einheitlichen Allkraft auf sämtliche Erscheinungen.«

Wir erinnern uns, daß zum 60. Geburtstag von Planck Albert Einstein dieser Idee die Forderung hinzufügte: »Höchste Aufgabe des Physikers ist also das Aufsuchen jener allgemeinsten elementaren Gesetze, aus denen durch reine Deduktion das Weltbild zu gewinnen ist.«

Wenn dieser Anspruch in der Medizin Geltung haben soll, so würde dies bedeuten, daß damit die Würde des Patienten verletzt wird, weil er so wie der Gegenstand der Physik, also wie die tote Materie, als auswechselbar angesehen wird. Mir erscheint daher schon der Gedanke einer einheitlichen »Schulmedizin« abwegig und den eigentlichen Anspruch der Medizin – nämlich den Menschen Heilung zu bringen – verletzend. Je mehr verschiedene Heil- oder Behandlungsmethoden zueinander in Konkurrenz treten, um so eher kann die Medizin als Wissenschaft für sich und in sich einen Freiheitsraum schaffen, und um so mehr ist auch die Freiheit des Patienten im Hinblick auf die Wahlmöglichkeit eines Arztes bzw. seiner Behandlungsmethoden gewahrt.

Wir können uns fragen, warum dieser doch recht einleuchtende Gedanke so schwer zu verwirklichen ist. Ich glaube, daß sich dahinter eine menschlich sehr verständliche Abwehrhaltung versteckt. Wenn der Bereich der Naturwissenschaft, also der Bereich der Fragen nach dem Ort des Daseins verabsolutiert wird, gibt es nämlich keine Verantwortung. Verantwortung wird dann durch Sorgfaltspflicht ersetzt. Wenn der Einheitsgedanke sich nämlich vollständig durchsetzt, dann gibt es für jede richtig erkannte Krankheit eine einzige richtige Behandlungsmethode, und der Arzt, der sie ohne Fehler – interessanterweise sagt man hier dann »Kunstfehler« – anwendet, hat die Sorgfaltspflicht gewahrt. Er braucht sich keine Vorwürfe zu machen, er trägt keine Verantwortung, auch wenn der Patient damit nicht geheilt werden kann. Erst wenn verschiedene Wahlmöglichkeiten offenstehen, wenn sich also die »Wahrheit« einer Methode erst aus ihrem Erfolg erkennen läßt, wenn sich die Methode also jeweils »bewähren« muß, erst dann trägt sowohl der Arzt als auch der Patient Verantwortung für seine Wahl. Ich glaube, daß aus dieser Einsicht das Abmauern der traditionellen Medizin gegen alle neuen Methoden wenigstens verständlich, wenn auch nicht entschuldbar wird.

Wir müssen uns natürlich davor hüten, nun in das andere Extrem zu fallen. Wir können in unserem Zeitalter nicht auf die naturwissenschaftliche Methodik verzichten und wollen dies auch gar nicht. Aber Naturwissenschaft muß dabei richtig verstanden werden, sie darf niemals als theoretische oder gar ideologische Begründung für das Verdammen einer alternativen Methode gelten, wenn diese alternative Methode sich in bezug auf die Phänomene an die Forderungen der Überprüfbarkeit, der Wiederholbarkeit und Isolierbarkeit hält. Ob die Phänomene schon im Rahmen des traditionellen Erklärungsgebäudes verstanden werden oder nicht, ist dabei gleichgültig.

Wenn ich vom Ende des naturwissenschaftlichen Zeitalters spreche, so meine ich damit die Forderung, *beide* Fragenbereiche zur Kenntnis zu nehmen, also auch den Bereich der Sinnfragen. Damit wird die Naturwissenschaft in keiner Weise abgewertet oder in ihren Folgen geschmälert. Es bedeutet auch nicht Ende der Naturwissenschaft, sondern Wiederaufleben alles dessen, was durch die Naturwissenschaft und ihre Methode zunächst ganz bewußt ausgeklammert worden war. In bezug auf die Medizin bedeutet es, daß die Pluralität der Behandlungsmethoden anerkannt werden muß, daß in jedem Patienten immer sowohl ein Individuum als auch schon die ganze Menschheit gesehen wird, daß er niemals bloß als Mittel, sondern immer auch als sein eigener Zweck angesehen wird. Es bleibt der verantwortungsbewußten Freiheit von Arzt und Patient vorbehalten, in jedem konkreten Falle die Entscheidung für eine bestimmte Methode zu fällen, dabei aber weder auf unsere wunderbaren medizinischen Kenntnisse noch auf die viel wunderbarere menschliche Beziehung zwischen dem Kranken und seinem Helfer zu verzichten.

Scheren-Situationen

Im 6. Bericht der Weltgesundheitsorganisation über die Weltgesundheitslage in den Jahren 1973–77 heißt es:

»Der rapide Fortschritt der letzten Jahre, sowohl in biomedizinischem Wissen als auch in medizinischer Technologie, hat keine Parallele gefunden in einer Verbesserung der Weltgesundheit. Es klafft eine – vielleicht größer werdende – Lücke zwischen medizinischen Möglichkeiten einerseits und Verhütung und Heilung von Krankheiten andererseits. Sowohl in entwickelten als auch in unterentwickelten Ländern bleibt Armut die Wurzel der drückendsten Gesundheitsprobleme. Der traditionelle Weg zur Verbesserung medizinischer Versorgung mit seiner Betonung der Anwendung der Technologie in Spitälern zur Heilung akuter Krankheiten ausgewählter Patienten kommt mit massiven Gesundheitsproblemen armer Länder nicht zurecht und wird für reiche Länder zu teuer.«[1]

Diese nüchterne Feststellung, die eigentlich den naiven Erwartungen vollkommen widerspricht, weist schon auf eine Situation hin, die wir im menschlichen und vor allem zwischenmenschlichen Bereich oft als typisch erkennen: eine »Scheren-Situation«, die wir zunächst als ausweglos empfinden: dem rapiden Fortschritt in biomedizinischem Wissen und medizinischer Technologie einerseits steht andererseits die Erkenntnis gegenüber, daß er zu keiner Verbesserung der Weltgesundheitslage geführt hat. Es wäre nun völlig falsch, daraus zu schließen, daß etwa eine Verminderung des Fortschritts in biomedizinischem Wissen und medizinischer Technologie eine Verbesserung der Weltgesundheit erzielen könnte. Die Ausweglosigkeit besteht ja gerade darin, daß sowohl rapider Fortschritt als auch ein Stopp des Fortschritts offensichtlich zu dem gleichen Ergebnis führen, zu der ernüchternden Feststellung, daß keine Verbesserung der Weltgesundheitslage eingetreten ist. In seinem Lehrbuch über Klinische Chinesische Pharmakologie schreibt Porkert:

»Was es ermöglichte, im Westen die Heilkunde aus dem Stadium überwiegender Empirie und widersprüchlicher Spekulationen in das prinzipieller Wissenschaftlichkeit zu führen, war der Entschluß zur konsequenten Anwendung der kausalanalytischen Methode. Alle, ausnahmslos alle im Bereich der Medizin während der vergangenen 150 Jahre erzielten wissenschaftlich gesicherten Erkenntnisse und bahnbrechend neuen Entdeckungen sind die Folge der konsequenten Anwendung der kausalanalytischen Methode. Und angesichts der eindrucksvollen, um nicht zu sagen überwältigenden Ergebnisse solchen Vorgehens erscheint es nicht verwunderlich, sondern folgerichtig, wenn die Medizinforscher und Ärzte die kausale Analyse als die wissenschaftliche Methode schlechthin empfinden und sich auf diesem Wege um die immer weitere Ausdehnung der Erkenntnis bemühen. Denn es ist ihnen klar, daß bis heute erst der kleinere Teil des ärztlichen Handelns auf streng wissenschaftlicher Erkenntnis gründet; zugleich, daß die Anwendung der kausalanalytischen Methode im medizinischen Bereich von vornherein und mit fortschreitender Erkenntnis immer mehr auf Schwierigkeiten stößt.«[2]

Auch hier finden wir wiederum eine Scheren-Situation: Einerseits gründet erst der kleinere Teil des ärztlichen Handelns auf wissenschaftlicher Erkenntnis; andererseits stößt die Anwendung kausalanalytischer Methoden im medizinischen Bereich mit *fortschreitender Erkenntnis* immer mehr auf Schwierigkeiten. Und wieder sehen wir die ausweglose Situation: Schwierigkeiten werden mit fortschreitender Erkenntnis offenbar nicht kleiner, sondern größer.

Das Auftauchen einer solchen Scheren-Situation stürzt uns immer in eine Krise. Denn einerseits gabelt sich nun unser Weg wie die zwei Klingen einer Schere, und keine der beiden logischen Möglichkeiten führt zu dem gewünschten Ziel. Andererseits wird gewissermaßen das Band unserer Tradition, das uns Sicherheit durch bewährtes Handeln gibt, von eben dieser Schere zerschnitten. Es scheint, daß wir uns nur für eine der beiden logischen Alternativen entscheiden können, und doch wissen wir, daß keine zum Ziel führt. Dabei ist doch gerade die »kausalanalytische Methode« unter dem Banner angetreten, uns Entscheidungshilfen zu geben, indem sie durch immer feinere Analysen derartige ausweglose Scheren-Situationen ausschließt. Und nun scheint gerade diese Methode selbst in eine neue Schere zu führen. Wir müssen uns daher sowohl derartige Situationen als auch die kausalanalytische Methode der Naturwissenschaft etwas genauer ansehen.

Die zweiwertige Logik seit Aristoteles lehrt uns, daß von zwei einander widersprechenden Behauptungen eine falsch sein muß. Dabei wird auch gefordert, daß alle Begriffe eindeutig und klar definiert sind, daß sie alles das, was sie nicht einschließen, ausschließen. Sind die Behauptungen einander vollständig widersprechend, so muß sogar eine richtig sein, eine dritte Möglichkeit gibt es nicht (Satz vom ausgeschlossenen Dritten). Wenn wir diese Forderungen der Logik noch ergänzen durch den »Satz vom zureichenden Grunde«, wonach alles seinen Grund hat, warum es so ist, wie es ist, so haben wir damit in groben Zügen die kausalanalytische Methode charakterisiert.

Überall dort, wo es auf formale Betrachtungen ankommt, oder wo wir es mit toten Dingen zu tun haben, hat sich diese Methode in großartiger Weise bewährt. Wenn wir jedoch dieselbe Methode nicht nur auf formale Behauptungen, sondern auf allgemein menschliche Aussagen oder Bedürfnisse erweitern, so werden wir sehr bald feststellen, daß es für den menschlichen Bereich geradezu typisch ist, daß von zwei einander widersprechenden Bedürfnissen oder Aussagen beide eine gewisse Berechtigung oder einen gewissen Wahrheitsgehalt zeigen. Wir können natürlich unsere Augen verschließen und einfach annehmen, daß eine der Aussagen richtig, die andere falsch (oder eines der Bedürfnisse berechtigt, das andere unberechtigt) ist. In diesem Falle können wir weiterhin die formale Logik mit großem Erfolg anwenden. Sobald dieses »Absehen von dem Wahrheitsgehalt einer der Aussagen oder der Berechtigung eines der Bedürfnisse« jedoch am Wesen der betrachteten Sache vorbeigeht, geraten wir in eine jener ausweglosen Situationen (in eine jener Scheren), die wir besprochen haben.

Natürlich spielen solche ausweglosen Situationen im Denken aller Kulturen und auch in unserer philosophischen Tradition eine große Rolle. In der philosophischen Tradition unserer Kultur wird eine solche Situation durch das Auftreten einer sogenannten »Aporie« charakterisiert: Eine Aporie liegt vor, wenn von zwei einander widersprechenden Aussagen (oder Bedürfnissen) beide als wahr (oder berechtigt) angesehen werden müssen, soll am Wesen der Sache nicht vorbeigegangen werden, und wenn beide einander bedingen, so daß die formale Logik nicht mehr mit Erfolg angewandt werden kann. Logisches Denken reicht dann offensichtlich nicht mehr aus, um die Situation in ihrer ganzen Komplexität zu erfassen. Alternativen zum logischen Denken sind gefordert und in unserer Tradition auch in verschiedenster Form bekannt; das ganzheitliche Denken, das polare Denken, das integrale Denken und schließlich das dialektische Denken, das mir persönlich am nächsten steht, sind Versuche, Aporien zu bewältigen.

Ausweglose Situationen stellen aber viel weniger ein Problem für das Denken als vielmehr für das menschliche Handeln dar: Wie gehe ich – tätig lebend – mit Aporien um? Wir können auch die kausalanalytische Methode der Naturwissenschaft als eine mögliche Antwort auf diese Frage ansehen: Sie wendet die Logik *immer* an! Wie schon gesagt, führt dies in weitesten Bereichen menschlichen Handelns zu großartigen Erfolgen. Allerdings erhebt sich die Frage, wo wir die Grenze überschreiten, hinter der durch die Anwendung der Logik das Wesen einer Sache verlorengeht, hinter der sie also eigentlich nicht mehr sinnvollerweise angewandt werden kann.

Ich möchte noch auf einen großen Menschen des vornaturwissenschaftlichen Zeitalters hinweisen, der in unserer Sicht nicht nur als Naturforscher, sondern auch als Arzt gesehen werden kann: Paracelsus.

Der Geologe Müller-Salzburg beschreibt Paracelsus wie folgt: »Für Paracelsus sind Erde und Kosmos, wie auch Mensch und Welt, eine Einheit. Allem Physischen in der Welt und im Menschen entspricht ein Geistiges, das aber nicht getrennt und außerhalb besteht, sondern mit dem Körperlichen in unentwegter Wechselwirkung steht, ... aus dieser Schau leitet er alle Erkenntnisse und Entsprechungen ab, so wie er in der Medizin immer den ganzen Menschen betrachtet.« Und Paracelsus selbst sagt: »Nichts ist im Himmel noch auf Erde, das nicht im Menschen sei, ... denn Gott, der im Himmel ist, der ist im Menschen. Denn wo ist der Himmel, als der Mensch? Wir sind auch Götter, darum daß wir seine Kinder sind; aber der Vater selbst sind wir nicht.

Aus dem Geist wachsen die sinnreichen, kunstreichen Leut. Der Mensch ist über alle Tier begabt mit viehischer Vernunft. Er ist mehr als ein Wolf und doch ein Wolf. So wir im selbigen Buch nicht erfahren sind, so sind wir mit sehenden Augen blind.«[3]

Schon die Sprache des Paracelsus weist uns auf jene Aporien hin, denen wir im menschlichen Bereich ständig begegnen. Nach vier Jahrhunderten Siegeszug des naturwissenschaftlichen Zeitalters fällt es uns heutigen Menschen oft schwer, solche widersprüchlichen Aussagen in ihrem ganzen umfassenden Sinn zu verstehen. Und doch gründet nicht nur unsere Kultur auf dialektischem Denken, in allen anderen Kulturen finden wir ähnliche Ansätze; ich möchte nur auf vedische oder taoistische Traditionen in Asien hinweisen. Und wer könnte die Worte des Jesus von Nazareth ihrem Sinngehalt nach begreifen, geschweige denn leben, wollte er sie nach den Kriterien der aristotelischen Logik analysieren? »Die ersten werden die letzten sein – wer an mich glaubt, der glaubt nicht an mich, sondern an den, der mich gesandt hat – wer sein Leben retten will, wird es verlieren; wer aber sein Leben um meinetwillen und um der Freudenbotschaft willen verliert, wird es retten.«

Paracelsus war ganz offensichtlich ein begnadeter Mensch; seine in sich widersprüchlichen Aussagen drücken die Erkenntnisse aus, die er uns aus seinem ganz persönlichen Verständnis heraus vermittelt. Und dies weist auf einen entscheidenden Unterschied zwischen logischem Denken und allen Alternativen hin: Logisches Denken ist erlernbar, jedem in *gleicher Weise* zugänglich, ja sogar formalisierbar und von Maschinen ausführbar. Das Umgehen mit Aporien kann nicht in gleicher Weise erlernt werden, es erfordert Üben! Es ist daher vielleicht eher einer Kunst vergleichbar als einer Wissenschaft. Ich bin mir natürlich voll bewußt, daß Mathematik ebensowenig ohne Üben gelernt werden kann, wie Klavierspielen ohne alles Lernen erübt werden kann. Aber die Gewichte sind doch entscheidend anders verteilt, und in diesem Sinne möchte ich die Analogie verstanden wissen. Gerade in unserer Zeit halte ich es wieder für sehr wichtig, darauf immer wieder hinzuweisen, daß es wesentliche menschliche Fähigkeiten und Entfaltungsmöglichkeiten gibt, die nicht erlernt, sondern geübt werden müssen. Vielleicht sind gerade für das Glücken eines menschlichen Lebens die zu übenden Fähigkeiten entscheidender als die zu erlernenden.

Wir können die Methode der Naturwissenschaft, wie sie von

Galileo Galilei begründet und von vielen großen Männern weiterentwickelt wurde, als Antwort auf eine Scheren-Situation ansehen, die mit dem ersten Menschen in unserer Welt auftauchte: dem Gegensatz zwischen Erklärung und Erfahrung oder zwischen Theorie und Praxis. Der Mensch zeichnet sich ja gerade dadurch unter den Tieren aus, daß er die Erfahrungen seiner Sinne im Geiste reflektiert und zu erklären sucht. Es ist ganz offensichtlich, daß in diesem Gegensatz viele Aporien enthalten sind: Die Philosophie-Geschichte aller Zeiten und Völker ist ein lebendiger Beweis für den Kampf um den Vorrang einer der beiden Seiten.

So hat es auch immer wieder philosophische Strömungen gegeben, die einer der beiden Seiten eindeutig den Vorrang geben wollten; so hieß es etwa im englischen Empirismus: »Nichts ist im Geiste, was nicht vorher in der Erfahrung war« (Locke). Dieser Behauptung widersprach Leibniz in so schön dialektischer Weise: »Nichts ist im Geiste, was nicht vorher in der Erfahrung war, außer der Geist!«

Ich glaube, daß der dialektische Widerspruch zwischen Theorie und Erfahrung (oder Welterklärung und Erfahrung) auch heute noch Triebfeder für alle erkenntnistheoretischen Bemühungen ist. Der bedeutsame Schritt des Galileo Galilei bestand aber darin, die Unvereinbarkeit beider Seiten *zur Kenntnis zu nehmen*! Wenn wir – so sagt Galilei – sowohl vom umfassenden Anspruch der Theorie als auch vom umfassenden Anspruch der Erfahrung Abstriche machen, dann können wir zu einer Vermählung der beiden Konfliktseiten gelangen, die den Widerspruch zwischen ihnen zwar nicht ausschaltet, aber so in einer Synthese aufhebt, daß er uns Fortschritt in der Welterklärung bringt.

Diesen gewaltigen Schritt müssen wir nun näher untersuchen. Was waren die Abstriche, die Galilei von Theorie und Erfahrung machte, um die Synthese der Naturwissenschaft zu erreichen? Nur jene Teile der Erfahrung, die quantifizierbar sind, die für alle Menschen zu allen Zeiten in gleicher Weise zutreffen, die also reproduzierbar oder intersubjektiv sind, und die ferner isoliert betrachtet werden können, sollten in Hinkunft als Bausteine für die Welterklärung zugelassen werden.

Nicht mehr die unmittelbar menschliche Erfahrung, sondern das Experiment, das eben in dieser Weise charakterisiert werden kann, wird zur Basis der neuen Wissenschaft. In diesem Sinne ist die Naturwissenschaft keine Erfahrungswissenschaft, sondern experimentelle Wissenschaft. Kein Forscher wird in seinem Laboratorium trachten, Erfahrungen zu sammeln, sondern er wird dort Experimente machen.

So wie die Erfahrung innerhalb der Naturwissenschaft auf das Experiment reduziert wird, so wird die allgemeine Welterklärung (oder umfassende Theorie) auf das Modell reduziert. Nicht mehr die gesamte Realität soll beschrieben werden, es soll ein Modell von ihr hergestellt werden, das den Gesetzen der aristotelischen Logik gehorcht. Begriffe müssen eindeutig definiert sein, alle Aussagen müssen in sich widerspruchsfrei sein und alles muß begründbar sein. Um den Preis, daß wir es nun nicht mehr mit allgemein menschlicher Erfahrung und nicht mehr mit einer Erklärung der Welt, in der wir Menschen leben, zu tun haben, ist es Galilei also gelungen, das Weltmodell (das wir heute manchmal wieder Theorie nennen) und das Experiment (das wir heute manchmal auch als Empirie-Erfahrung bezeichnen) zur Synthese zu führen, die den gewaltigen Weg der Naturwissenschaft bis in unsere Zeit ermöglicht hat. Nach wie vor besteht der Widerspruch zwischen Modell und Experiment!

Jeder tätige Naturwissenschaftler kann viel davon berichten, wie notwendig und fruchtbar der Streit zwischen Experimentatoren und Theoretikern für die Entwicklung der Naturwissenschaft ist. Aber Modell und Experiment stehen nicht nur gegeneinander, sie unterstützen einander auch: Denn nur solche Modelle werden innerhalb der Naturwissenschaft als sinnvoll zugelassen, die nicht einfach vorhandene experimentelle Ergebnisse erklären, sondern die darüber hinaus imstande sind, neue Experimente vorzuschlagen und ihren Ausgang vorherzusagen. Damit wird die Theorie oder das Modell aus dem Experiment geboren, gleichzeitig aber Ahne neuer Experimente, die wiederum die Theorie verändern und verbessern können usw. Der Widerspruch zwischen Modell und Experiment ist »aufgehoben« in des Wortes doppelter Bedeutung. Er ist »aufgehoben—bewahrt« im Konflikt zwischen Modell und Experiment; er ist »aufgehoben – beseitigt« in der gegenseitigen Befruchtung von Modell und Experiment. Und dadurch ist er auch »aufgehoben auf eine höhere Ebene«: Es entstand etwas völlig Neues: eben die »nuova scienza«, die Naturwissenschaft.

Wir wollen im folgenden versuchen, diese großartige Leistung in einem Schema zu charakterisieren:

Theorie (Erklärung) ←→ Erfahrung

eindeutig			quantitativ
widerspruchsfrei			isoliert
begründbar	↓	↓	intersubjektiv

Modell ←→ Experiment

↓

Naturwissenschaft

Es kann nicht genug betont werden, daß durch diese Synthese der ungeheure Fortschritt, der im Abendlande seit Galilei möglich war, geboren wurde. Aber es muß ebenso stark betont werden, daß dieser Fortschritt bereits in seiner Geburtsstunde mit einem Preis erkauft wurde: der Reduktion der allgemeinen Erfahrung auf das Experiment und der Einschränkung der allgemeinen Erklärung auf das logische Modell. Galilei selbst charakterisierte diesen Preis in seiner Auseinandersetzung mit der Kirche, als er sagte: »Nicht wie wir uns dem Himmel zu bewegen, sondern wie die Himmel sich bewegen« soll in der »nuova scienza« die Fragestellung lauten. Damit spaltete er den Begriff Himmel in den von der Naturwissenschaft erfaßbaren Teil und den Rest, der zwar für den Menschen vielleicht viel unmittelbarer interessant, aber eben nicht quantitativ, intersubjektiv, isoliert erfaßbar und nicht eindeutig, widerspruchsfrei, begründbar einzuordnen ist.

Folgerichtig war es auch zunächst die Himmelsmechanik, in der die neue Wissenschaft ihren Siegeszug begann. Andere Gebiete der Physik folgten; etwa zur Zeit der Französischen Revolution wurde die Chemie der Naturwissenschaft eingegliedert, als Lavoisier die Messung in die Chemie einführte. Durch den Sieg der Mechanisten über die Vitalisten wurde auch die Biologie zur Naturwissenschaft und heute wird der Streit, ob Messen und Analysieren einerseits, Eindeutigkeit, Widerspruchsfreiheit und Begründbarkeit andererseits hinreichen, in Gebieten wie Psychologie, Politologie oder Soziologie ausgefochten. Während es sich in diesen Gebieten um relativ akademische Streitigkeiten handelt, ist derselbe Streit in der Medizin in ein akutes Stadium getreten: Sind es doch hier Fragen, die den Menschen als Patienten und als Arzt unmittelbar bewegen müssen.

Die Schere zwischen Theorie und Praxis oder Welterklärung und Erfahrung, um deren Bewältigung sich Kulturen in jeweils verschiedener Weise bemühen, hat ihre Entsprechung im Leben des individuellen Menschen im oben angesprochenen Konflikt zwischen Denken und Handeln. Wie oft treffen wir doch auf Menschen, die in wohlgesetzter Sprache erklären können, was für das Leben und seine Gestaltung gut und weniger gut ist, was Glück und Erfüllung bringt und dergleichen mehr, die aber offensichtlich in ihrem eigenen Leben nicht imstande sind, diese Ideen handelnd in die Tat umzusetzen. Umgekehrt gibt es viele Menschen, die sehr wohl auf ihrem Lebensweg ein ausgeglichenes harmonisches Dasein verwirklichen, ohne sich über das Wie und Warum gedanklich Rechenschaft geben zu können oder auch nur zu wollen. Ich halte es nicht für sinnvoll, die eine oder die andere Lebensweise allgemein zu bewerten. Vielmehr halte ich es für wichtig, sich klarzumachen, daß die Spaltung, von der wir im vorigen Abschnitt gesprochen haben, auch hier im individuellen Leben ihre Entsprechung hat.

Ganz offenbar gilt es, zwei Bereiche zu unterscheiden: Jenen Bereich, in dem eine allgemein verbindliche oder allgemein akzeptierte Theorie, ein Modell, eine Konvention, eine Norm – kurz eine allgemeine Wahrheit vorliegt, aus der die »richtigen« Entscheidungen, Handlungen, Taten denkend abgeleitet werden können. Sicherlich ist dies in allen Bereichen, die von der Naturwissenschaft bereits modellmäßig erfaßt wurden, ebenso der Fall wie in allen Bereichen der Technik, aber auch der Gesetze. Ganz allgemein können wir diesen Bereich als den Bereich der Rationalität, der Logik, der »Beobachter-Ding«-Beziehung auffassen.

Darüber hinaus gibt es aber eben noch jenen Bereich, der durch die Galileische Reduktion grundsätzlich nicht erfaßt wurde: den Bereich der schillernden Widersprüchlichkeiten und Konflikte, der Ambivalenzen und der Individualität. Während es immer möglich sein muß, für den störungsfreien Betrieb einer Maschine die richtigen Handlungen (eine Betriebsanleitung) anzugeben, ist es wohl ausgeschlossen, etwa für die »richtige Gestaltung« einer zwischenmenschlichen Beziehung Regeln aufzustellen. Es ist jener Bereich, in dem erst durch das Leben, durch die Tat, durch die Handlung, durch die Entscheidung eine neue Wahrheit entsteht. Daher gehört in diesen Bereich nicht nur die Vielfalt der zwischenmenschlichen Beziehungen, auch die Forschung zähle ich dazu, da durch neue Experimente und neue Ergebnisse die bestehende Wahrheit wieder um ein Stück erweitert wird, eine neue Wahrheit eben erst folgt. Es ist der Bereich der »Ich-Du-Beziehung«, aber auch der Bereich der Emotionalität und der Bereich des Lebens.

Während der erste Bereich von der Logik beherrscht wird, müssen wir hier mit Widersprüchen fertig werden. Und wenn wir an Hegels Ausspruch denken: »Etwas ist lebendig nur insoferne es den Widerspruch in sich enthält«, so erkennen wir, daß der Preis für die Sicherheit der möglichen Ableitung der Entscheidung aus einer gegebenen Wahrheit das Leben selbst ist. In diesem Bereich gilt es, wie Hegel sagt: »Den Widerspruch in sich zu fassen und auszuhalten«! »Tod« und »Leben« möchte ich hier in dem Sinne verstanden wissen, in dem es heißt: »Wir wissen, daß wir aus dem Tode zum Leben gekommen sind, weil wir die Brüder lieben. Wer keine Liebe hat, bleibt im Tode« (1. Joh. 3,14).

Es ist wichtig, sich klarzumachen, daß es im Bereich der Logik keine echte Verantwortung gibt. Dort gilt es, über genügend *Wissen* zu verfügen, um die richtigen Entscheidungen ableiten zu können. Es gilt, Experten zu finden und einzusetzen. Es gilt zu lernen, aber auch sich zu spezialisieren. Sorgfaltspflicht wird sehr wohl verlangt, können doch die Folgen einer falsch abgeleiteten Entscheidung in unserer hochspezialisierten Welt ungeheure Ausmaße annehmen.

Wir haben zwischen zu erlernenden und zu erübenden Fähigkeiten unterschieden. In gewisser Weise stimmt diese Unterscheidung mit der nun genauer getroffenen Unterscheidung der beiden Bereiche überein. Die Ableitung der richtigen Entscheidung aus einer gegebenen Wahrheit ist zu erlernen – verantwortliche Entscheidungen zu fällen, die zu neuen Wahrheiten führen, muß jedoch geübt werden.

Das naturwissenschaftliche Zeitalter ist charakterisiert durch einen ungeheuren Siegeszug des Bereiches der Logik. Wie in einem Eroberungsfeldzug werden immer neue »Kolonien« dem Bereich der Logik eingegliedert, und schließlich gipfelt der Siegeszug in der Annahme, die Unterscheidung der beiden Bereiche sei nur vorläufig, irgendwann werde einmal *alles* dem Bereich der Logik unterworfen sein. Die Annahme ist gleichbedeutend mit dem Glaubenssatz, daß das Modell die Wirklichkeit immer besser erfaßt und schließlich ganz mit ihr identisch sein wird. Mit anderen Worten, der bewußte Verzicht am Anfang dieses Zeitalters stellte sich demnach als nur scheinbar heraus, wir hätten nicht wirklich etwas ausgeklammert, sondern nur vorläufig zurückgestellt.

Wenn ich vom Ende des naturwissenschaftlichen Zeitalters spreche, so meine ich damit ganz einfach das allgemeine Bewußtwerden der Existenz dieses zweiten Bereiches. Damit wird die Naturwissenschaft in keiner Weise abgewertet oder in ihren Erfolgen geschmälert, aber ihr ungerechtfertigter Absolutheitsanspruch wird in die Schranken gewiesen. Ende des naturwissenschaftlichen Zeitalters kann daher nicht Ende der Naturwissenschaft bedeuten, sondern Wiederaufleben alles dessen, was durch die Naturwissenschaft und ihre Methode zunächst ganz bewußt ausgeklammert worden war. Dazu kommt aber als ganz wesentliches Element die Einsicht, daß diese Bereiche nicht einfach nebeneinander wie bei einer doppelten Buchführung in scheinbar friedlicher Koexistenz gehalten werden können. Es ist vielmehr wichtig, sich klarzumachen, daß die Frage der Grenzziehung zwischen den beiden Bereichen selbst eine Frage des zweiten Bereiches ist: d. h. daß aus keiner wie immer gearteten Wahrheit abgeleitet werden kann, wann ich in einer konkreten Situation selbstverantwortlich entscheiden muß und wann ich diese Entscheidung einem Experten zu delegieren habe. Denn selbst wenn ein Gesetz vorgäbe, diese Entscheidung zu regeln, bleibt es noch immer meiner persönlichen Verantwortung überlassen, mich diesem Gesetz zu unterwerfen oder frei davon zu bleiben.

Vor dieser Entscheidung steht jeder Mensch, vor dieser Entscheidung steht aber vielleicht der Mediziner in besonders erkennbarer Weise, weil seine Tätigkeit die Tätigkeit eines

Experten sein muß, trotzdem aber nicht auf den zwischenmenschlichen Bereich, den Bereich der Ich-Du-Beziehung (oder Arzt-Patienten-Beziehung) verzichten kann.

Es gilt, weder diesen Widerspruch zu verniedlichen noch ihn einseitig abzuspannen; es gilt vielmehr, sich ständig diesem Widerspruch zu stellen, ihn in sich zu fassen und auszuhalten. Diese Forderung hat Kant[4] in seinem praktischen Imperativ so formuliert: »Handle so, daß du die Menschheit sowohl in deiner Person als in der Person eines jeden anderen jederzeit zugleich als Zweck, niemals bloß als Mittel brauchest.« Angesichts der Größe des Problems möchte ich aber doch versuchen, in einigen Punkten konkretere Hinweise möglicher Denkrichtungen zu geben. Das, was durch die kausalanalytische Methode ausgeklammert wird, ist u. a. alles, was nicht widerspruchsfrei beschrieben werden kann und was eines ganzheitlichen Erfassens bedarf. Im Hinblick auf die Krankheit bedeutet dies, daß für jede Krankheit eine Ursache gefunden oder postuliert werden muß, soll sie in den Bereich naturwissenschaftlicher Methodik fallen. Daß damit aber in vielen Fällen einem menschlichen Krankheitsbegriff Gewalt angetan wird, ist wohl nicht von der Hand zu weisen. Im Sinne der naturwissenschaftlichen Methodik muß dann freilich auch die Heilmethode kausal begründbar und reproduzierbar sein; was in dieser Hinsicht nicht eingeordnet werden kann, wird dann gemeiniglich mit dem Pauschalbegriff »Placebo-Effekt« ausgeklammert.

Ich möchte noch konkreter werden und *eine mögliche Denkweise* angeben, die den Begriff der Krankheit auch jenseits der Grenze kausalanalytischen Denkens erfassen könnte, und bin mir im klaren, daß ich nun sehr leicht mißverstanden werden kann. (Es ist ja gerade eine jener Eigenschaften naturwissenschaftlicher Denkweise, exakt zu sein und damit Sicherheit zu verleihen. Wer die Grenzen überschreiten will, muß bewußt auf diese Sicherheit verzichten!)

Während nach der Denkweise der Logik »gesund« und

»krank« zwei verschiedene Zustände sind, die einem Entweder-Oder unterliegen, können wir sie in einer dialektischen Denkweise als gemeinsame Zustände betrachten, die nicht statisch beschrieben werden können; der gesunde Mensch ist dann deshalb gesund, weil er sich selbst ständig heilt. Der kranke Mensch ist dann durch einen Widerspruch zu charakterisieren: Wie jeder Mensch kann er sich nur selber heilen, weil er aber krank ist, kann er sich nicht mehr selber heilen. Dies ist aber nicht Spitzfindigkeit des Denkens, sondern es führt zu einer grundsätzlich anderen Einstellung dem Kranken gegenüber: Der Arzt ist dann nicht mehr dazu da, den Kranken zu heilen, sondern er muß dem Kranken helfen, sich selbst zu heilen. Ich glaube, daß damit in aller Kürze die Grundeinstellung etwa einer chemischen Therapie und vieler Naturheilverfahren (ich denke in erster Linie an Homöopathie, aber auch Akupunktur usw.) einander deutlich gegenübergestellt sind.

Eine der Schwierigkeiten im Umgang mit der Grenze zwischen den zwei Bereichen habe ich beschrieben: Sie trennt nicht verschiedene Gebiete, sondern es ist unserer freien Entscheidung überlassen, wie wir uns verhalten. Daher kann es auch niemals eine Alternative zwischen klassischen schulmedizinischen Verfahren und alternativen Methoden geben, die beiden müssen einander ergänzen. Dies führt aber zu einer erhöhten Verantwortung von Arzt und Patient, weil in jedem einzelnen Fall zuerst entschieden werden muß, welches Verfahren (welche »Denkweise«) am besten heranzuziehen ist. Immer wird es hier Fehler geben, die von den einzelnen Individuen verantwortet werden müssen, während der kollektive Ausschluß aller alternativen Methoden nicht individuell verantwortet werden muß, auch wenn er zu unerwünschten Konsequenzen führt. Ich glaube aber, daß es unsere Aufgabe ist, die Herausforderung der Freiheit anzunehmen; dies heißt in allen Bereichen – daher auch im Bereich der Medizin – größere Verantwortung, weniger Sicherheit, aber ein erfüllteres Leben.

Während das Ziel ärztlichen Wirkens die Wiederherstellung eines gesunden, ganzen Menschen sein wird, muß die wissenschaftliche Methode notwendigerweise teilen, absehen, sich auf die Krankheit beschränken. Vielleicht können wir diese »Schere« am besten verdeutlichen, wenn wir uns den Unterschied zwischen »Heilen« und »Behandeln« klarmachen. »Heilen« zielt auf den ganzen (heilen) gesunden Menschen. »Behandeln« (be-*handeln)* heißt tätig sein an einem kranken Organ oder an Krankheitserregern. Heilen ist ohne Behandlung nicht möglich, aber Behandlung verhindert Heilung, weil sie *notwendigerweise* auf den Teil beschränkt werden muß. Darin besteht der große Widerspruch, dem sich jeder Arzt stellen muß, um ihn aufzuheben. Es ist auch die Aporie, die in der Scherensituation unserer einleitenden Betrachtungen durchscheint.

Während es also gilt, heilen und behandeln zur Synthese zu führen, könnte uns die logische Tradition verleiten, nur eine Seite der Aporie absolut zu setzen. »Heilen ohne Behandlung« wäre der Versuch, unter Verzicht auf kausalanalytische Methoden nur aufgrund der Wirkung einer starken Persönlichkeit Gesundheit wiederzuerlangen. »Heiler« oder gar »Wunderheiler« werden solche »Ärzte« darum auch genannt. In extremen Fällen kann dies dazu führen, daß die eigentliche Krankheit nicht einmal erkannt wird. »Immer nur behandeln« (ohne zu heilen) wäre die andere Seite, die im Zweifelsfalle noch mehr Meßdaten verlangt, noch spezialisiertere Fachärzte einsetzt und die in extremen Fällen zur Verwirklichung des bekannten Spruches führen kann: »Behandlung erfolgreich, Patient tot!«

Die Synthese, eine heilende Behandlung (oder behandelnde Heilung) kann daher weder auf kausale Analyse verzichten noch darin bereits das Ziel sehen. Sie wird den ganzen Menschen im Auge behalten und trotzdem kranke Organe oder Krankheitserreger isolieren. Sie wird – wie Kant fordert – im Patienten nicht nur ein Individuum, sondern immer schon die Menschheit sehen, ihn niemals bloß als Mittel (zu Versuchen oder Experimenten), sondern immer auch als Zweck selbst erkennen. Die schneidende Aporie liegt eben darin, daß dies weder heißen kann, niemals Versuche am Patienten auszuführen, noch solche Versuche jederzeit ausführen zu dürfen. Daß es aber auch keine Frage der Optimierung sein kann, wieviel kausale Analyse (oder Zuziehen von Spezialisten) gerade richtig ist. Es bleibt der verantwortungsbewußten Freiheit von Arzt *und* Patient vorbehalten, in jedem konkreten Falle nach dem wahren Maß zu streben. Eines aber können wir allgemein feststellen: Ein Abmauern der kausalanalytischen Methode gegen alles Neue, noch nicht so Abgesicherte, ist mindestens ebenso unverantwortlich wie eine »Heilung« ohne medizinische Kenntnisse.

Krankheit ohne Norm

Solange die Menschheit in allen Kulturen noch im mythischen Zeitalter lebte, war das jeweilige »Weltbild« keiner kritischen Überprüfung ausgesetzt. So konnte etwa die Sonne zugleich ein Gott sein, der mit seinem Wagen täglich über das Firmament fuhr, um nachts im Meer zu baden und anderntags wieder aufzutauchen, und jene Quelle von Licht und Wärme, ja auch von Rötungen der Haut oder Verbrennungen, die tatsächlich mit den Sinnen erfahren wurde. Als den Menschen in einigen Kulturen jedoch Widersprüche in ihrem Weltbild bewußt wurden, war ein Schritt aus der Geborgenheit und Sicherheit naiver Weltbetrachtung getan, der nicht mehr rückgängig gemacht werden konnte. Karl Jaspers[1] spricht für diese Zeit vom »Erwachen des eigentlich menschlichen Geistes« und dem Ende des mythischen Zeitalters, das durch Ruhe und Selbstverständlichkeit geprägt war.

Es ist eine bemerkenswerte Tatsache, daß dieser Zeitpunkt in der Entwicklung aller sogenannten »Hochkulturen« etwa gleichzeitig vor zweieinhalb Jahrtausenden eintrat. Karl Jaspers spricht darum von der »Achsenzeit der Menschheit«. In dieser Zeit wurden in wenigen Generationen die Spielregeln des »richtigen Denkens« festgelegt und bis zum heutigen Tage beibehalten. Innerhalb jeder Kultur berufen sich Philosophen und Gelehrte auf jene Zeit, wenn sie ihr eigenes Denken analysieren.

Bei uns ist es die Logik des Aristoteles, die unseren Denkrahmen geprägt hat.

Es ist eine Besonderheit der abendländischen Kultur, daß im 17. Jahrhundert der Denkrahmen der Achsenzeit noch einmal bedeutend erweitert wurde durch die Erfindung der Naturwissenschaft. Bei der Erstellung eines »Weltbildes« im Hinblick auf die materiell gegebene Realität genügt nämlich nicht die Konsistenz der Beschreibung, es bedarf auch eines Kriteriums für die Stimmigkeit der Aussagen, seit Galileo Galilei ist dies das Experiment.

Ausgehend von der Konstruktion der physikalischen Wirklichkeit hat sich dieser Denkrahmen über Chemie, Biologie und andere Naturwissenschaften bis hinein in die Psychologie und die Medizin verbreitet und überall zunächst großartige Erfolge gebracht. Dies ist so selbstverständlich geworden, daß heute niemand in unserer Kultur zögert, beim Aufkommen eines schlechten Gefühls zunächst ein Fieberthermometer zur Hand zu nehmen und die Temperatur zu messen. Da gerade bei einer Messung der Temperatur keine größeren statistischen oder systematischen Fehler zu erwarten sind, sind damit im allgemeinen die beiden ersten Forderungen des Denkrahmens befriedigt. Freilich genügt dies im allgemeinen noch nicht zur eindeutigen und widerspruchsfreien Feststellung der Diagnose, geschweige denn der Ursache der Abweichung von der Norm. Dazu sind im allgemeinen weitere Meßdaten erforderlich, und unsere moderne Medizin hat ja einen gewaltigen Katalog von möglichen Messungen und den im Normfall zu erwartenden Meßergebnissen zusammengestellt. Krankheit ist dann definiert als Abweichung mindestens eines Meßwertes von der Norm. Daß Individuen, die sich subjektiv krank fühlen, bei denen aber alle gemessenen Werte innerhalb der Norm liegen, heute nicht mehr als Hypochonder, sondern als psychisch Kranke bezeichnet werden, ist eigentlich schon eine erste Anerkennung der Grenzen und Möglichkeiten eines gegebenen Denkrahmens.

Nach der abendländischen Logik wird ein Begriff definiert durch Einschluß alles dessen, was er bezeichnet, und Ausschluß alles anderen. Wenn wir dies auf den Denkrahmen selbst anwenden, wird sofort klar, daß ein Denkrahmen nicht universell geeignet sein kann, alle Phänomene und Aspekte der uns entgegentretenden Welt oder gar der eigenen Vorstellungen und Wünsche des Ich zu erfassen, weil notwendigerweise das »Andere« ausgeschlossen bleibt. Fragen wir uns ganz speziell, was der Denkrahmen der Naturwissenschaft *nicht* adäquat erfassen läßt. Dazu brauchen wir bloß die sechs Forderungen noch einmal durchzugehen und das jeweils Ausgeschlossene anzuführen. Demnach eignet sich der Denkrahmen der Naturwissenschaft nicht zur Beschreibung des:

1. Qualitativen
2. Einmaligen
3. Vernetzten und Zusammenhängenden
4. Offenen, Bunten, Kreativen
5. Lebendigen
6. Spontanen oder Zielorientierten.

Wir werden wohl einsehen müssen, daß es sich dabei gerade um jene Eigenschaften handelt, die für die Einmaligkeit des Menschen (und damit nach Kant für seine Würde) maßgebend sind. Wir werden daher erwarten, daß die Erfolge einer naturwissenschaftlich orientierten Medizin in erster Linie dort liegen, wo sich Krankheit als materielle Veränderung in Raum und Zeit fassen läßt (also insbesondere dort, wo chirurgische Maßnahmen zu Heilerfolgen führen). Als nächstes werden wir Erfolge dort erwarten können, wo die Ursache einer Krankheit eindeutig feststellbar ist, also z. B. bei der Vermeidung oder der Ausrottung von Epidemien oder Infektionskrankheiten (Pocken!). Je weiter wir jedoch in dem Bereich kommen, in dem der Mensch als unauswechselbares Individuum wesentlich wird, um so weniger erfolgsträchtig wird die naturwissenschaftlich orientierte Medizin sein. Dies betrifft in erster Linie den gesamten Bereich jener Krankheiten, bei denen die Seele und/oder der Geist nicht ausgeklammert werden können, also den Bereich sozialer Krankheiten oder psychosomatischer Erkrankungen. Es wäre meines Erachtens nun fatal, aus diesem Grunde nach einem »Paradigmenwechsel« zu rufen. Denn die großartigen Erfolge der naturwissenschaftlich orientierten Medizin dürfen ja weder vergessen noch verniedlicht werden. Wir sind auch in Zukunft auf sie angewiesen. Daher stehen wir vor der viel schwierigeren Aufgabe, außer dem naturwissenschaftlichen Denkrahmen Alternativen zuzulassen, wobei wir uns in jedem einzelnen Fall dann für einen bestimmten Denkrahmen verantwortungsbewußt entscheiden müssen (und zwar Arzt *und* Patient). Verantwortungsbewußt heißt hier, daß eine derartige Entscheidung im nachhinein nicht mehr korrigiert werden kann und daß wegen der notwendigen Wahl des *Denkrahmens* die Heilungschancen verschiedener Methoden von vornherein nicht objektiv gegeneinander abgewogen werden können, da dies immer nur innerhalb eines Denkrahmens möglich ist.

Ehe sich der Denkrahmen der Naturwissenschaft bis in die Medizin hinein durchsetzen konnte, war selbstverständlich auch in unserer Kultur ein anderer Krankheitsbegriff öffentlich anerkannt. Heinrich Schipperges[2] beschreibt den Gesundheitsbegriff, den Novalis um 1800 vertrat, den Gesundheitsbegriff im Denkrahmen der Polarität: »Sinn und Kraft sind in einer bestimmten Sphäre polar. Was jenen erhöht, vermindert diese, und was diese vermehrt, stumpft jenen ab.« Krankheit ist demnach nicht Abweichen von der Norm, »Krankheit ist Zwist der Organe«, und Schipperges kommentiert dies: »Nicht der normale, der naturhaft bestimmte Mensch ist demnach das Maß der Gesundheit, sondern der Mensch auf der Höhe der freien Verfügbarkeit seiner Kräfte, der Mensch in einem Zustand, den er nur durch stetige Steigerung der polaren Grundverhältnisse erreichen und halten kann.«

Im Gegensatz zu unserer Kultur hat sich der Denkrahmen der Polarität im Fernen Osten besonders durchgesetzt. Johann Wolfgang von Goethe ist mit seinem Versuch, in seiner Farbenlehre dem Denkrahmen der Naturwissenschaft am Beispiel des Lichtes ein polares Denken entgegenzusetzen, vermutlich deshalb nicht allgemein durchgedrungen, weil die Menschen des Abendlandes an den Denkrahmen der Naturwissenschaft mit Recht so viele Hoffnungen knüpften, daß sie zunächst die »Ernte in die Scheune bringen wollten«.

Wir scheinen historisch an einem Zeitpunkt in der Geschichte der Menschheitsentwicklung zu stehen, in dem in diesem Sinne »die Scheune voll« ist und in dem es gilt, andere Denkrahmen wieder zuzulassen. Mit der Anerkennung der Akupunktur ist dies in bezug auf den Denkrahmen der Polarität sicherlich bereits geschehen.

Ein dritter Denkrahmen ist der der Dialektik, bei den alten Griechen verkörpert durch Heraklit und Sokrates, im alten China durch die Taoisten, vor allem Laotse und Dschuang-dsi. Im Denkrahmen der Dialektik wird angesichts einer bestimmten Aufgabe zunächst nach den wesentlichen Widersprüchen gefragt, die nicht eliminiert werden können, soll das Lebendige dieses Gegenstandes nicht verlorengehen. In bezug auf den Menschen wäre dies etwa der große Widerspruch zwischen Geist und Materie (oder – etwas abgewandelt – Körper und Seele), den wir so beschreiben können, daß die materielle Wirklichkeit eines Menschen schon alles erfaßt (weder Geist noch Seele können irgendwo in Raum und Zeit »nachgewiesen« werden), ohne daß damit das Wesentliche des Menschen auch nur näherungsweise erreicht werden könnte. Dies ist ja auch der Grund für die Schwierigkeit der eindeutigen Definition des Todes eines Menschen, da bei Elimination dieses Widerspruches zwischen lebendigem Leib und Leichnam vor dem Eintritt chemischer Veränderungen kein Unterschied gemacht werden kann.

Der dialektische Denkrahmen versucht diese wesentlichen Widersprüche zu einer Synthese zu führen, in der sie nicht eliminiert, wohl aber »aufgehoben« sind und damit ihre zerstörende Wirkung (zumindest für eine gewisse Zeit) verlieren. In jeder Synthese entsteht dabei etwas Neues, was dem Prozeß des Lebens viel eher entspricht als das Errichten eines – wenn auch noch so großen – widerspruchsfreien Gebäudes, das eben immer starr und damit tot bleibt. Es scheint mir empfehlenswert, zu untersuchen, inwieweit der Krankheitsbegriff der Homöopathie sich im Denkrahmen der Dialektik am besten formulieren läßt.

Vom Widerspruch zur Alternative

Nach der Auffassung des Konstruktiven Realismus ist die von der Naturwissenschaft dargestellte Wirklichkeit eine Konstruktion; diese Konstruktion ist aber nicht beliebig, sondern sie kann zur Realität in Widerspruch geraten, wobei diese Widersprüche durch die naturwissenschaftliche Tätigkeit zu eliminieren sind (Widerspruch zwischen Theorie und Experiment!). Die so beschaffene Konstruktion darf aber *nicht* mit einem Abbild oder einer direkten Darstellung der Realität verwechselt werden. Auch ist der naturwissenschaftliche Fortschritt nicht als »Annäherung an die Wahrheit« oder etwas Ähnliches zu verstehen. Die Konstruktion ist immer von Menschen alleine geschaffen, der physikalische (oder naturwissenschaftliche) Fortschritt bedeutet nicht eine Annäherung an die »Wahrheit«, sondern ist vielmehr als eine stetige Verbesserung und ein laufender Ausbau dieser Konstruktion zu verstehen, wobei »Ausbau« dabei bedeutet, daß immer mehr Gebiete und Nischen in die Konstruktion aufgenommen werden; »Verbesserung« der Konstruktion bedeutet dabei, daß immer mehr experimentelle Fakten durch immer weniger Postulate oder Grundannahmen beschrieben werden können.

Die naturwissenschaftliche Konstruktion folgt den »Konstruktionsprinzipien«, auf die wir uns im Laufe der Geschichte geeinigt haben, weil sie sich im Sinne des oben beschriebenen Fortschrittes bewährt haben. Sie sind aber nicht aus irgendwelchen metaphysischen oder gar theologischen Voraussetzungen ableitbar.

Diese Konstruktionsprinzipien kennen wir bereits, sie lauten:
Für die Theorie:
1. Eindeutigkeit
2. Widerspruchslosigkeit
3. Kausale Begründbarkeit

und für das Experiment:
1. Quantifikation
2. Reproduzierbarkeit
3. Analyse (Beschränkung auf einfache Subsysteme)

Wenn wir oben gesagt haben, daß die Konstruktion zwar kein direktes Abbild der Realität sei, daß sie aber mit der Realität in Widerspruch kommen kann, so ist dies genauer zu erläutern: einerseits treten Widersprüche immer zwischen Aussagen auf, andererseits sind Aussagen allein nicht hinreichend, um einen – wenn auch negativen – Kontakt zur Realität herzustellen. Das Experiment ist gerade jene fehlende Brücke und darum als historische Erfindung des 17. Jahrhunderts anzusprechen. Das Experiment stellt nämlich einerseits quasi ein intersubjektives Korrelat aus menschlichen *Handlungen* dar, ist aber andererseits wegen seiner (zumindest angestrebten) quantitativen Fassung sofort als übereinstimmend oder im Widerspruch stehend zu einer ebenso quantitativ gefaßten theoretischen Vorhersage zu erkennen.

Wir sehen uns nun ein Beispiel konkurrierender Konstruktionen an: etwa die Newtonsche Mechanik und die Einsteinsche Relativitätstheorie. Zunächst stellen wir fest, daß beide Konstruktionen den oben geforderten Konstruktionsprinzipien genügen. Wir können aber auch feststellen, daß innerhalb der jeweiligen Meßgenauigkeit beide Konstruktionen widerspruchsfrei alle Experimente darstellen. Wenn wir uns auf die spezielle Relativitätstheorie beschränken, können wir sogar sagen, daß Abweichungen von der Newtonschen Konstruktion erst eines besonderen Aufwandes und besonderer Techniken bedurften, um überhaupt quantitativ sichergestellt zu werden. Denn die heute als Ursprung der speziellen Relativitätstheorie in Lehrbüchern und Vorlesungen angeführten Experimente waren erste Hinweise auf mögliche Unstimmigkeiten in den Grundlagen, keinesfalls jedoch quantitative Bestätigungen. Wenn wir die Allgemeine Relativitätstheorie hinzunehmen, dann ist die Periheldrehung des Merkur zu nennen, die zwar schon seit langem ein Ärgernis dargestellt hatte, von der allerdings niemand annehmen konnte, daß sie eine so fundamentale Konstruktionsänderung wie die der Allgemeinen Relativitätstheorie quantitativ stützen würde.

Trotzdem sind die beiden konstruierten Wirklichkeiten fundamental verschieden. Ich habe dies an anderer Stelle[1] genau ausgeführt, möchte hier nur anfügen, daß etwa der Übergang der Lorentz-Transformation in die Galilei-Transformation für Geschwindigkeiten, die klein sind gegen die Lichtgeschwindigkeit, lediglich einen quantitativen Grenzübergang darstellt, daß der qualitative Unterschied aber bestehen bleibt, weil vor der speziellen Relativitätstheorie nur eine fundamentale Zeit t angenommen worden war, während mit Einstein in zwei verschiedenen Systemen auch zwei verschiedene Zeiten t und t' anzusetzen sind, auch wenn sie im Grenzfall gleichgesetzt werden können.

Noch deutlicher wird dies in der Gravitationstheorie, wo ebenfalls gilt, daß für schwache Gravitationsfelder die Aussagen der Einsteinschen Allgemeinen Relativitätstheorie in die der Newtonschen Gravitationstheorie übergehen. Trotzdem ist die Ursache für den Fall eines Körpers in der Newtonschen Theorie die Schwerkraft, in der Allgemeinen Relativitätstheorie die Raumkrümmung, also zwei vollständig verschiedene Ansätze, die nur quantitativ ähnliche (und im Grenzfall gleiche) Voraussagen erlauben.

Der Grund, warum ich dies hier so genau ausgeführt habe, ist nun der folgende: bei allen Unterschieden der Konstruktion ist innerhalb der Naturwissenschaft von zwei Konstruktionen auf jeden Fall zu verlangen, daß sie widerspruchsfrei miteinander vereinbar sind. Auftretende Widersprüche (wie etwa der zwischen Mechanik und Elektrodynamik im Hinblick auf die Invarianz oder der zwischen Mechanik und Thermodynamik hinsichtlich der Zeitumkehr) haben ja gerade wesentlich zur Verbesserung und Vereinheitlichung der Konstruktionen, also zum physikalischen Fortschritt beigetragen. Allerdings müssen wir bedenken, daß sich naturwissenschaftliche Konstruktionen (dies kann auch von der Biologie gezeigt werden) immer auf die Darstellung von Materie in Raum und Zeit beziehen. Wenn nun der Mensch selbst als Realität (oder vielleicht das »Gegebene«) ins Blickfeld rückt, wie dies ja bei der Medizin notwendigerweise der Fall zu sein hat, muß die Frage der Widerspruchsfreiheit verschiedener Konstruktionen erneut gestellt werden.

Zunächst sei wiederholt, daß sich Medizin nicht im Sinne der Physik als Wissenschaft allein verstehen kann, daß sie im Spannungsfeld zwischen Wissenschaft und Kunst anzusiedeln ist. Ziel der Medizin ist nicht die Erstellung einer Konstruktion, Ziel der Medizin ist die Ermöglichung der Herstellung (oder Wiederherstellung) der Gesundheit eines konkreten Menschen.

Medizin steht also von Anbeginn im Spannungsfeld zwischen der Notwendigkeit, in jedem Einzelfall das spezifisch Individuelle nicht vernachlässigen zu dürfen, trotzdem aber im Sinne einer lehr- und lernbaren Disziplin zu allgemeinen Aussagen zu gelangen bzw. vom Allgemeinen ausgehen zu müssen.

Um diese Spannung zu bewältigen, bedarf die Medizin eines Mittels: und dieses Mittel ist die Konstruktion. Der Gesundheitsbegriff muß im Rahmen einer konkreten Wirklichkeit allgemein formuliert werden, um im jeweils spezifischen Einzelfall anwendbar zu sein. Es ist nur zu verständlich, daß sich die Medizin dazu der so erfolgreichen Konstruktion durch die Naturwissenschaft bedient.

Nun wird aber am Beispiel der Medizin ganz deutlich, daß die verschiedenen Einstellungen zu Realität und Wirklichkeit zu wesentlich verschiedenen Auffassungen, ja Organisationsformen der Medizin führen. Wird nämlich die Wirklichkeit im Sinne eines Realismus als »Abbildung« oder »Annäherung an die Wahrheit« verstanden, so ist auch von der in der Medizin verwendeten Konstruktion zu fordern, daß sie den Prinzipien der Naturwissenschaft genügt, das heißt, daß verschiedene Wirklichkeiten widerspruchsfrei vereinbar sein müssen, zumindest was ihre Konsequenzen für die Handlungen betrifft. In der Auffassung des Konstruktiven Realismus ist dies jedoch nicht der Fall! Im Gegenteil, wenn sich die Konstruktionen auf das komplexeste Phänomen, das wir überhaupt kennen, nämlich den Menschen, beziehen, so ist von vornherein anzunehmen, daß eine einzige Wirklichkeit nur Teilaspekte wiedergeben kann. Mehrere verschiedene Wirklichkeiten können dann verschiedene Aspekte des komplexen Phänomens wiedergeben und brauchen daher nicht widerspruchsfrei vereinbar zu sein. In sich muß jede Konstruktion freilich stimmig sein! Bloß die widerspruchsfreie Zusammenführung innerhalb eines einzigen Denkrahmens ist nicht mehr zu fordern. Im Gegenteil! Es wird sogar zu einer Bereicherung der Disziplin führen, wenn mehrere Wirklichkeiten miteinander in Konkurrenz und Widerstreit stehen.

Im allgemeinen wird mit derjenigen Heilkunst, die für ihren Gesundheitsbegriff die Konstruktion der Naturwissenschaft unterlegt, der Begriff »Schulmedizin« verbunden. Es erübrigt sich zu betonen, daß die Schulmedizin wegen des möglichen Rückgriffes auf den ungeheuren Erfahrungsschatz der Naturwissenschaft mit einiger Berechtigung den größten

»Territorialanspruch« innerhalb des Gebietes der Medizin erheben kann.

In neuerer Zeit gibt es jedoch vermehrt Forderungen nach Ergänzung der Schulmedizin durch alternative Konzepte. Im Sinne des Konstruktiven Realismus ist diese Forderung nach Kräften zu unterstützen. Der oberste Sanitätsrat hat in Österreich de facto die Ideenwelt des Konstruktiven Realismus übernommen, als er in seiner 173. Vollversammlung am 11. Oktober 1986 die Nadelakupunktur als »eine wissenschaftlich anerkannte Heilmethode« bezeichnete, obwohl es in dem erläuternden Referat ausdrücklich heißt: »die Akupunktur ist nach wie vor keine in allen zur Diskussion stehenden Indikationen wissenschaftlich abgeklärte und in ihrer Wirkung eindeutig erwiesene Heilmethode«. Hier sollte freilich statt »wissenschaftlich abgeklärte« eher »naturwissenschaftlich abgeklärte« stehen, wobei dies dann als Feststellung und nicht als Kritik aufzufassen wäre. Denn im Sinne des Konstruktiven Realismus kann von einer Alternativkonstruktion wie etwa der Homöopathie gar nicht verlangt werden, daß sie innerhalb des naturwissenschaftlichen Denkrahmens (der durch die obigen sechs Konstruktionsprinzipien charakterisiert ist) abgeklärt werden soll. Vielmehr wäre die Frage zu stellen, welche Konstruktionsprinzipien etwa dem Gesundheitsprinzip der Akupunktur zugrunde gelegt werden können. Dies wäre auch eine Befruchtung anderer Wissenschaftsgebiete, weil Konstruktionsprinzipien viel allgemeiner angewandt werden können und von einer Disziplin ausgehend versuchsweise in anderen Disziplinen als Alternativen oder Ergänzungen ausprobiert werden können. (Es sei hier darauf hingewiesen, daß man die Farbenlehre Goethes durchaus in dieser Hinsicht interpretieren könnte!)

Die Akupunktur stellt insofern einen Sonderfall dar, als sie sich ihrer Herkunft nach auf fernöstliche Denkformen beruft und daher ihre Absicherung in einem anderen Kulturkreis vorweisen kann. So schreiben etwa Georg und Kurt König[2]: »Der scheinbar unüberwindliche Gegensatz zwischen einem mechanistisch-analytischen Welt- und Wissenschaftsbild, das durch Zerlegen in immer kleinere Teile erst deren Funktion und Struktur zu ergründen sucht, um daraus das Ganze zu verstehen, und dem ganzheitlichen Prinzip, das die Reaktion des Ganzen auf Einflüsse der Umwelt und das Verhältnis der Einzelteile untereinander erfassen möchte, wird in Wahrheit immer geringer.«

Schwieriger liegt der Fall bei der Homöopathie! Denn die Homöopathie kann sich nicht auf Denkrahmen anderer Kulturen berufen, sie ist in unserem Kulturkreis entstanden und wird daher immer wieder an den Konstruktionsprinzipien der Naturwissenschaft gemessen oder gar durch sie widerlegt. Im Sinne des Konstruktiven Realismus ist dies jedoch kein vernünftiges Vorgehen, weil sich auch die Homöopathie außerhalb der Konstruktionsprinzipien der Naturwissenschaft ansiedeln läßt, weil also auch sie eine alternative Wirklichkeit als Grundlage eines Gesundheitsbegriffes anbieten möchte. So schreibt etwa ein Vertreter der Homöopathie, Robert Seitschek[3], über die sogenannten Hochpotenzen: »In keinem Fall kann diese rein theoretisch angenommene ›Wahrscheinlichkeit‹ der Anwesenheit eines oder einiger weniger Moleküle der ursprünglichen Arzneisubstanz als die tatsächliche Ursache der beobachteten Heilwirkung angenommen werden.«

Im Konstruktiven Realismus darf die Frage *nicht* lauten: kann die Homöopathie im Rahmen der üblichen Wirklichkeit verstanden werden? Sondern es ist vielmehr zu fragen, ob die homöopathische Medizin auf einem Gesundheitsbegriff und einer Wirklichkeit beruht, die Heilerfolge ermöglichen. Dies ist nicht an den Konstruktionsprinzipien der Naturwissenschaft zu messen, sondern von Arzt und Patient gemeinsam in einer öffentlich zu führenden Diskussion festzustellen. Die Meinung der Schulmedizin ist dabei weder zu mißachten noch als letzte Instanz festzulegen. Überhaupt verlangt der Konstruktive Realismus nach interdisziplinärer und öffentlicher Diskussion, deren Organisation wir im einzelnen erst lernen müssen.

In der gegenwärtigen Situation – die sich mehr oder weniger bewußt doch auf Vorstellungen des Realismus gründet – wird dies zu einem gesellschaftlichen Problem, das sowohl politische als auch juristische Dimensionen hat. So hat etwa der bayerische Landtag am 26. Juni 1980 beschlossen, die Staatsregierung zu ersuchen, prüfen zu lassen, unter welchen Voraussetzungen an einer bayerischen Universität ein Lehrstuhl für Homöopathie errichtet werden könne. Im Sinne des herrschenden Realismus wurden dabei lediglich die betroffenen Fakultäten der Universitäten Erlangen-Nürnberg, München und Würzburg gefragt. Alle drei haben sich ablehnend geäußert, wobei geltend gemacht wurde, daß der wissenschaftliche Beweis für die Wirksamkeit homöopathischer Maßnahmen nicht erbracht sei. Wiederum müßte es hier heißen »der naturwissenschaftliche Beweis«, und wiederum wäre dies als Hinweis, nicht als Ausschlußkriterium zu verstehen.

Der Deutsche Zentralverein Homöopathischer Ärzte hat daher vom ehemaligen Richter am Bundesverfassungsgerichtshof Prof. Dr. Gerhard Leibholz im Jahre 1982 ein Gutachten über das Grundrecht der Wissenschaftsfreiheit und seine Bedeutung für die Homöopathie erstellen lassen. In diesem Gutachten heißt es: »Medizin ist eine praktische Wissenschaft, ist ein nur bruchstückhaft erforschtes Feld. Wenn hier ein empirischer Denkansatz eine reale Alternative (oder Ergänzung) anbietet zu einem analytisch-naturwissenschaftlichen Vorgehen, so hat daraus der Staat die notwendigen Konsequenzen zu ziehen. Er darf vor allem kein wissenschaftliches Monopol erzwingen, indem er etwa der therapeutischen Empirie neben der naturwissenschaftlichen Analyse bei der Arzneimittelbeurteilung den angemessenen Stellenwert verweigert.«

Wir können diese Aussage durchaus als im Geiste des Konstruktiven Realismus formuliert bezeichnen.

Wie schon gesagt verlangt ein ernstgenommener Konstruktiver Realismus nach neuen Organisationsformen der Wissenschaft. Insbesondere sollte das demokratische Prinzip mehr beachtet werden, nach dem in jedem Fall die Zustimmung der Betroffenen einzuholen sei. Dies bedeutet ja nicht, daß alle überall mitreden dürfen, auch die bestorganisierte Demokratie verfährt nicht nach diesem Prinzip. Im Gegenteil, es ist darauf zu achten, daß der auf der Zustimmung der Betroffenen basierende Meinungsbildungsprozeß nicht durch gezielte Querschüsse, Irrsinn oder auch nur gutgemeinte Realitätsferne geoder gar zerstört wird. (Im politischen Bereich ist etwa die Fünfprozentklausel eine dafür sorgende Organisationsform.) Wenn aber eine – noch dazu stärker werdende – Forderung der allgemeinen Patientenschaft nach Alternativmethoden festgestellt werden kann, darf sich die Wissenschaft dieser Forderung nicht verschließen, will sie sich nicht in einen falsch verstandenen »Hort der Wahrheit« (oder Elfenbeinturm) zurückziehen. Es wird sicher sehr schwierig sein, die geeigneten Organisationsformen zu entwickeln, und auch dazu bedarf es einer möglichst breiten Diskussion. Ich möchte hier nur einige Denkanstöße vorlegen. So wäre etwa ein »Konsumentenbeirat« vorzuschlagen, dem der akademische Senat der Universitäten Rechenschaft schuldig ist. Das heißt nicht, daß jede Forderung des Konsumentenbeirates erfüllt werden muß, das heißt nicht einmal, daß jede Frage beantwortet werden muß, das heißt aber, daß die Ablehnung einer Forderung oder die Nichtbeantwortung einer Frage entsprechend begründet werden muß!

Die Medizin sollte hier als Beispiel dienen, freilich ein Beispiel, an dem sich die Auswirkungen des Konstruktiven Realismus besonders deutlich zeigen lassen. Ganz ähnliche Überlegungen könnten aber für alle jene Gebiete angestellt werden, in denen die Wissenschaft in direkten Kontakt mit Betroffenen tritt. Das Bildungswesen ist vermutlich das nächste Beispiel, an dem sich diese Konsequenzen zeigen ließen. Denn ähnlich wie in der Medizin ist es auch hier so, daß die Träger des Bildungswesens (Lehrerinnen und Lehrer) an den Universitäten ausgebildet werden, um ihre Fähigkeiten dann in der Öffentlichkeit (in Schulen und dergleichen) in die Praxis umzusetzen. Vermutlich wird in nicht allzu ferner Zukunft eine ähnliche Problematik auch in bezug auf die Anwendungen der Naturwissenschaft in der Technik verstärkt auftreten; insbesondere im Energiewesen sind Ansätze schon spürbar. In diesem Sinne erweist sich der Konstruktive Realismus nicht nur als eine neue – und wie mir scheint angemessenere – Form der Wissenschaftstheorie, sondern er hat auch eminent praktische Bedeutung für die Gestaltung unserer Zukunft.

Der Sinn des Schmerzes

Als Beethoven sein Opus 18 komponierte, war er noch im vollen Besitz seiner Gehörfähigkeit. Bald darauf hat er einen unvorstellbaren Leidens- und Schmerzensweg durchgemacht; ungefähr mit seiner zweiten Symphonie fällt das berühmte Heiligenstädter Testament zusammen. Schließlich hat er aber dann noch 7 Symphonien komponiert, und bis zu den letzten Streichquartetten ist noch eine lange Zeit vergangen.

Ich glaube, wir alle hätten Ludwig van Beethoven als unserem Mitmenschen wohl gewünscht, daß ihm dieser Leidensweg und diese Schmerzen erspart geblieben wären. Wenn wir allerdings daran denken, daß wir dann wahrscheinlich auf die letzten Streichquartette, auf die letzten Klaviersonaten und auf die letzten großen Symphonien verzichten hätten müssen, dann sind wir vielleicht nicht mehr ganz so sicher, ob es wirklich besser gewesen wäre, wenn Beethoven diese Schmerzen, dieser Leidensweg erspart geblieben wären.

Aber ich muß gleich warnen, wenn wir uns mit dem Sinn des Schmerzes befassen, dürfen wir nicht zu schnell nach dem positiven Sinn suchen, denn zunächst einmal ist der Schmerz nur eine Pein, etwas, was wir als negativ empfinden, was wir überwinden wollen. Ein älterer Kollege hat mir einmal einen Rat gegeben, auf wienerische Art. Er hat nämlich gesagt: »Wenn du einmal 60 bist, dann gilt folgende Regel: Wenn du in der Früh aufwachst und es tut dir überhaupt nichts weh, dann bist du tot.« Nun, dieser Zusammenhang zwischen Schmerz und Leben weist schon auf die Ambivalenz des Schmerzbegriffes hin. Man kann das natürlich auch in der Philosophiegeschichte nachschauen, da findet man auch Beispiele dafür und zwar gleich am Beginn unserer philosophischen Tradition. Nach Sokrates, dem großen Wendepunkt der Abendländischen Philosophie, haben sich verschiedene Schulen der Philosophie herausgebildet, eine davon waren die Zyniker (bekannt ist Diogenes). Der Lehrer des Diogenes war Antisthenes, der sehr lange gesund geblieben ist; aber im 81. Lebensjahr hat ihn eine furchtbar schmerzhafte Krankheit befallen. Als Diogenes ihn besuchte, sagte Antisthenes: »O Diogenes, sei mir willkommen. Wer kann mich je von meinen Qualen erlösen?« Und als echter Zyniker zog Diogenes seinen Dolch heraus und sagte: »Dieser da.« Antisthenes fuhr hoch und sagte: »Von den Qualen und nicht vom Leben.«

Schmerz ist ein komplexes Phänomen. Niemand will Schmerzen erleiden, aber der Schmerz gehört zum Leben. Die Möglichkeit, mit dem Schmerz auch das Leben abzugeben – auch in der Philosophiegeschichte von einigen Philosophen vorgeschlagen –, ist ja immer eine Minderheitenmeinung geblieben. Sokrates selbst hat der Todesstrafe nicht entfliehen wollen. Es war nämlich damals sehr leicht möglich, sich durch eine Bestechung aus dem Gefängnis davonzustehlen. Auch Sokrates haben es seine Schüler angeboten, aber Sokrates hat gesagt: »Da müssen wir uns erst einmal überlegen, ob das das Richtige ist«, und er ist dann zum Schluß gekommen, daß es nicht das Richtige war, und hat den Schierlingsbecher getrunken. Er hat damals in der Todeszelle mit seinen Schülern diskutiert, und als ihm der Gefängnisdirektor die Fessel abgenommen hat, spricht Sokrates über den Schmerz: »Welch ein merkwürdiges Ding ist es doch, mit Lust und Schmerz. Sie scheinen sich immer nur abzulösen und in ein und derselben Person nie zur gleichen Zeit vorzukommen. Während vorher mein Bein unter dem Gewicht der Kette nur schmerzte, fühle ich jetzt bereits hinter dem

Schmerz die Lust aufkeimen.« (Auch dazu gibt es in Wien einige Witze von Graf Bobby, der gegen die Wand rennt, weil es so angenehm ist, wenn nachher der Schmerz nachläßt.)

Aber in diesem Punkt dürfen wir Sokrates nicht so ohne weiteres zustimmen, daß Lust und Schmerz Alternativzustände sind, die im Entweder-Oder-Verhältnis stehen. Denn wir brauchen nur einmal in einem Männermagazin nachzuschauen oder in einer Tageszeitung (wenn sie nur kleinformatig genug ist). Da finden sich Annoncen über Einrichtungen, wo verschiedene unserer Mitmenschen hohe Preise bezahlen, weil ihnen dort Schmerzen zugefügt werden und sie dabei Lust empfinden. Also auch das gibt es, wir können nicht so einfach sagen, »entweder Lust oder Schmerz«.

Schmerz ist also ein höchst komplexes Phänomen, und ich werde versuchen, hier nicht analytisch vorzugehen, sondern in Bildern und Analogien mich diesem komplexen Phänomen zu nähern.

Epikur gilt als derjenige, der das Lustprinzip gepredigt hat. Epikur sagt selber über die Lust: »Wenn wir erklären, Lust sei das Endziel, meinen wir nicht die Lüste der Schlemmer und diejenigen, die auf dem Genuß beruhen, wie manche Unwissende, Andersdenkende oder Böswillige glauben, sondern das Freisein von körperlichem Schmerz und seelischer Unruhe.« Das also hat Epikur gemeint – Freisein von körperlichem Schmerz.

Da müssen wir uns zunächst klarmachen, daß Schmerz tatsächlich verschiedene Dimensionen hat, die es gilt zu unterscheiden; wobei wir sehr vorsichtig sein müssen, daß wir sie nicht sofort trennen. Denn das ist ein Charakteristikum des abendländischen Denkens, daß wir Unterschiede einführen, die sehr hilfreich sind, und im Augenblick, wo wir Unterschiede haben, trennen wir bereits. Was wir zunächst unterscheiden sollen, trennen wir sehr schnell, kommen zu einer Bewertung der beiden Seiten (das eine ist gut, das andere ist schlecht), und dann wird abgelehnt und unterdrückt. Wir können das in allen Gebieten immer wieder feststellen, und ich möchte hier gleich davor warnen, denn auf diese Weise kommt man sicherlich nicht zu einem ganzheitlichen Denken.

Ich darf auch daran erinnern, daß wir im christlichen Abendland leben. In einem der frühen Konzile (Toledo – 675) ist der Glaubenssatz in bezug auf die Trinität definiert worden: die göttlichen Personen sind zu unterscheiden, aber nicht zu trennen. Diese Formel »unterschieden, aber nicht getrennt« ist nicht von mir erfunden, sondern ist ca. 1300 Jahre alt. Als Aufforderung für das richtige Denken.

Ich möchte nun unterscheiden: vier Formen des Schmerzes, weil der Mensch die Einheit ist von Körper, Geist und Seele. Und nur als Einheit von Körper, Geist und Seele können wir den Menschen als Ganzes in seiner Leiblichkeit erfassen. Es gibt dieses schöne Wort: »Wir *haben* einen Körper, aber wir *sind* unser Leib«. Der Leib ist also gedacht als die Einheit von Körper, Geist und Seele und im Sinne des Unterschiedes von Haben und Sein kann hier auch Körper und Leib unterschieden werden. Körper, Geist und Seele bilden die Einheit des Menschen, aber das bezieht sich nur auf das Individuum. Der Mensch als Individuum ist noch kein Mensch, sondern erst in seiner Beziehung zu anderen Menschen in der Gemeinschaft.

Wir können daher vier Formen des Schmerzes unterscheiden. Einmal den *körperlichen Schmerz,* und das ist ja wohl der Schmerz, um den es zunächst und in erster Linie geht, wenn sich Menschen an den Arzt oder die Ärztin wenden. Es gibt dann aber auch noch den seelischen Schmerz, den wir vielleicht auch als *Leid* bezeichnen können. (Ich habe vom Leidensweg Beethovens gesprochen.) Ich darf an dieser Stelle gleich einfügen, daß wir heute in unserer Sprache das Wort Leid als Hauptwort und das Wort leiden als Zeitwort haben; diese beiden Wörter sind ursprünglich völlig verschiedenen Ursprungs und haben im Althochdeutschen nichts miteinander gemein. Das

Wort Leid, von dem auch das Wort »leidig«, also »unangenehm« kommt, war ursprünglich eher die Schande, die Beleidigung; davon kommt auch das Wort »leider« (was einem unangenehm ist). Während das Wort leiden bis ca. 860 noch fahren, gehen bedeutet hat, also auf dem Weg sein, im Aufbruch. Es scheint mir kein Zufall zu sein, daß wir heute das Fahren, Gehen im Sinne von auf dem Weg sein mit dem Leid, mit dem Unangenehmen in Verbindung setzen.

Es gibt dann drittens (außer dem körperlichen und seelischen Schmerz) den geistigen Schmerz, der oft als *Sinnverlust* zutage tritt, als *Verzweiflung* bezeichnet werden kann; der Zweifel, der so stark wird, daß er zur Verzweiflung führt. Und es gibt schließlich auch den sozialen Schmerz, der sich in *Vereinsamung* bis hin zur totalen *Isolation* ausdrücken kann. Diese vier Formen des Schmerzes sind zwar zu unterscheiden, aber nicht zu trennen in dem Sinn, daß ein Schmerz nicht entweder das eine oder das andere ist. Wenn immer ein Schmerz auftritt, befällt er in allen vier Formen den Menschen als Ganzes, wobei die Komponenten mit verschiedenen Gewichten auftreten. Und etwas ganz Ähnliches finden wir in unserem Denken. Nämlich bei der Frage nach der Ursache allen Geschehens. Aristoteles hat gesagt: Alles, was geschieht, hat vier Ursachen, die zu unterscheiden, aber nicht zu trennen sind, wobei diese vier Ursachen verschiedene Gewichte haben können.

Da ist zunächst die Zielursache. (Was ich will, geschieht.) Dann die Formursache, die Materialursache und die Wirkursache, die wir heute im allgemeinen als Kausalität bezeichnen. Bis ins 17. Jahrhundert, in dem die Naturwissenschaften entstanden sind, war das noch selbstverständlich. Im 17. Jahrhundert ist eine Weiche gestellt worden, wobei wir in unserem Denken auf die Kausalzusammenhänge, die wir Ursache-Wirkung-Beziehung nennen, reduzieren, wenn wir Naturwissenschaft betreiben. Im Rahmen der Naturwissenschaft ist das vernünftig. Ich darf nebenbei erwähnen, daß die beiden großen Zeitgenossen

Kepler und Galilei verschiedene Standpunkte eingenommen haben; Kepler hat nämlich noch gedacht, die Zielursache sei das, was man zur Beschreibung der Welt heranziehen muß. Bei Kepler, der ja die richtigen Planetengesetze gefunden hat, sind die Bahnen der Planeten Ellipsen, weil Gott mit den Bewegungen der Planeten die Harmonie der Welt ausdrücken wollte. Das ist eine reine Finalbegründung! Galilei (und später dann Newton) hat die Kausalbegründung durchgesetzt; und wir haben gelernt, daß im Bereich der Naturwissenschaft das Kausaldenken tatsächlich das Vernünftigste ist und am weitesten führt.

Aber den ganzen Menschen können wir auf keinen Fall kausal erfassen! Nach Kant ist im Bereich der Autonomie (im Bereich der persönlichen Freiheit) »die Kausalität die Freiheit«. Es ist eben selbstverständlich, daß das, was ein Mensch *tut,* die Konsequenz dessen ist, was er *will.* Und *nicht* die Konsequenz dessen, was irgendwelche chemisch-physikalischen Vorgänge im Gehirn ablaufen lassen. Wenn wir den ganzen Menschen erfassen wollen, ist es wohl klar, daß wir uns nicht auf die Kausalursache reduzieren dürfen; aber im Bereich der Materie müssen wir das tun.

Es scheint eine Parallelität zu geben mit den vier Formen des Schmerzes! Wenn wir nämlich versuchen wollen, den Schmerz »in den Griff zu bekommen«, dann ist es tatsächlich vernünftig, zunächst einmal zu reduzieren und jede Form des Schmerzes als körperlichen Schmerz zu behandeln. Ihn zu lindern ist ja die Aufgabe des Arztes. Ich möchte aber auf eines hinweisen: Wenn es einen Schmerz für einen Menschen gibt, dessen Hauptgewicht nicht auf dem körperlichen Schmerz liegt (wenn der körperliche Schmerz eine Nebenwirkung eines seelischen, geistigen oder sozialen Schmerzes ist), dann kann die Verdrängung oder Vertreibung des körperlichen Schmerzes auch eine Verschlimmerung des Gesamtzustandes bedeuten! Das sollte man immer auch mitdenken, wenn wir an körperliche Schmerzen denken, die zu verhindern freilich Ziel des Arztes ist.

Es gibt immer wieder die Illusion, daß es doch ein schmerzfreies Leben geben müßte. Wenigstens ein Heiliger, oder ein Schamane, oder ein Guru muß doch dazu imstande sein! Das ist eine gefährliche Illusion, weil sie sehr leicht in die Richtung führt, daß wir meinen, ein »reines« ist ein schmerzfreies Leben. Weil dann sofort gefolgert werden könnte, jemand, der Schmerzen hat, hat irgend etwas verschuldet. Diese Illusion möchte ich an einem kleinen Beispiel vorführen. Es gab in den siebziger Jahren eine Schamanen-Welle, und in einem Büchlein über einen Schamanen der »Neuen Indianer Bewegung« – Rolling Thunder – gibt es eine Stelle, in der der Autor Doug Boyd berichtet: »Ich stand schon lange in engem Kontakt mit Rolling Thunder. Was mich jedoch sehr überraschte, war die Tatsache, daß Rolling Thunder Zahnschmerzen haben sollte. Es war irgendwie schwierig, sich vorzustellen, daß Rolling Thunder an einem ganz gewöhnlichen Zahnschmerz litt. Während der letzten Tage hatten mich ewig juckende und tränende Augen geplagt. An diesem Morgen hatte ich mich entschlossen, Rolling Thunder über meine Beschwerden zu befragen, konnte ihm aber unmöglich mit meinen Problemen kommen, wenn er selbst unter Schmerzen litt.« Das ist diese seltsame Idealvorstellung über ein Leben, das von irgendwelchen transzendenten oder anderen Kräften geleitet wird, so daß es schmerzfrei ist!

Der große Zenbuddhist Suzuki soll unter großen Schmerzen an Krebs gestorben sein, und seine Jünger waren total verwirrt, weil sie in der Nacht nicht schlafen konnten, so sehr habe er gestöhnt. Aber er selbst habe gesagt: Es ist eben ein Teil des Lebens, es gehört dazu, und das muß ich auf mich nehmen. Die Vorstellung, daß Schmerz irgend etwas mit einem Fehlverhalten zu tun hat, darf man nicht akzeptieren. Es kommt dann zu schnell die Ausrede, wenn einer Schmerzen hat, ist er selber schuld, oder er wird bestraft.

Wenn wir nun versuchen wollen, noch ein bißchen tiefer in das Problem einzudringen, dann möchte ich von Experimenten berichten, die schon vor einiger Zeit von William Thompson und Ronald Melzack von der McGill University in Kanada durchgeführt wurden. Die beiden Forscher haben schottische Terrier so aufgezogen, daß sie möglichst schmerzfrei gehalten wurden bis zur Halbwüchsigkeit. Es hat sich dann herausgestellt, daß diese Terrier, wenn man ihnen eine Kerze an die Nase gehalten hat, an der Kerzenflamme geschnüffelt haben, bis Blasen entstanden sind! Sie haben den Schmerz nicht als das empfunden, was er sein sollte, als Hinweis darauf, daß hier etwas Gefährliches vorliegt. Und eine ähnliche Untersuchung von Henry K. Beecher wurde im 2. Weltkrieg durchgeführt; und zwar hat Beecher Kriegs- und Zivilverletzungen ähnlicher Schwere miteinander verglichen. Dabei hat sich herausgestellt, daß bei ähnlichen Verletzungen bei den Zivilverletzungen 80% der Patienten, bei den Kriegsverletzungen nur 33% Morphium verlangt haben. Offensichtlich war bei den Kriegsverwundungen das Schmerzempfinden wesentlich geringer. Beecher führt das darauf zurück, daß für die Soldaten die Einlieferung in ein Lazarett die Erlösung von den furchtbaren Geschehen des Krieges bedeutete, während Zivilverletzungen plötzlich aus dem Leben herausreißen. Das ganze Individuum ist immer dabei, und sogar die Stärke des körperlichen Schmerzes hängt von den seelischen, geistigen und sozialen Dimensionen ab.

Ich möchte gerne noch eine Stufe tiefer hineingehen in unsere Denkformen und daran erinnern, daß wir alle geprägt sind durch unsere Kultur und unsere Tradition. Wir sehen das auch daran, daß zwar Europäer, Asiaten und andere miteinander Nachkommen zeugen können, daß es aber fast unmöglich ist, etwa zwischen einem Europäer und einem Ostasiaten das letzte geistige Verständnis herzustellen, diese letzte vollständige Übereinstimmung. (Außer vielleicht im Ausnahmefall einer Verliebtheit.) Ich muß wieder darauf hinweisen, daß es auch in unserer Kultur verschiedene Formen des Denkens gibt, zunächst einmal das rationale Denken, die logisch-naturwissenschaftliche Denkweise, weiterhin polares oder komplementäres Denken sowie dialektisches Denken.

Nun wird im logisch-naturwissenschaftlichen Denken der Widerspruch als Fehler betrachtet. Wenn ein Widerspruch auftritt, ist das immer ein Anzeichen dafür, daß etwas falsch gelaufen ist, und die Tätigkeit muß darauf zielen, diesen Widerspruch zu eliminieren. Und mir scheint, ähnlich wie mit den Kausalitäten, hier eine Parallelität zum Schmerz gegeben zu sein. Wenn wir nämlich im logisch-naturwissenschaftlichen Denkrahmen den Schmerz betrachten, dann ist der Schmerz zunächst der Hinweis darauf, daß eine Störung vorliegt, und daher wichtig und unerläßlich. Das Ziel ist, nach dem Auffinden der Störung den Schmerz zu eliminieren. Wir bezeichnen ja nicht ohne Grund eine Krankheit, die sich nicht mit Schmerzen bemerkbar macht, als heimtückische Krankheit, weil sie uns nicht auf diesem Weg aufmerksam macht, daß etwas schiefgelaufen ist. So, wie es im dialektischen Denken völlig unmöglich ist, den Widerspruch alternativ anders zu sehen, sondern immer auch Widersprüche als Fehler betrachtet werden müssen, so müssen wir beim ärztlichen Handeln den Schmerz immer auch in diesem Sinne sehen, als Hinweis auf eine Störung, mit dem Ziel, ihn zu eliminieren. Wir dürfen davon nicht abgehen, aber wir brauchen uns nicht darauf zu reduzieren, das ist meine Botschaft.

Wir können uns auf Hippokrates berufen, der gesagt hat: »Den Schmerz zu mildern, ist ein göttliches Werk.«

In der polaren Denkweise wird nicht von Widersprüchen gesprochen, sondern von Gegensätzen, die komplementär sind und einander ergänzen zum »Ganzen«. Die Schulmedizin und die vielen anderen Methoden, die es heute gibt, sind nicht im Sinne einer Alternative zu verstehen, sondern sie sollen sich im Sinne einer Komplementärmedizin zusammen zum Ganzen ergänzen. Kant sagt vom Schmerz: »Der Schmerz ist der Stachel der Tätigkeit, und in dieser fühlen wir alle erst unser Leben.«

Und ich darf darauf hinweisen, daß wir in unserer Kultur (jedenfalls in unseren Gotteshäusern) denjenigen Menschen, der von sich gesagt hat: »Ich bin das Leben«, als *Schmerzensmann* verehren. Es ist eine der schwierigsten Sachen, einem japanischen Freund klarzumachen, wieso wir das tun. Wer in Asien gereist ist und buddhistische Tempel gesehen hat, in denen an der Stelle, wo bei uns das Kreuz ist, der segnende Buddha sitzt, versteht das vielleicht. Für Ostasiaten ist es sehr schwer zu verstehen, daß wir am Altar einen Menschen unter den fürchterlichsten Qualen in der fürchterlichsten Situation darstellen; aber in unserer Tradition ist das gerade der Hinweis darauf, daß das Leben (»ich bin der Weg, die Wahrheit und das Leben«) untrennbar verbunden ist mit dem Leid und mit dem Schmerz. Und das weist schon über das rein polare Denken hinaus.

Goethe als großer Vertreter des polaren Denkens sagt: »Uns lehrt eigener Schmerz der Andern Schmerz zu teilen.« Das ist ein schöner Satz, weil er auf die Bedeutung des Schmerzes auch für das eigene Leben im Hinblick auf die Möglichkeit des Miteinanderlebens mit anderen hinweist, und in dem Zusammenhang darf ich noch ein letztes Zitat aus dem religiösen Bereich bringen. Diesmal aus dem tibetischen Buddhismus: Der Dalai-Lama (so berichtet Steindl-Rast) hat einmal erklärt, was in der buddhistischen Lehre Leiden heißt. Und er sagt: »Nach buddhistischer Lehre wird das Leiden nicht dadurch überwunden, daß man Schmerzen zurückläßt, sondern dadurch, daß man Schmerzen für andere erträgt – wo nötig.«

Alles, was ich sage, kann sehr mißverständlich interpretiert werden! Wenn wir von den positiven Seiten vom Schmerz für das menschliche Leben sprechen, wenn wir davon sprechen, daß Schmerz im Sinne des eingangs Gesagten zu Leistungen geführt hat, wenn wir davon sprechen, daß Schmerz uns lehrt, der anderen Schmerzen zu teilen, und uns damit das Miteinander erleichtert, dann gilt aus meiner Sicht das Folgende: Die positiven Seiten des Schmerzes darf ich immer nur auf mich anwenden! Ich darf niemals von einem anderen verlangen, er soll seinen Schmerz gefälligst ertragen, denn der Schmerz hat ja einen Sinn. Alles, was ich hier in positiver Weise darüber sage, gilt immer zunächst für mich, aber in einer durchaus dialektischen Weise. Ich denke, daß für Ärztinnen und Ärzte in besonderer Weise gilt, daß der Schmerz auch für einen anderen Menschen positive Aspekte und Sinn haben kann, daß man aber trotzdem niemals ablassen darf, alles zu tun, um diese Schmerzen zu lindern.

In der dialektischen Betrachtung werden die Widersprüche zunächst einmal unterschieden in Fehler (und diese sind in den Bereich des Logisch-analytischen delegiert). Dialektik ist nicht als alleinige Denkweise möglich, sondern sie ist nur unter Einschluß der Logik vernünftig. Denn es gibt einfach Widersprüche, die Fehler sind und als Fehler zu behandeln sind. Und es gibt Schmerzen, die zu eliminieren sind und sonst nichts. Aber es gibt in der dialektischen Betrachtung auch Aporien, das sind Widersprüche, die notwendig sind zur Entwicklung des Individuums und zur Entwicklung einer Gemeinschaft, einer Partnerschaft oder einer Institution, sogar zur Entwicklung einer wissenschaftlichen Disziplin. Die treibende Kraft zur Entwicklung ist immer in der einen oder anderen Form widersprüchlich. In dieser Betrachtungsweise können wir sagen, auch der Schmerz kann notwendige Quelle einer Entwicklung sein. Und solche Schmerzen bezeichnen wir in Analogie zu den Geburtswehen (die ich als Mann niemals erfahren kann) oft auch als Wehen. Ich spreche kein Geheimnis aus, wenn ich sage, wir Männer stehen diesen Schmerzen ambivalent gegenüber, denn einerseits sind wir ja doch irgendwie froh, daß sie uns erspart bleiben, andererseits sind wir doch den Frauen ein bißchen neidig für das, was bei dieser Form der Schmerzen entsteht, nämlich ein neuer Mensch. Wehen können nicht nur bei der Geburt eines Menschen, sondern auch bei der Geburt eines großen Kunstwerkes Begleiterscheinungen sein. Auch wenn wir vor einem großen Problem stehen (sei es in einer Wissenschaft oder einer Partnerschaft oder im Privatleben), dessen Lösung ansteht, können wir eine Periode durchmachen, die wir als schmerzhaft empfinden.

Wir haben den Schmerz unterschieden nach den verschiedenen Ebenen – körperlich, seelisch, geistig, sozial – und dann, in einer anderen Dimension betrachtet, als Hinweis auf einen Fehler, der zu eliminieren ist, als notwendige Begleiterscheinung des Lebens und schließlich sogar als Quelle der Entwicklung im weitesten Sinn.

Der Schmerz ist ein so komplexes Phänomen, das so viele Dimensionen und so viele Seiten hat. Ich muß an *mich* bei Schmerzen, die ich zu erleiden habe, immer die Frage stellen, wieweit ist es für mich vernünftig, mit diesen Schmerzen zu leben? Ich darf aber niemals jemand anderem diesen Vorschlag machen, und insbesondere der Mediziner darf das nicht, wenn jemand zu ihm kommt um Hilfe! In dieser Ambivalenz stehen wir alle in bezug auf viele Probleme. Aber es ist diese Ambivalenz und letztlich diese Unsicherheit, die unserem Leben die Freiheit gibt, selbst zu entscheiden, ob wir unser Leben und unsere Tätigkeit zu einem Erfolg werden lassen oder nicht.

Bewußt ist nur die Spitze des Eisbergs

Aus einem Vortrag am Werbefunk-Treff, Düsseldorf

Kommunikation, was ist das eigentlich? Was sagt dieses Wort? Das Bild von den kommunizierenden Gefäßen gefällt mir sehr gut, denn in kommunizierenden Gefäßen steht die Flüssigkeit gleich hoch, wenn sie unten verbunden sind. Wenn diese Verbindung verstopft ist, wenn die Kommunikation aufgehoben ist, dann steht auch die Flüssigkeit nicht mehr gleich hoch, dann wissen die Gefäße nichts mehr voneinander.

Kommunikation: Ein Mensch möchte einem anderen Menschen etwas mitteilen – oder möglichst mehreren Menschen. Er möchte etwas mitteilen. Mitteilen ist auch schon ein Wort, das darauf hinweist, daß wir nicht einfach davon ausgehen können, daß ein Mensch etwas von sich weggibt, das bei einem anderen Menschen ankommt, denn er möchte sich ja mitteilen, er möchte mit dem anderen Menschen etwas teilen.

Wenn ich an Kommunikation denke, fällt mir immer etwas ein, was ich vor längerer Zeit einmal gelesen habe, als ich die Autobiographie eines indischen Yogi mit Namen Paramhansa Yogananda gelesen habe. Jeder anständige indische Yogi hat einen Guru, einen Meister, von dem er seine Kunst gelernt hat. Und in diesem Fall heißt der Meister Sri Yukteswar. Dieser Yogi schildert nun seine Kommunikation mit seinem Meister in seiner Autobiographie:

»Am nächsten Tag empfing ich von meinem Guru eine Postkarte: ›Ich verlasse Kalkutta am Mittwoch morgen; erwarte mich am Bahnhof von Serampore um 9 Uhr.‹ Am Mittwoch gegen 8 Uhr 30 empfing ich telepathisch eine Botschaft von Sri Yukteswar:

›Ich bin aufgehalten; erwarte mich nicht mit dem 9-Uhr-Zug.‹«

Das steht dort so einfach; und das hat mich damals sehr fasziniert, weil es ja – zumindest in unserem Weltbild – völlig unmöglich ist, daß ein Mensch einem anderen telepathisch eine so genaue Auskunft geben kann, daß er also mit dem 9-Uhr-Zug nicht kommt. Tatsächlich ist ja eine solche telepathische Kommunikation z. B. für Werbezwecke glücklicherweise nicht möglich, denn sonst könnte man ja sofort mit solchen Phantasien anfangen, so daß alle Medien überflüssig sind. Irgendwo in jeder Firma setzt sich einer hin, konzentriert sich sehr, und alle Käufer werden auf telepathischem Weg beeinflußt, dieses Produkt für gut zu finden. Nun, das ist sicherlich in dieser Form nicht möglich. Ich möchte darauf hinweisen, daß es trotzdem ein alter Wunschtraum aller Menschen ist und daß in allen Kulturen immer wieder berichtet wird von besonders begabten Individuen. Aber es klingt eben sehr unglaubwürdig und ist, zumindest bei uns, nicht möglich.

Das zweite aber, worauf ich hinweisen möchte, ist, daß wenn ich in dem Bericht von diesem indischen Guru nur ein einziges Wort ändere, er uns dann ganz selbstverständlich vorkommt und durchaus auch in jeder westlichen Darstellung vorkommen könnte; ich brauche nämlich bloß – ich muß nicht einmal ein ganzes Wort ändern – einige Buchstaben auszutauschen, ich muß nur statt »telepathisch« »telephonisch« sagen, dann ist das ganz selbstverständlich: Zuerst war es die Postkarte, dann eben ein Telephongespräch.

Nun, ich möchte die erste Form der Kommunikation, die zugegebenermaßen höchst fragwürdig oder vielleicht unmöglich ist, die telepathische Kommunikation, jetzt einmal »geistige« Kommunikation nennen und die andere Kommunikation, die telephonische, die jedem von uns selbstverständlich ist, die »technische« Kommunikation.

Überlegen wir uns einmal – sozusagen anhand dieser beiden Modellfälle –, was denn bei diesen beiden Formen der Kommunikation eigentlich geschieht. Nun, bei der telepathischen oder geistigen Kommunikation ist es doch so, daß das Ziel die Herstellung einer geistigen Einheit zwischen dem Meister und dem Schüler ist. Und diese geistige Einheit könnte, wenn es sie gäbe, soweit führen, daß beide dann über die gleichen Inhalte Bescheid wissen.

Bei der technischen Kommunikation, die uns ja jederzeit möglich und zugänglich ist, ist das anders. Bei der technischen Kommunikation ist das Ziel nicht die Einheit, sondern dort unterscheiden wir:

Das Ziel ist die Informationsübertragung, es gibt einen Sender, einen Empfänger – oder mehrere Empfänger – und ein Medium. Wir trennen also hier Sender, Medium und Empfänger. Diese technische Kommunikation und das Denken in solchen Bildern ist uns selbstverständlich geworden, es ist auch einfach, den Sender allein herauszunehmen, das Medium oder den Empfänger, so daß wir diese Weise des Denkens, die ich die »maschinenanaloge« Weise des Denkens nennen möchte (denn sie kommt ja von der technischen Entwicklung, von Maschinen her), eigentlich auf sehr vielen Gebieten anwenden und sie als unser Modelldenken meistens zugrunde legen. Ich möchte aber behaupten, daß die technische Kommunikation genauso unmöglich ist wie die geistige Kommunikation. Aber vorher wollen wir uns noch einmal überlegen, was es denn bedeutet, in diesem Modell der technischen Kommunikation zu denken. Wir trennen also Sender, Empfänger und Medium. Nun kann es z. B. passieren, daß durch diese Trennung eine dieser drei Komponenten, die zugegebenermaßen alle wichtig sind für die Kommunikation, überbetont wird. Man kann z. B. den Sender überbetonen. Wir kennen alle Gespräche, wo Menschen miteinander sprechen, und in Wirklichkeit sprechen sie eigentlich nicht miteinander, sondern in Wirklichkeit gibt jeder etwas von sich, und die anderen hören gar nicht zu. Bei Professorensitzungen ist das ganz typisch. Ich nehme an, daß jeder aus seinem Bereich ähnliche Beispiele kennt. Karikaturhaft geht das dann so, daß jeder der Anwesenden eine Art Stichwortverzeichnis hat; zu jedem Stichwort hat er eine geistige Tonbandkassette, und er wartet nur, bis eines dieser Stichworte fällt, dann nimmt er die Kassette heraus, legt sie ein, fängt an, sie abzuspielen ..., so lange bis das Stichwort eines anderen kommt, dann legt der seine auf usw.

Wenn wir uns auf den Empfänger konzentrieren, können wir uns unter Umständen darauf konzentrieren, daß der Empfänger empfangsbereit sein muß, daß er aufnahmebereit ist, das, was wir sagen, auch aufzunehmen, daß er bereit ist zuzuhören oder ähnliche Dinge. Und wenn wir uns schließlich auf das Medium konzentrieren, dann kommen wir freilich in eine sehr vielfältige Diskussion. Es gibt dann die verschiedensten Medien, die wir unterscheiden können, die Printmedien, die elektronischen Medien und andere Medien, und alle können untereinander in Konkurrenz oder in Konflikt stehen.

Ich möchte behaupten, daß dieses technische Modell der Kommunikation ebenso unsinnig ist wie das geistige Modell der Kommunikation. Wir haben uns nur daran gewöhnt, und Gewohnheit täuscht ja sehr häufig über Unsinnigkeiten oder Uneinsichtigkeiten hinweg.

Warum ist das technische Modell unmöglich?

Bei der Kommunikation geht es ja nicht darum, irgendwelche Inhalte von einem Menschen auf den anderen zu übertragen. Es sieht zwar so aus, und man kann dieses Modell dazu verwenden, das bestreite ich gar nicht, wir haben ja die Entwicklung der verschiedenen Medien – auch der Medien, die in den nächsten Jahren auf uns zukommen – alle darauf zurückgeführt, daß wir in diesem Modell sehr erfolgreich denken können. Aber im Grunde genommen geht es gar nicht um die technische Verwirklichung, sondern geht es darum, daß zwei Menschen miteinander in Kontakt treten – und da geht es nicht darum, daß irgendwelche Informationen von einem auf den andern oder auf die andern übertragen werden, sondern Kommunikation ist immer Vermittlung von Sinn. D. h. der Empfänger muß den Sinn dessen verstehen, was der Sender aussendet. Und nun stellt sich heraus, daß dieser Sinn grundsätzlich nicht in einem technischen Modell erfaßt werden kann.

Die Frage, was Sinn ist, beantworte ich ganz offen: Ich weiß es nicht. Ich glaube nicht, daß irgend jemand definieren kann, was Sinn ist.

Wir haben in der Geistesgeschichte der Menschheit viele solcher Beispiele. Wenn um Minuten gekämpft wird, muß jeder wissen, was eine Minute ist, und das ist doch auch gar keine Frage. Niemand kann aber sagen, was Zeit ist, genauso wie man nicht sagen kann, was Sinn ist. Es gibt einen großen Philosophen, Augustinus, der hat dies einmal so ausgedrückt: »Was die Zeit ist, weiß ich sehr wohl. Werde ich aber danach gefragt und will ich es dem Frager erklären, dann weiß ich es nicht.« Und so ähnlich ist das auch mit dem Sinn; jeder von uns weiß, was damit gemeint ist, nur wenn wir danach gefragt werden, können wir das nicht erklären. Dieser Sinn aber entzieht sich jeder technischen Beschreibung, und es ist unmöglich, im Rahmen eines technischen Kommunikationsmodells das zu erfassen, was eigentlich das Ziel der Kommunikation ist, nämlich die Übermittlung von Sinn. D. h. sowohl das Modell der geistigen Kommunikation, wie ich es genannt habe – also der telepathischen Übertragung –, ist unsinnig (wir wissen ja, daß das höchstens vielleicht in Einzelfällen – darüber möchte ich gar nicht urteilen – möglich ist), aber auch die technische Kommunikation ist nur ein Modell, das nicht das Wesentliche beschreibt. D. h. Kommunikation zwischen Menschen findet tatsächlich nur statt, wenn beide Komponenten immer gleichzeitig in ihr enthalten sind: sowohl die geistige Komponente als auch die technische Komponente – ich möchte nicht bestreiten, daß die sehr wesentlich ist.

Wenn wir aber die andere Komponente vergessen und uns nur mehr zurückziehen auf diesen mit technischen Termini beschreibbaren Teil der Kommunikation, dann geht uns ein ganz wesentlicher Aspekt der Kommunikation verloren, das, was sie nämlich eigentlich will: die Einheit herstellen zwischen den Menschen. Das ist natürlich etwas, was auch in unserer Geistesgeschichte eine sehr bekannte Tatsache ist ... Einer meiner Gurus – ich habe ja auch Gurus wie jeder anständige Wissenschaftler, nur unsere Gurus im Abendland sind keine fleischlichen Gurus, sondern unsere Gurus sind Bücher, die irgendwo in einem Bücherschrank stehen –, Immanuel Kant, hat z. B. gesagt, »daß immaterielle Wesen, welche durch die Vermittlung der Materie ineinander wirken, außerdem noch in einer besonderen Verbindung stehen.« Selbstverständlich treten wir über Medien in Verbindung als ein Sender und Empfänger – das ist überhaupt keine Frage, es wäre unsinnig, das zu bestreiten –, aber damit ist nur ein Aspekt der Kommunikation betroffen. Ein ganz wesentlicher zweiter Aspekt ist, daß wir mit den anderen Menschen, mit denen wir in Kontakt treten wollen, eine Einheit bilden müssen, die eigentlich durch die Kommunikation erst hergestellt wird. Und da stellt sich heraus, daß das so aussieht, als sei es ein Widerspruch. Und das, meine ich, ist der Grund, warum man sich meistens auf eine dieser Seiten zurückzieht. Wir können nämlich sagen, daß Kommunikation versucht, eine Einheit zwischen Menschen herzustellen, die schon vorausgesetzt ist, damit Kommunikation überhaupt möglich ist. Wenn nämlich die Einheit zwischen Menschen nicht schon existiert, dann werden sie den Sinn dessen, was übermittelt ist, nie verstehen.

In einer anderen Kultur – ich bin mit 19 Jahren in Syrien gewesen (das war noch zu einer Zeit, als vom Westen dort wenig zu bemerken war) – erlebt man vielleicht den sogenannten Kulturschock, weil nämlich der Sinn der Gesten nicht mehr verstanden wird. Wir sind gewohnt, mit Menschen in Kontakt zu treten, die unsere Sprache nicht kennen, aber dann kann man wenigstens mit Gesten und Mimik und der sogenannten nonverbalen Kommunikation darauf hinweisen und eine gewisse Einheit herstellen, die ja eben schon da ist. In anderen Kulturen ist das ganz furchtbar, wenn man plötzlich entdeckt: Meine Gesten werden falsch gedeutet. Wenn ich »Ja« deute, meint der andere »Nein« und umgekehrt, und wenn ich meine »Komm her«, dann geht der andere weg. D. h. eine gewisse Einheit ist schon vorausgesetzt.

Das, was ich versucht habe am Beispiel der Kommunikation darzustellen, ist ein ganz wesentlicher Zug und ein ganz wesentliches Problem aller Kulturen und aller Menschen, seit es Menschen überhaupt gibt. Es gibt nämlich von allem, was die Menschen tun, immer diese zwei Aspekte. Den einen Aspekt, den wir in unserer heutigen Sprache den technischen Aspekt nennen könnten, und den anderen Aspekt, den wir in der Sprache, die ich verwendet habe, den geistigen Aspekt nennen können. Der technische Aspekt ist in den Griff zu bekommen, den können wir messen, mit den Methoden der Naturwissenschaft und der Technik, die wir ja bis ins kleinste ausgefeilt haben, in den Griff bekommen. Den anderen Aspekt aber nicht; dort kommen Worte ins Spiel wie z. B. Kreativität, Atmosphäre, der freundschaftliche Zusammenhang zwischen den feindlichen Brüdern und ähnliche Begriffe. Was heißt das dann für den Umgang mit der Kommunikation?

Ich würde behaupten, daß das technische Modell, wo von Medien gesprochen wird, wo von Sendern gesprochen wird, wo von Empfängern gesprochen wird – die Sender müssen ihre Inhalte deutlich abgeben, die Medien müssen sie möglichst klar übertragen und die Empfänger müssen möglichst aufnahmebereit sein –, daß dieses Modell notwendigerweise selbst in

Widersprüche führt, weil wir den Grundwiderspruch, der darin besteht, daß beide Modelle immer gleichzeitig notwendig sind, mißachtet haben. Und es ist ein ehernes Gesetz in der Welt geistig denkender Menschen, daß bei Mißachtung eines Grundwiderspruchs andere Widersprüche auftauchen. Ich möchte jetzt an einem Beispiel klarmachen, wo diese Widersprüche auftauchen. Wenn wir dieses Modell also voraussetzen (und nur dieses technische Modell), und wir nehmen an, daß wir Kommunikation nur damit beschreiben können, dann ist es natürlich so, daß die Information – wir reden ja dann von der Information – möglichst klar abgegeben werden muß, möglichst auf Inhalte konzentriert, daß die Inhalte sehr wichtig sind und daß diese Inhalte möglichst deutlich definiert sein müssen. Das führt dann dazu, daß wir alle verwendeten Begriffe immer deutlicher und deutlicher definieren. Das führt dann dazu, daß die Definitionen immer komplizierter und umfangreicher werden, und das führt dann dazu, daß immer weniger Menschen diese Definitionen kennen, bis letzten Endes dann das Wort zutrifft, daß Spezialisten nur noch mit Spezialisten und zum Schluß nur noch mit sich selbst sprechen können, d. h. die Kommunikation hört auf. Dieses Fachchinesisch führt dazu, daß die Kommunikation sowohl verbessert als auch verschlechtert wird. Und da haben wir schon wieder den Widerspruch. Wir können also sagen: Zur Verbesserung der Kommunikation ist es zugleich notwendig und störend, die Begriffe, die Inhalte immer deutlicher zu definieren. Es ist zugleich förderlich und hemmend.

Ich schlage vor, in diesen Bereichen überhaupt die Denkrichtung zu ändern. Von dieser einseitigen Denkrichtung, in der wir das technische Modell verwenden, in der Widersprüche von vornherein etwas Suspektes sind, zu einer anderen Denkrichtung überzugehen, nämlich uns zu fragen: Was sind denn eigentlich jetzt die wesentlichen Widersprüche, die notwendig sind, damit wir das Phänomen verstehen, und wie können wir mit ihnen umgehen?

Nun, den wesentlichen Widerspruch habe ich ja schon gezeigt, daß nämlich Kommunikation jene Einheit erst herstellt zwischen den Menschen, die schon vorausgesetzt ist; das ist ja der Widerspruch, denn wenn sie schon vorausgesetzt ist, brauche ich sie nicht herzustellen. Wenn ich sie aber erst herstelle, dann kann ich es nicht, weil sie ja schon eine Einheit haben muß, um den Sinn vermitteln zu können.

Nun, wenn dem so ist, dann folgt daraus eine ganz andere Einstellung, eine andere Geisteshaltung. Dann sind nämlich Diskussionen darüber, welche Art Medium das geeignetste ist, Diskussionen darüber, wieviel Zeit zur Verfügung steht usw. zweifellos auch wichtige Diskussionen, aber sie gehen nicht auf den Grund des Problems der Kommunikation. Denn im Grund des Problems der Kommunikation steht dann etwas anderes. Es heißt, daß man z. B. bei der Kommunikation mit Menschen gar nicht so viel Wert legt auf die Inhalte, die vermittelt werden, sondern viel mehr Wert auf die Atmosphäre, auf die Tatsache, daß eine Übereinstimmung besteht, daß die Menschen z. B. lachen. Es gibt ein altes Wort, das ich sehr hoch schätze: Eine »Kommunikationseinheit« – das kann ein Vortrag sein, eine Unterrichtsstunde oder eine Vorlesung, ein Seminar oder was immer – ist, wenn nicht mindestens einmal gelacht wurde, nutzlos vorübergegangen.

Diese andere Denkrichtung bedeutet, wie ich schon gesagt habe, daß wir von vornherein fragen: Was sind die Widersprüche, und wie gehen wir damit um? Widersprüche sind dann nicht etwas, was schlecht ist, was wir vermeiden müssen, und auch Konflikte sind dann nicht etwas, was wir möglichst schnell beseitigen müssen, sondern die Widersprüche und die Konflikte sind dann überhaupt die tragenden Elemente für das, was geschehen soll.

Das würde heißen, daß die Kommunikation – und auch natürlich der ganze Komplex Werbung – ein unteilbares Ganzes ist, von dem trotzdem selbständige Teile isoliert werden müssen. Darin ist schon wieder ein Widerspruch. Denn es ist ein unteilbares Ganzes, trotzdem müssen wir Teile davon isolieren. Diese Teile treten dann notwendigerweise miteinander in Konflikt, d. h. die Presse mit den elektronischen Medien usw.: Wir haben das ja im Detail gesehen. Die Frage nach den feindlichen Brüdern kann natürlich nur bejaht werden, aber man muß hier furchtbar aufpassen. Denn wenn dieser Widerspruch wesentliches Element ist, dann geht es darum, daß er in keiner der möglichen Richtungen sozusagen entartet.

Wir alle kennen die feindlichen Brüder, die etwas zu feindlich waren, nämlich Kain und Abel. Der eine hat den anderen erschlagen. Das ist ein Umgang mit einem Widerspruch, den wir vermeiden müssen. Man kann auch anders mit einem Widerspruch umgehen; eine schon wesentlich bessere Form des Umgangs ist es, zu versuchen, ein Gleichgewicht herzustellen. Wenn es sich hier tatsächlich um einen tragenden Widerspruch handelt, muß man mit solchen Gleichgewichten allerdings furchtbar aufpassen. Solche Gleichgewichte sind nämlich auch eine Methode, den Widerspruch nicht sozusagen lebendig zu lassen, sondern ihn zu neutralisieren. Und solche Gleichgewichte können zunächst einmal den Eindruck erwecken, als seien sie eine gute Lösung des Problems. Es ist nur leider so – und das erleben wir ja heute in ganz großem Maßstab –, daß solche Gleichgewichte dann unter Umständen sehr schnell ausarten können in Gleichgewichte des Schreckens, wenn nämlich beide Partner, die hier in das Gleichgewicht kommen sollen, anfangen, wiederum mit den technischen Begriffen zu argumentieren, also z. B. »mit der Anzahl von« – hier können wir einsetzen, was wir wollen: Minuten, Sprengköpfe –, mit meßbaren Größen.

Es ist nämlich ein ehernes Gesetz der Kommunikationswissenschaft, daß in einer solchen Gleichgewichtssituation, wenn ein Grundwiderspruch vorliegt, notwendigerweise jeder der beiden Partner überzeugt ist, daß er schlechter dasteht. Das ist ein ehernes Gesetz, und deswegen kann dieses Gleichgewicht so schwer, als sozusagen numerisches Gleichgewicht, aufrechterhalten werden. D. h. daß wir diese Aspekte vermeiden müssen, d. h. daß beim Management solcher Situationen eine bestimmte Vorgehensweise notwendig ist, daß nämlich das Management solcher Situationen sich nicht von vornherein auf stabile Lösungen einlassen darf. Das würde heißen, daß das Management flexibel sein muß, daß es immer versuchen muß, wenn ein Bruder den anderen erschlägt, sozusagen dem Schwächeren zu Hilfe zu kommen, also einmal auf der einen und einmal auf der anderen Seite zu stehen. D. h. wenn das alles stimmt, daß das Management in einer Situation, wo die feindlichen Brüder in Versuchung geraten, sich zu versöhnen, Streit stiften muß. Weil nämlich der Widerspruch ein fruchtbarer ist, weil nämlich die Versöhnung dann auf die Dauer nicht halten könnte, wenn es sich um einen derartigen Grundwiderspruch handelt. D. h. daß hier etwas ins Spiel kommen muß, was wir Toleranz nennen zwischen den feindlichen Brüdern.

Und da darf ich noch ein Wort zu diesem Begriff Toleranz sagen. Es wird nämlich häufig in unserer Zeit Toleranz mit Indifferenz verwechselt. Toleranz heißt nicht, daß ich eine andere Meinung, die ich als falsch erkannt habe, bestehen lasse. Toleranz heißt, daß ich eine falsche Meinung als falsche Meinung bekämpfe, so stark ich kann. Was die Toleranz fordert, ist die Einsicht, daß eine Meinung, die mit meiner eigenen Meinung – und das ist nicht nur Meinung, sondern bezieht sich auch auf Bedürfnisse, z. B. einer bestimmten Werbebranche – in Widerspruch steht, nicht von vornherein falsch sein muß oder nicht von vornherein unberechtigt sein muß. Wenn wir etwas als falsch oder unberechtigt erkannt haben, müssen wir es bekämpfen, das ist überhaupt keine Frage. Toleranz heißt also, den Widerspruch als tragendes Element anzuerkennen und zu wissen, daß nur beide profitieren können, wenn sie eben sozusagen als feindliche Brüder – so schwer das ist und so unangenehm das ist – miteinander weiterleben und nicht versuchen, die Situation durch irgendwelche technischen Hilfsmittel oder technischen Methoden zu bereinigen, sondern »miteinander leben«.

Natürlich wäre es uns allen lieber, wenn wir allein auf der Welt wären – um das einmal so zu sagen.

Das aufgezeigte Problem bewegt die Menschen, seit es überhaupt Menschen gibt, und bleibt auch nicht nur auf unsere Kultur beschränkt. Und in ganz wunderbarer Weise hat das vor zweieinhalb Jahrtausenden ein großer chinesischer Meister des Taoismus ausgedrückt; ich darf das nicht vorenthalten. Dshuang-Tsi sagt über das Problem der Kommunikation: »Hasenfallen sind da, um der Hasen willen; hat man die Hasen, vergißt man die Fallen. Fischreusen sind da, um der Fische willen; hat man die Fische, vergißt man die Reusen. Worte sind da, um der Gedanken willen; hat man die Gedanken, vergißt man die Worte. Wo finde ich einen Menschen, der die Worte vergißt, auf daß ich mit ihm reden kann?«

Die Frage nach der Bewegung der Himmel

Wir legen mit Recht den Beginn der Neuzeit in das Jahr 1492, das Jahr der Entdeckung Amerikas. Damit war nämlich nicht nur ein neuer Kontinent bekannt geworden, damit war zugleich auch das Ende des ptolemäischen Weltbildes besiegelt. Ptolemäus hatte nämlich nicht nur die auf der aristotelischen Physik begründete Systematik der Planetenbewegung geschaffen, er war auch verantwortlich für die Weltkarten, nach denen sich der Handel und die Schiffahrt allgemein richteten. Wir können also das Mittelalter – zugegebenermaßen vereinfachend – auch dadurch charakterisieren, daß ein einheitliches Weltbild des Ptolemäus gründend auf dem Werk des Aristoteles festgehalten und tradiert wurde und sich alle Handlungen und Entscheidungen sowohl im Bereich des geistigen als auch im Bereich des physischen Zusammenlebens der Menschen danach richten mußten. Der Hort der »wahren Weltbeschreibung« war die Kirche Roms.

Wenn die Entdeckung Amerikas den geographischen Teil des ptolemäischen Weltbildes ins Wanken brachte, so folgte darauf sehr bald der Ruf nach Freiheit durch die aufkommende Reformation. Im Jahre 1520 veröffentlichte Martin Luther seinen »Traktat von der christlichen Freiheit«, in dem er von zwei einander widersprechenden Thesen ausgeht:

1. »Der Christ ist völlig freier Herr über alles und niemandem untertan.«
2. »Der Christ ist ein allen völlig dienstbarer Knecht und jedermann untertan.«

Und dazu sagt Martin Luther: »Obgleich diese Sätze einander zu widersprechen scheinen, eignen sie sich doch gut für unser Anliegen, wenn erst einmal gefunden ist, daß sie miteinander vereinbar sind.« Wenn auch hier in großartiger Weise auf die sokratische Tradition zurückgegriffen wird, um die Menschen ihrer ersehnten Freiheit näher zu bringen, so brachte die Reformation doch nicht sogleich die Erfüllung der Sehnsüchte, weil sie Europa in der Folge in eines der entsetzlichsten Blutbäder stürzte, die unsere Geschichte hervorgebracht hat.

An einem dritten Punkt kam das festgefügte Lehrgebäude des Mittelalters ins Wanken, da der bis dahin übliche Kalender »aus dem Ruder lief«, das heißt, daß die beweglichen christlichen Feste nicht mehr mit den astronomischen Jahreszeiten übereinstimmten. Der Kalender mußte also reformiert werden, was freilich aufgrund des komplizierten ptolemäischen Weltbildes gewisse Schwierigkeiten mit sich brachte. (Zur Erinnerung: unser heute noch gültiger gregorianischer Kalender wurde im Jahre 1582 endgültig eingeführt.)

In dieser Situation war es die katholische Kirche selbst, die vom Absolutheitsanspruch einer einheitlichen Wahrheit abrückte. Sie sprach im Bereich der praktischen Bewältigung der Probleme unserer Welt von »Hypothesen«, die lediglich zum Zwecke einer einfachen Beschreibung aufgestellt würden und die daher von vornherein von sich aus keinen Wahrheitsanspruch zu stellen hätten. Der Bibliothekar des Vatikans, Kardinal Caesar Baronius, umschrieb diese Differenz mit dem später von Galileo Galilei übernommenen Vergleich: die Frage des Heiligen Geistes sei es, »wie wir uns dem Himmel zubewegen«, das Problem von Hypothesen sei es hingegen, »wie die Himmel sich bewegen«. Und im Gutachten des für die Zensur des kopernikanischen Werkes »De Revolutionibus« zuständigen Kardinals Bonifacio Caetani heißt es:

»Wenn es bei Kopernikus Passagen über die Bewegung der Erde gibt, die keinen hypothetischen Charakter haben, so sind diese als Hypothesen zu formulieren. Dann werden sie weder gegen die Wahrheit noch gegen die Heilige Schrift verstoßen. Im Gegenteil, in gewissem Sinne werden sie mit beiden übereinstimmen, weil die Annahmen, derer sich die Wissenschaft von der Astronomie mit besonderem Recht zu bedienen pflegt, falscher Natur sind.«

In den ersten Jahrzehnten des 17. Jahrhunderts hatte Johannes Kepler die noch heute gültigen Gesetze der Planetenbewegung im Rahmen des Kopernikanischen Weltbildes erkannt. Descartes hatte seinen Zweifel als Methode der Feststellung von unumstößlichen Wahrheiten formuliert und die Trennung von Geist und Materie (res cogitans und res extensa) eingeführt. Damit war der Boden reif für das Entstehen der Naturwissenschaft, deren Durchbruch wir auf Galileo Galilei zurückführen. Galilei hatte nicht versucht, gegen den Wahrheitsanspruch der Heiligen Schriften oder auch der katholischen Kirche zu polemisieren, und ist daher dem Schicksal des Giordano Bruno entgangen. Galilei zeigte vielmehr, daß er mit Hilfe des Experimentes unter den verschiedenen möglichen Hypothesen jene ausscheiden kann, die nicht mit dem Experiment übereinstimmen. Er konnte durch die Beobachtung der Venusphasen das ptolemäische Weltbild des Planetensystems ausschließen, wodurch das allein übrigbleibende kopernikanische Weltbild als Hypothese der bloßen Beliebigkeit entzogen wurde. Hypothesen sollten auch nach Galilei keinen Wahrheitsanspruch stellen, sie sollten aber auch nicht – wie man damals seitens der Autoritäten meinte – bloß beliebige (und damit in sich falsche) Konstruktionen sein. Wenn mit Hilfe von Experimenten Hypothesen als falsch entlarvt werden können, dann sind die übrigbleibenden nicht mehr beliebige Konstruktionen, sondern können die Grundlage eines neuen Weltbildes liefern, das sich allerdings auf die Beschreibung von Materie in Raum und Zeit beschränken muß und alle geistigen Aspekte auszuklammern hat.

Rückblickend wissen wir heute – ein halbes Jahrtausend nach dem Beginn der Neuzeit –, daß dieses Konzept tatsächlich eine Veränderung unserer Welt gebracht hat, wie sie sich sicherlich auch damals noch niemand träumen lassen konnte. Wir sind heute imstande, die Gesetze der Materie in Raum und Zeit in einer Vielfältigkeit und Differenzierung zu konstruieren, die uns ungeahnte – wenn auch nicht unbegrenzte – Möglichkeiten der Manipulation von Natur und Schöpfung gestatten. Allerdings ist von den drei Eckpfeilern, die wir eingangs als Schritt in die Neuzeit erwähnt haben, einer davon unberührt geblieben: die Freiheit der Menschen. Ja, es hat sogar Zeiten gegeben – und einige sind noch gar nicht so lange vorüber –, da man allen Ernstes versucht hat, aufgrund der überwältigenden Erkenntnisse auf dem Gebiet der Materie die Freiheit des Geistes abzuleugnen oder gar als infantile Vorwissenschaftlichkeit zu degradieren. Es scheint mir die Aufgabe unserer Zeit zu sein, nach einem atemberaubenden Siegeszug der Erkenntnis auf dem Gebiet der Materie, nun zu einer Synthese zwischen jenen Elementen zu kommen, die uns Menschen ausmachen. Wir sind als körperliche Wesen ebenso Materie in Raum und Zeit wie alle anderen Teile der Schöpfung. Wir sind aber als geistige Wesen in jedem von uns jene widersprüchliche Einheit von Geist und Materie, die sich sowohl ihrer eigenen Vergänglichkeit als auch ihrer eigenen Freiheit (und damit Liebesfähigkeit) bewußt ist.

Die politischen Umwälzungen der letzten Jahre haben gezeigt, daß wir wiederum in einer Zeit leben, die die Landkarten dieser Welt grundlegend ändert oder gar neu zeichnet. Wir sollten nicht übersehen, daß dies nur dann gutgehen kann, wenn in ausgewogenem Maße auch eine Änderung der geistigen Landkarte mit einhergeht, das heißt, daß die Entwicklung nicht nur in bezug auf Bewegungsfreiheit zu größerer Freiheit und Selbstbestimmung der Menschen führt; ein bewußtes Leben von Toleranz und Mitmenschlichkeit ist dafür anzustreben! Die Naturwissenschaft und ihre Tochter, die Technik, schaffen dazu die geradezu ideale Voraussetzung, weil sie uns jene Mühen und Ängste abnehmen, die uns von unseren eigentlichen Aufgaben abhalten. Aber es bleibt immer nur Voraussetzung; ob wir sie zu Gedeihen oder Verderben anwenden, liegt in unserer Freiheit. Freilich darf dies niemals so mißverstanden werden, daß naturwissenschaftliche Erkenntnis und die Möglichkeit technischer Anwendungen entweder verteufelt oder vergötzt werden. Auf unserem Weg in die Zukunft können wir weder auf die Errungenschaften von Naturwissenschaft und Technik noch aber auf die wieder zu intensivierende Beschäftigung mit der Frage nach dem Sinn der Schöpfung verzichten.

Unsere Einstellung zum Anderen

Es ist doch etwas, was uns alle mit großer Genugtuung erfüllt, daß der mündige Mensch nach wie vor das Ziel der Erziehung und Bildung in unseren Schulen ist, daß die Menschheit weitergeht auf ihrem Weg der Emanzipation. Das bezieht sich nicht nur auf die Emanzipation, die wir individuell erleben müssen: vom anderen Geschlecht, von anderen Gruppen, von den Eltern – das bezieht sich auf die Emanzipation ganz allgemein. Emanzipation hat etwas zu tun mit unserer Einstellung zum Anderen, denn wir emanzipieren uns ja von etwas, das wir eben nicht sind; von Etwas des Anderen.

Unter »Anderem« möchte ich hier nicht nur den anderen Menschen verstehen, sondern das Andere ganz allgemein. Ich glaube, daß das ein Thema ist, bei dem man doch zumindest nahe an die Wurzeln (oder an einige Wurzeln) heranrücken kann, die den Baum tragen, der heute unsere Gesellschaft darstellt und von dem wir alle hoffen, er möge sich erneuern. Wir alle wollen doch immer – und es ist eigentlich schon immer eine Sehnsucht der Menschen – eine neue Welt. Wir wollen eine Welt, in der wir alle als Menschen besser leben können – aber obwohl wir das alle wollen (ich darf einmal unterstellen, daß das zumindest mit überwältigender Mehrheit alle wollen), ist es offensichtlich so ungeheuer schwer zu erreichen. Und ich möchte die Frage stellen: Was liegt da eigentlich zugrunde, warum ist es eigentlich so schwierig, sich zu emanzipieren?

Man bräuchte doch nur zu sagen: »Ich bin ich«, und die Sache ist erledigt. Aber so einfach ist das eben nicht. Da möchte ich zunächst einmal eine Unterscheidung treffen, die mir sehr wichtig erscheint, die aber manchmal, obwohl sie eigentlich sehr selbstverständlich ist, nicht in aller Deutlichkeit getroffen wird. Wenn wir vom Anderen sprechen, so spielt das in unserem Leben eine ganz wesentliche Rolle. Wir müssen hier unterscheiden: das Andere kann uns entgegentreten als anderer Mensch, aber auch als irgendein anderes abstraktes System. Es kann uns entgegentreten auch in Form einer anderen Kultur, als andere Religion, als alles mögliche. Wir müssen hier immer entscheiden, wie wir uns individuell in einer konkreten Situation einstellen. Weil nämlich diese individuelle Einstellung durchaus einmal im Widerspruch stehen kann zu dem, was die Gesellschaft allgemein macht und was die Gesellschaft unter Umständen sogar in ihren Normen von uns verlangt. Diese Unterscheidung von Problemen in ihren individuellen Aspekt und in ihren gesellschaftlichen Aspekt halte ich für sehr wichtig. Ich möchte zeigen, daß es drei grundsätzlich verschiedene Einstellungen zum Anderen schlechthin gibt.

Die erste Einstellung ist die, daß wir das Andere, wenn wir es als Anderes erkennen, als falsch betrachten. Die drei Einstellungen, von denen ich spreche, haben alle drei ihre Berechtigung, nur in verschiedenen Bereichen. Gefährlich wird es nur dann, wenn man die Bereiche nicht unterscheiden kann. Meiner Ansicht nach ist das der Grund, warum unsere Welt so kalt ist, weil wir diese Bereiche nicht unterscheiden können. Also die erste Einstellung ist die: das Andere ist das Falsche. Diese Einstellung ist zum Beispiel notwendig in der Mathematik. Wenn jemand eine Rechnung macht und kommt zum richtigen Ergebnis und der Andere sagt: ich mach das halt anders, so hat das nichts mit Emanzipation zu tun, es hat auch nichts damit zu tun, daß Kreativität im Spiel ist, wenn nicht das richtige Ergebnis herauskommt, ist das eben falsch. Man muß das mit aller Klarheit und Deutlichkeit sagen. Aber wie sich heute in den turbulenten Zeiten zeigt, wird das oft als Gegenargument eingewendet, wenn man andere Einstellungen zum Anderen auch gelten lassen will. Da heißt es dann, man sieht ja am deutlichsten in der Mathematik, daß man ja nicht abstimmen kann über Gesetze: die sind entweder richtig oder falsch. Die Mathematik ist hier ein ganz eindeutiges Beispiel. Aber die Mathematik ist als reine Mathematik für die Menschen sehr esoterisch und hat wenig Bedeutung für das menschliche Leben insofern sie reine Mathematik bleibt. Sie gewinnt aber sofort Bedeutung in dem Augenblick, wo sie angewendet wird in der Technik in unserer Gesellschaft, die ja weitestgehend gezeichnet ist durch Naturwissenschaft und Technik.

Dort ist es tatsächlich auch in weitesten Bereichen notwendig, ganz bestimmte Vorgangsweisen, ganz bestimmte Einstellungen festzulegen, sie als die richtigen zu akzeptieren und alle anderen nicht zuzulassen. Denken wir zum Beispiel ans Verkehrswesen oder an die Inbetriebnahme einer Maschine. Wir müssen, bevor wir wegfahren, die Handbremse lösen beim Auto. Wenn jemand einmal sagt, na ich mach das anders, ich löse die Handbremse erst, nachdem ich weggefahren bin, so passiert zwar beim Auto nicht sehr viel, wenn das aber beim Flugzeug geschieht, hat es katastrophale Folgen. Deshalb müssen z. B. Flugkapitäne alle sechs Monate einen Test machen, in dem festgestellt wird, ob sie noch in der Lage sind, alles in der genau eindeutigen richtigen Reihenfolge zu machen, damit die Maschine in der richtigen Weise startet; und sie dürfen das, obwohl sie es auswendig lernen müssen und darüber geprüft werden, beim Start nicht auswendig tun; sondern da gibt es eine Checkliste, und da wird jeder Handgriff vom Kapitän vorgelesen und abgecheckt, damit ja nichts falsch gehen kann.

Also im technischen Bereich ist es notwendig, das Andere als das Falsche zu bezeichnen. Dabei spricht man dann gar nicht mehr vom Anderen, sondern es ist einfach das Falsche. Unsere

Pädagogik beharrt viel zu sehr auf dieser Einstellung. Sie ist zwar notwendig in den Bereichen, die ich schon genannt habe, aber ich glaube, daß wir heute von dieser Einstellung viel zu sehr, ich würde fast sagen: gejagt werden, daß wir bis zu einem gewissen Grad Besessene sind, indem wir von der Einstellung besessen sind, daß das Andere einfach das Falsche ist. Wenn ich hier von Besessenheit spreche, hat das durchaus einen historischen Anklang in Bereichen, wo es schon nicht mehr selbstverständlich ist, wenn wir zum Beispiel an die Verfolgung im Mittelalter denken. (Wir können auch an die Verfolgungen im Iran denken oder sonstwo, es ist ja ein allgemein menschliches Problem.)

Das sind Probleme, die uns hautnah berühren, sowohl heute als in unserer eigenen Vergangenheit. Dort ist man so vorgegangen, daß man gesagt hat, es gibt nur das einzig Richtige und alles andere ist so falsch, daß man es unter Umständen sogar ausmerzen und ausrotten muß, auch wenn es sich nicht um den technisch-naturwissenschaftlich-mathematischen Bereich handelte, sondern Bereiche wie den Glaubensbereich, wo diese Einstellung falsch am Platze ist.

Wenn wir darauf kommen, daß diese Einstellung, das Andere grundsätzlich abzulehnen, falsch ist und uns einengt, uns daran hindert, selbständig und mündig zu werden, dann können wir sehr leicht in die zweite Einstellung dem Anderen gegenüber verfallen. Dann sagen wir, »ich bin ja nur von außen her bestimmt worden. Ich bin ja überhaupt kein selbstbestimmter Mensch, denn das, was ich glaube, das, was ich mache, das, was ich tue, wird bestimmt durch äußere Normen, durch äußere Vorgaben, durch äußere Gemeinschaften und so weiter. Ich kann mich nur selbst bestimmen, indem ich das Andere als das Eigene, Eigentliche ansehe.«

Auch das ist eine Einstellung, der oft junge Menschen in hohem Maße verfallen. Die Auflösung der Bhagwan-Sekte war großes Gespräch in den Massenmedien, weil das für sie interessant ist. Für mich ist interessanter, wie es dazu gekommen ist. (Daß sie sich auflösen würden irgendwann, war sozusagen ohnehin vorauszusehen.) Wie ist es dazu gekommen? Indem die Einstellung zum Anderen, daß das Andere unbedingt das Falsche ist, überwunden werden soll, ist es naheliegend, daß man in das andere Extrem verfällt. Es ist leider immer so, es geht nicht anders, als daß wir vom einen Extrem in das andere verfallen, bevor wir versuchen können, zu einer Synthese oder zu einer Harmonie zu gelangen, oder zumindest beide Seiten gelten zu lassen. In dieser Situation sagt man sich: »Meines ist ja gar nicht das richtige, das andere (das, was der Guru sagt) ist völlig anders als das, was ich immer gehört habe (in der Kirche).« Nur allzu anders darf es nicht sein, sonst ist es abschreckend. Wir erleben dann die Situation, daß sich so viele Menschen ganz plötzlich von ihrer eigenen Herkunft, von allem, was sie bisher getan und gefühlt und geglaubt haben, abwenden und völlig neuen Gemeinschaften zuwenden. Ich habe mich mit dem Problem der Jugendreligion vor einigen Jahren auseinandergesetzt und konnte an dem Beispiel und an anderen Beispielen auch feststellen, wie sehr nun diese beiden Seiten miteinander in Streit kommen. Es gibt überhaupt keine Einsicht. Die einen sagen, diese Gurus sind Menschenverführer, das sind Bösewichte, sind der Satan selber. Die Anderen, die den Gurus zuhören, sagen, das ist gar nicht wahr, mein Guru ist die Reinkarnation von Jesus Christus. Es gibt dann kein Verständnis zwischen diesen beiden Seiten. Ich habe in der Bundesrepublik einmal an einer Fernsehdiskussion zum Problem Jugendreligionen teilgenommen. Im Anschluß daran habe ich dann zu einem Vertreter der Kirchen gesagt: »Sie wissen ja, daß Sie jetzt drei Stunden lang Propaganda für die Moon-Sekte gemacht haben?« Sagt er: »Wieso?« Sage ich: »Na hören Sie, Sie haben doch den armen Kerl so vollkommen fertiggemacht, daß er nur mehr mit den Tränen gekämpft hat, so daß die emotionalen Sympathien der Zuschauer sicher auf seiner Seite waren.« Es war natürlich übertrieben, aber ich möchte damit andeuten, daß es dann zu einem Konflikt kommt oder zu einem Kampf, der zu nichts führt als zur einseitigen oder gegenseitigen Vernichtung, wenn er nicht die Basis ist zu einem weiterführenden Schritt. Menschen, die ihren Standard als das einzig Richtige und alles andere als das Falsche ansehen, können nicht einsehen, daß andere sozusagen aussteigen und meinen: »Ich bezeichne nun gerade das Andere als das Eigentliche.«

Im menschlichen Bereich gibt es noch eine dritte Einstellung zum Anderen, die meines Erachtens die einzig adäquate sein sollte. (Ich betone immer wieder: im menschlichen Bereich, nicht im technischen oder gar im mathematischen Bereich.)

Ich darf versuchen das klarzumachen: das ist die Einstellung, daß das Andere im Grunde genommen gar nicht anders ist, sondern das notwendige Gegenstück, damit ich Ich sein kann. Ich muß das durch ein Beispiel erläutern: Wenn wir einer anderen Kultur begegnen, dann können wir die erste oder die zweite Einstellung haben. Ich spreche jetzt von fremden Kulturen, aber wir können ohne weiteres auch das Beispiel von fremden Völkern nehmen. Wir haben hier das Problem von Gastarbeitern, das Problem von Angehörigen anderer Völker, die bei uns arbeiten; dieses Problem taucht ja immer wieder ganz konkret auf. Wir können hier die Einstellung eins haben, und ich bin sehr unglücklich, daß sich die weiße Abteilung der Menschheit dadurch »auszeichnet«, daß sie in einer ganz unvorstellbar präpotenten Art die Einstellung eins in die anderen Kulturen bringt. Ich war erst vor kurzem in Japan und erlebte das immer wieder selber – ich bin ja auch Angehöriger dieses Teiles der Menschheit – so schmerzlich. Wenn dort Europäer es zum Beispiel ganz selbstverständlich empfinden, daß sie bei der Begrüßung einem Japaner die Hand geben. Bei uns gibt man die Hand, wenn man jemanden begrüßt. Die Japaner aber machen das anders, sie verneigen sich. Die Europäer geben die Hand, weil sie sich denken, sie sind ja Gäste; aber wenn die Japaner zu uns kommen, geben wir ihnen auch die Hand, weil wir ja Gäste so begrüßen.

Die Einstellung, die ich hier propagieren möchte, ist die: Menschsein ist etwas so ungeheuer Gewaltiges, daß es sich unmöglich in *einem* Geschlecht, in *einer* Generation, in *einer* Rasse oder in *einer* Kultur ausdrücken kann. Menschsein ist so ungeheuer umfassend, daß wir beide Geschlechter und alle Generationen, Rassen und Kulturen brauchen, um Menschsein überhaupt darstellen zu können. Und das halten wir nicht aus. Weil nämlich in jedem von uns dieses Menschsein angelegt ist und der Weg zu einer besseren Welt, von der gesprochen wurde, auch heißt zu akzeptieren, daß das Menschsein in seiner vollen, umfassenden Größe in jedem von uns angelegt ist. Es ist übrigens das, was bei uns im Abendland die »Frohbotschaft« genannt wird. Frohbotschaft heißt nicht, daß man das und das nicht machen darf, das wäre ja keine Frohbotschaft.

Sondern Frohbotschaft heißt, daß Menschsein im umfassendsten Sinn in jedem angelegt ist. Im philosophischen Einführungsunterricht hören wir irgendwann einmal vom kategorischen Imperativ von Kant. Da lernen wir dann, der kategorische Imperativ heißt: »Handle stets so, daß die Maxime deines Handelns als allgemeines Gesetz gelten könnte.« Das aber ist mehr oder weniger die Einstellung eins. Es geht zumindest aus von der Einstellung eins, es geht aus davon, daß man sagt, es gibt so etwas wie das richtige Handeln, und das andere Handeln ist falsch – wie beim Flugkapitän, der die Maschine in die Luft bringt. Es ist zwar schwierig herauszufinden im konkreten. Aber wenn du so handelst, dann handelst du gut. Kant hat das natürlich gewußt, daß dieser Satz ein formaler ist, nach dem niemand handeln kann. Denn die Handlung vom Typ des Inbetriebnehmens eines Flugzeuges hat er ja nicht gemeint. (Beim Inbetriebnehmen eines Flugzeuges handeln wir nicht nach dem kategorischen Imperativ, sondern besser nach der Betriebsanleitung.) Aber beim Umgang mit Menschen, beim ethischen

Umgang, kann danach kein Mensch handeln. Denn jede Handlung ist einmalig und unwiederholbar. Ich kann nicht die Maxime des Handelns auf andere Handlungen übertragen, denn es sind andere Menschen dabei beteiligt, und jeder Mensch ist anders. Deswegen brauchen wir auch einen praktischen Imperativ. Den praktischen Imperativ von Kant lernt man nicht in der Schule. Der praktische Imperativ drückt genau das aus, was ich zuerst sagen wollte, daß die Menschheit in ihrer umfassenden Gesamtheit in jedem einzelnen von uns angelegt ist und daß daher jeder einzelne von uns nicht nur Individuum, sondern zugleich die Menschheit ausdrückt und als solches letzter Zweck der Schöpfung ist. Es hat keinen Sinn zu fragen: was ist der Zweck der Menschen? Sie sind schon selbst der Zweck. Und Kant hat daher im praktischen Imperativ gefordert: »Handle so, daß du die Menschheit sowohl in deiner Person als in der Person jedes Anderen jederzeit zugleich als Zweck, niemals bloß als Mittel brauchest.«

Wie ich schon gesagt habe: Die Menschheit ist jeder von uns. Ich darf eine Übung vorschlagen, damit ich nicht so abstrakt spreche. Als ich diese Sachen gelesen habe, habe ich das als empirischer Naturwissenschaftler nicht nur in meinem Kopf aufgenommen, sondern habe gedacht, das müßte man eigentlich ein wenig üben. Ich war damals in Bonn und habe mich am Beethovenplatz ganz unauffällig in ein Sraßencafé gesetzt und mir die Menschen angesehen. Ich glaube, viele von uns genießen das, einfach sich hinsetzen und Menschen anschauen, die dort vorbeigehen. Normalerweise ist es aber so, daß man diejenigen Menschen anschaut, die einen sofort faszinieren. Und da habe ich gesagt, jetzt mache ich einmal eine Übung, jetzt schaue ich mir nicht die Menschen an, die mich faszinieren, sondern jetzt konzentriere ich mich auf diejenigen Menschen, die mir eigentlich normalerweise entgleiten würden, bzw. wenn mein Blick auf sie fällt, würde ich ihn sofort abwenden, weil sie mir unangenehm sind. Das sind insbesondere z. B. behinderte Menschen, Blinde, es gibt auch Menschen, die aus irgendeinem Grund nicht sehr schön anzuschauen sind. Und dann habe ich mir gesagt, jetzt konzentriere ich mich auf einen dieser Menschen und mache mir klar, daß auch dieser eine Mensch in seiner bestimmten Form als anderer die Menschheit repräsentiert und selbst letzter Zweck ist und niemals nur dazu da, daß wir ihn z. B. bemitleiden oder daß wir ihm helfen. Bemitleiden und helfen können wir schon auch. Man kann diese Übung noch verstärken, indem wir uns klarmachen, wenn die Menschheit wirklich in jedem angelegt ist, daß nicht so getrennt wird wie: das ist der Andere und das bin ich, sondern daß ein einendes Band besteht. Und wenn man Menschen beobachtet, so spricht man ja oft im Geiste mit und sagt z. B.: der trägt einen schweren Koffer oder schiebt den Kinderwagen oder wie immer das ist. Und ich habe dasselbe dann in der ersten Person gesagt, das heißt, mich völlig hineinversetzt in den anderen Menschen. Das ist eine ganz interessante Übung, wenn man die Emotionen, die man dabei hat, beobachtet.

Diese Einstellung ist von uns gefordert: das andere ist notwendig, weil ich allein nicht imstande bin, das Menschsein darzustellen. Ich bin ja z. B. ein Mann und kann die weibliche Seite des Menschseins niemals darstellen. Obwohl das freilich nicht so getrennt ist, daß der eine nur männlich und die andere nur weiblich ist, aber trotzdem kann ich die Art und Weise, wie eine Frau das Menschsein darstellt, wahrscheinlich nicht einmal voll begreifen. Wenn ich Mensch sein will, bedarf es der Einsicht, daß die Frau es mir erst ermöglicht, Mann zu sein, und wir erst gemeinsam das Menschsein darstellen. Und hier komme ich darauf zurück, daß ein wesentlicher Unterschied besteht zwischen individuellen und gesellschaftlichen Einstellungen. Die Einsicht, daß das andere Geschlecht überhaupt dazu notwendig ist, daß wir wir selbst sein können, daß die Frau notwendig ist, damit ich Mann sein kann, und erst die Gemeinschaft Menschsein bedeutet, diese Einsicht und diese Erkenntnis liegt dem zugrunde, was wir Liebe nennen. Nun ist es ganz verständlich, daß schon durch Jahrtausende diese Liebe zwischen Menschen individuell verwirklicht werden konnte. Obwohl das im Gegensatz stand zur gesellschaftlichen Einstellung. Die gesellschaftliche Einstellung ist ja gerade in bezug auf das andere Geschlecht die Einstellung Nummer eins. Gesellschaftlich haben wir ja immer wieder versucht, einfach zu sagen, die Frau ist eigentlich ein falscher Mensch. Das war und ist zum Teil auch heute noch die Einstellung. Man kann in vielen Sprachen das, was ich jetzt gesagt habe, gar nicht mehr ausdrücken. Denn in vielen Sprachen kann man gar nicht sagen, erst in ihrer Gemeinschaft machen Mann und Frau das aus, was wir Mensch nennen, weil in vielen Sprachen das Wort für Mann und Mensch dasselbe ist. Im Französischen heißt es »homme«, das ist Mann und Mensch.

Ich darf daran erinnern: obwohl hier noch weite Strecken zurückzulegen sind, leben wir doch in einer Zeit, in der sich in relativ kurzer Zeit einiges getan hat. Als Physiker wähle ich gerne Beispiele aus der Physik. Die erste Frau von Albert Einstein, die ihm sehr geholfen hat, seine Relativitätstheorie zu formulieren, mußte am Beginn des Jahrhunderts in der Schweiz studieren. Sie war Serbin, und die Schweiz war das einzige Land in Europa, wo Frauen studieren durften. Und unsere große Vertreterin der Physik, Lise Meitner, die ja so große Beiträge zur Entwicklung der Physik geleistet hat, mußte noch in einer Privatschule unterrichtet werden, weil sie als Mädchen nicht in eine öffentliche Schule gehen konnte. Sie hatte das große Glück, in Max Planck einen für die damalige Zeit sehr offenen Lehrer zu finden, der ihr gestattete, im Hinterhof des Max-Planck-Institutes in Berlin mit Otto Hahn Experimente zu machen, allerdings unter der ganz strikten Auflage, daß sie sich niemals in der Aula der Universität blicken lasse. Das war noch vor gar nicht allzulanger Zeit, da ist schon noch sehr viel aufzuholen.

Der Widerspruch ist hier ganz deutlich, denn wir müssen

einerseits trachten, daß sich gesellschaftlich etwas ändert; aber wir können andererseits gar nicht darauf warten. Wenn wir uns nur dafür einsetzen, die Gesellschaft zu ändern, dann gehen wir individuell vor die Hunde, weil die Änderung der Gesellschaft sicherlich nicht so schnell geht, daß wir in unserer Lebenszeit darauf warten können. Vielleicht geht es überhaupt nicht in der Weise, wie wir uns das vorstellen. Wir müssen also diese Spannung aushalten lernen.

Ich war 1964 in Amerika und habe dort teilgenommen an Gesprächen zwischen weißen und schwarzen Bürgern Amerikas, und es war das Jahr, in dem in Amerika die Gesetze gegen die Rassentrennung erlassen wurden. Dort hat mir dann ein Kollege einer schwarzen Universität gesagt: »Ja ich weiß schon, daß es immer heißt, es wird noch drei Generationen dauern, bis die Schwarzen so halbwegs anerkannte Bürger sind in den USA, aber was nützt das mir? Ich habe ja nur eine Generation zu leben.« Hier muß diese Spannung ausgetragen werden, denn es wäre fürchterlich, wenn wir uns alle auf das Individuelle zurückziehen würden und sagen: »Hauptsache, ich kann das persönlich erleben.« (Z. B. eine partnerschaftliche Beziehung zwischen Mann und Frau in meinem persönlichen Bereich darstellen.)

Und es wäre ebenso fürchterlich, wenn es überhaupt keine individuelle Erfüllung mehr gäbe, keine partnerschaftliche Beziehung zwischen Mann und Frau aus dem bloßen Grund, weil es gesellschaftlich noch nicht verwirklicht ist. Wir müssen also in dieser Spannung leben.

Ich möchte noch Beispiele bringen, wie unsere Einstellung zum Anderen uns wesentlich prägt. Zunächst die andere Generation. Das ist in jeder Schule eines der wesentlichen Probleme und immer ein wesentliches Problem der Bildung. Die Einstellung eins und zwei würde heißen, daß z. B. die ältere Generation sagt, Aufgabe der Schule und Aufgabe des Bildungssystems ist es, den jungen Menschen das zu übermitteln, was wir uns erarbeitet haben. Denn schließlich haben wir ja Entsprechendes dazu geleistet. Die andere Einstellung wäre die, daß die junge Generation sagt, es ist uns egal, was die gemacht haben, wir müssen unsere Welt ja selber bauen. Und die Einstellung drei ist hier meiner Meinung nach die geforderte. Von allen – nicht nur von den Pädagogen –, von allen Teilnehmern an diesem Entwicklungsprozeß; wir müssen einsehen, die Menschheit kann sich eben auch nur im Wechsel von Generationen darstellen. Der Wechsel von Generationen ist dazu da, daß sich etwas ändert, damit dasselbe verwirklicht werden kann. Natürlich ändert sich etwas, aber nicht damit sich etwas ändert, sondern damit derselbe Anspruch – etwa der Weg zu einer besseren Welt – verwirklicht werden kann.

Weiterhin wichtig ist mir unsere Einstellung zum schlechthin Anderen – wie ich es nennen möchte. Jedem von uns begegnet nämlich irgendwann einmal in seinem Leben das schlechthin Andere, und das ist der eigene Tod. Es gibt nichts, was uns stärker von uns selbst reißt als der eigene Tod. Und da gibt es nun wieder diese zwei Einstellungen. Ich glaube, daß wir wiederum in unserer Welt einfach die Einstellung eins hier durchschlagen haben lassen in einer Weise, die meines Erachtens schrecklich ist. Daß wir nämlich so tun, als ob der Tod sozusagen ein Fehler der Schöpfung wäre. Es ist tatsächlich fürchterlich: irgendwann einmal hört mein Leben auf, und das gehört sich einfach nicht.

Ich glaube, die Einstellung im menschlichen Bereich, die ich eben hier zu propagieren versucht habe, ist die, einzusehen, daß der Tod ein wesentlicher Bestandteil des Lebens ist. Ich sage das in dem Bewußtsein, daß es jungen Menschen sehr schwer fällt, das zu verstehen. Mit gutem Recht. Es ist heute schon vergessen worden, daß der Tod unserem Leben erst den Sinn gibt. Natürlich nimmt er ihm auch den Sinn, indem er es beendet, aber der Tod gibt dem Leben erst den Sinn, weil nur im endlichen Dasein Freiheit und Liebe verwirklicht werden können.

Freiheit heißt doch auch, daß ich die Notwendigkeit habe, mich zu entscheiden, und immer bestrebt bin, mich so zu entscheiden, daß es zu meinem Wohl wird. In einem unendlich langen Leben ist es völlig gleich, weil wir zehnmal falsch entscheiden könnten und trotzdem noch unendlichmal die Möglichkeit hätten, dieselbe Entscheidung richtig zu treffen. Denn es kommt alles irgendwann einmal wieder. Das heißt, die Endlichkeit, die Begrenztheit unseres Daseins ist überhaupt Voraussetzung dafür, daß dieses Dasein mit Sinn erfüllt werden kann, was man die »Fülle der Zeit« nennt.

In unserem Leben begegnet uns schon vor dem Tod (der ja das schlechthin Andere ist) das Andere irgendwann einmal mit Vehemenz in unserer eigenen Person. Man nennt das dann manchmal »midlife-crisis«, es kann aber auch zu Ehekrisen führen, Partnerschaftskrisen, zu Identitätskrisen – zu allen möglichen persönlichen Krisen. In dem Fall begegnet uns das Andere in unserer eigenen Person, in uns selbst. Und da gibt es jetzt wiederum die zwei Einstellungsmöglichkeiten, vor denen ich warnen möchte. Die eine ist, daß man sagt: da ist jetzt was anderes, und da muß ich aufpassen, das ist sicher falsch. Also ich bleibe, wie ich bin. So wie ich bisher war, war es gut, wo käme man denn da hin, wenn man sich einfach ändert.

Die andere Einstellung ist die, daß man sagt, »jetzt erst bin ich draufgekommen, daß ich selber eigentlich ein Anderer sein könnte«, und wird zum Aussteiger. Dann sollte man sich sagen: »Ich muß jetzt versuchen aufgrund der Festigkeit, die ich schon habe, imstande zu sein, meine Person zu entwickeln und zu erweitern« (darum kommen ja die Krisen nicht schon mit zwölf oder dreizehn). Freilich darf ich nicht den gleichen Weg weitergehen, sondern ich muß versuchen, das Neue, das Andere in mich zu integrieren, so wie ich während meines ganzen Lebens versuchen muß, immer das, was an mich herantritt, zu prüfen, ob es nicht ein Teil meiner selbst sein kann.

Die Krise des Fortschritts

In unseren Tagen hört man häufig Klagen über den Rückgang der Studentenzahlen technischer Fachrichtungen, ja über »Technik-Feindlichkeit« der Jugend. Dahinter mag sich eine tiefe und (zumindest zum Teil) auch berechtigte Angst verbergen; die Angst, daß eine kommende Generation die Errungenschaften unserer Zivilisation in Frage stellt, auf die wir wohl zu Recht stolz sind. Viele der Freiheiten und auch Schönheiten unseres Lebens beruhen doch auf der Möglichkeit, dieses Leben mit Hilfe technischer Geräte einzurichten und auszugestalten.

Zugleich mit den vermehrten Klagen über Technik-Feindlichkeit (ja manchmal »Maschinen-Stürmerei«) können wir ein Aufkeimen einer neuen Nostalgie-Welle beobachten, deren Sehnsucht auf untergegangene technische Errungenschaften gerichtet ist. Fahrten mit Dampf-Eisenbahnen werden zum besonderen Sonntagsvergnügen, »Oldtimer« gehören zum Luxus Begüterter und werden bestaunt, längst überholte Geräte (Dampflokomotiven, alte Seilbahngondeln usw.) werden nicht nur in technischen Museen, sondern an öffentlichen Plätzen denkmalähnlich zur Schau gestellt.

Wodurch aber wurden diese technischen Errungenschaften (deren positive Aspekte uns so ans Herz gewachsen scheinen, daß wir sie im Sinne der Nostalgie nun verherrlichen) verdrängt? Sicher war es nicht Maschinen-Stürmerei oder Technik-Feindlichkeit; vielmehr hat der technische Fortschritt selbst seine Errungenschaften überrollt, gerade als sie am ausgereiftesten waren. Es gehört also offenbar zum Wesen des technischen Fortschritts, daß er sich nicht linear entfaltet. Eine neue technische Erfindung wird zunächst mit Kinderkrankheiten behaftet sein. Durch Entwicklungsarbeit an dieser Erfindung werden sie ausgemerzt, dann aber wird durch weitere Entwicklung die Erfindung zum Ausreifen gebracht; gerade wenn die *Entwicklung* nicht mehr weiterzutreiben ist, wird sie oft durch *Innovation* ganz verdrängt; eine neue Erfindung ersetzt die alte, auch wenn die ihrerseits nun mit Kinderkrankheiten behaftet ist, die es durch Entwicklung auszumerzen gilt.

Vielleicht können wir den Unterschied noch deutlicher herausarbeiten, wenn wir als Ziel der Entwicklung Beseitigung von Mängeln (»Kinderkrankheiten«), Verbesserung und Vereinfachung des schon Bestehenden und Vorantreiben in Richtung besserer Meßwerte (höhere Kompression, höheres Drehmoment, besserer Wirkungsgrad, geringere Verluste etc.) ansehen. Dagegen will Innovation nicht schon Bestehendes verbessern, sondern durch grundlegend neue Ideen ersetzen. Beide Elemente – Entwicklung und Innovation – gehören untrennbar zum technischen Fortschritt. Ohne Entwicklung kommt er zum Stillstand, und ohne Innovation kann er sich nicht den Bedürfnissen der Menschen anpassen, er geht ja dann wie auf Schienen in immer dieselbe Richtung.

Paradox formuliert könnte man also sagen, daß die Technik selbst ihr eigener Feind zu sein hat, um sie dem Menschen in einer wandelnden Zeit nützlich bleiben zu lassen. Vielleicht ist eine der Ursachen der eingangs erwähnten Technik-Feindlichkeit der Jugend darin zu sehen, daß in unserer Zeit Entwicklung und Innovation aus dem Gleichgewicht geraten sind? Daß wir zuviel Gewicht auf Entwicklung (kleine Neuheiten eingeschlossen) und zuwenig Gewicht auf echte, grundlegend neue Ideen, also Innovation legen? Daß daher die Technik sich zu sehr an sich selbst und zuwenig an den wahren Bedürfnissen der Menschen orientiert? In der paradoxen Formulierung hieße dies, daß die Ursache der Technik-Feindlichkeit darin liegt, daß die Technik sich selbst nicht mehr feindlich genug gegenübersteht!

Wenn wir die Zusammenhänge, die uns heute in unserer Krisensituation wichtig erscheinen, durchschauen wollen, dann können wir nach meiner Meinung nicht tief genug schürfen. Wir wollen also mit der Frage beginnen, was eine menschliche Gemeinschaft von einer Tierherde unterscheidet. Freilich können wir dieses Problem nicht in seiner ganzen Vielfalt darlegen; wir brauchen aber auch bloß jene Dimensionen zu betrachten, die für unsere Frage von Bedeutung sind.

Die wesentlichste Dimension scheint mir dabei zu sein, daß das Überleben einer menschlichen Gemeinschaft nicht – wie beim Tier – von der Natur sozusagen garantiert wird (durch Instinkte, angeborene Eigenschaften usw.). Natürlich kann auch eine Tierart aussterben, aber das ist gewissermaßen ein Unfall, im Normalfall braucht sich das Tier um sein Überleben nicht zu kümmern (ich unterscheide beim Tier bewußt nicht mehr zwischen Individuum und Art). Eine menschliche Gemeinschaft kann hingegen auch im Normalfall in der Regel nicht überleben, wenn sie sich nicht bewußt darum kümmert; sie muß also ihr Überleben organisieren durch gewisse Regeln und Normen, Verbote und Gebote von Verhaltensweisen, kurz: durch ihren »Standard«.

Der Standard kann von Gruppe zu Gruppe verschieden sein (man denke etwa nur an die Sprache!) bei größeren Gemeinschaften, z. B. Völkern oder Kulturkreisen, ist er es immer. Standards verschiedener Gruppen können zueinander auch im Widerspruch stehen, denn es kommt in erster Linie darauf an, daß sich alle Mitglieder einer Gruppe daran gebunden fühlen. Denken wir (als zugegebenermaßen triviales Beispiel) an den Standard, der das Überleben im Verkehr garantieren soll. Es ist dabei gleichgültig, ob alle links oder alle rechts fahren, solange sich alle innerhalb eines wohldefinierten Bereiches an die eine oder die andere Form des Standards halten. Aber auch bei weniger »neutralen« Handlungen, wie etwa der Tier- und Pflanzenzucht, ist es in vielen Bereichen (etwa Zeit des Fütterns, Art des Gießens etc.) wichtiger, daß alle Ähnliches tun, als was sie genau tun.

Der Standard ist für die Gruppe ihre »Wahrheit«, denn ein Verstoß gegen ihn gefährdet das Überleben. Der Standard – insofern er die »richtigen« (d. h. nicht gefährdenden) Handlungen betrifft – muß daher für alle Mitglieder der Gruppe vollziehbar und von Generation zu Generation vermittelbar sein. Dazu muß er – und das gilt bei Handlungsanweisungen für alle Völker und Kulturkreise – drei Bedingungen genügen: Eindeutigkeit, Widerspruchsfreiheit und Begründbarkeit. In unserer Kultur sind diese drei Forderungen in den Axiomen der Logik festgehalten.

Aber alle Axiome der Logik sind zwar notwendige Voraussetzung für den Standard, sie reichen aber noch nicht hin, die »richtigen« Normen auszuwählen. Denn zumindest in bezug auf die Natur muß es auch irgendein Kriterium der »Wahrheit« geben; zweifellos gibt es auch eindeutige, widerspruchsfreie und begründbare Systeme, die aber nicht die Wirklichkeit, wie sie von den Menschen einer Gruppe erfahren wird, richtig beschreiben (die reine Mathematik ist ein Beispiel).
Damit aber eröffnet sich für die Menschen ein Dilemma: sie brauchen auch zur Beschreibung der Natur und ihrer Umwelt einen Standard (ein Weltbild!), der von allen akzeptiert werden kann. Jeder Mensch hat aber notwendigerweise sein ganz persönliches, individuelles Weltbild, das auf seinen Erfahrungen und Erlebnissen aufbaut. Es gibt keine allgemeine Erfahrung der Wirklichkeit, und doch brauchen Menschen eine allgemein gültige Beschreibung eben dieser »Wirklichkeit«. Für lange Zeit wurde dieses Dilemma durch einen Kompromiß umgangen. Das jeweils beste *individuelle* Weltbild wurde für alle als ver-

bindlich erklärt; sie mußten sich – wollten sie nicht ausgeschlossen werden – diesem Standard unterwerfen, unabhängig davon, ob sie sich selbst damit identifizieren konnten oder nicht. Natürlich standen verschiedene Weltbilder in Konkurrenz, so daß das »beste« seinen Platz verteidigen mußte. Der Gruppendruck, sich dem gemeinsamen Standard anzuschließen, ist aber im Zweifelsfall meist stärker als der Hang an der persönlichen Identifikation mit der eigenen Wahrheit.

So hatte sich im Abendland schließlich das Weltbild des Aristoteles zur Naturbeschreibung durchgesetzt. Als »wahr« in bezug auf die Natur galt, was sich eindeutig, widerspruchsfrei und begründbar mit diesem Weltbild vereinen ließ. Sollte ein Individuum zu einer anderen Ansicht kommen, so lag dies am Individuum und nicht am Weltbild. Da offensichtlich jeder Mensch auch ganz persönliche Eindrücke, Anschauungen und Erfahrungen erlebt, war es immer nur eine Frage des »guten Willens«, sich der gemeinsam anerkannten Autorität zu unterwerfen oder sich durch Beharren auf dem eigenen Standpunkt selbst aus der Gemeinschaft auszuschließen.

Die Auseinandersetzung des Begründers der modernen Naturwissenschaft Galileo Galilei mit der Kirche ist bekannt. Viel weniger bekannt sind jedoch die Hintergründe, um die es Galilei ging: er trat gegen den Wahrheitsbegriff zum Kampfe an, wonach *auch zur Beschreibung der Natur* das Modell einer Autorität (Aristoteles) für alle gültig sein sollte. Sein Anliegen war es, eine Methode zu finden, nach der ein allgemeiner Standard auch allgemein erarbeitet und von jedem Individuum in gleicher Weise zugleich als allgemein und als persönlich zutreffend anerkannt werden konnte.

So wie Entwicklung und Innovation einander ablösen, kann auch in der Entwicklung des Weltbildes der Naturwissenschaften zwischen Zeiten der bloßen Verbesserung der Theorie und solchen der großen Erneuerung und Umwälzung unterschieden werden. (Thomas Kuhn spricht von wissenschaftlichen Revolutionen.)

Die Methode des Galilei hat sich in einer atemberaubenden Weise entwickelt und über die ganze Welt ausgebreitet. Von den vielen Ursachen dafür scheinen mir zwei besonders bedeutungsvoll: Zum einen hat der neue Wahrheitsbegriff des Galileo Galilei einen geradezu explosiv demokratischen Hintergrund: »Wahr ist nur das, was im Prinzip jeder selbst überprüfen kann«, könnte man ihn sloganartig zusammenfassen, und ich halte es, wie bereits erwähnt, nicht für einen Zufall, daß die erste Forderung an das Experiment (Quantifikation durch einheitliche Maßeinheiten) in der französischen Revolution verwirklicht wurde. Auf einer Gedenkmünze zur Erinnerung an die Einführung des einheitlichen metrischen Systems heißt es darum auch: »Pour tous les temps, pour tous les peuples!« (Für alle Zeiten, für alle Völker.)

Der zweite Grund scheint mir die Möglichkeit der Systematisierung des technischen Fortschritts. Wegen der dritten Forderung an das Experiment, der Analysierbarkeit oder Isolierbarkeit einzelner Phänomene, muß die Naturbeschreibung immer hinter der Erfahrung zurückbleiben. Dadurch entsteht aber eine Differenz zwischen der Naturbeschreibung (dem »Modell«) und der erlebten Umwelt. Diese Differenz ist gleichzeitig Aufforderung an die Menschen, eine »neue Wirklichkeit« zu schaffen. Eine naturwissenschaftliche Theorie kann eine technische Innovation induzieren, und aufgrund der neuen technischen Möglichkeiten sind verfeinerte Experimente möglich, die wiederum zu einer Verbesserung der naturwissenschaftlichen Theorie führen. Wir können diese Wechselwirkung vielleicht als »naturwissenschaftlich-technologische Fortschrittsspirale« bezeichnen; auch heute ist derselbe Mechanismus einer der wesentlichen Antriebe für technischen Fortschritt. Wir können die Geschwindigkeit geradezu meßbar machen, indem wir die zeitliche Differenz zwischen der naturwissenschaftlichen

Theorie und der technischen Realisierung angeben (etwa 50 Jahre im Falle der Vakuumpumpe, heute hat sich diese Zeitspanne stark verkürzt, nur etwa im Falle so entscheidender Umwälzungen wie die der Nutzung der Atomenergie sind es auch in unserem Jahrhundert noch mehrere Jahrzehnte: 1905 bis 1945).

Galilei wollte seinen neuen Wahrheitsbegriff ganz deutlich gegen »jene Wahrheiten, welche für das Seelenheil der Menschen notwendig sind und die nur durch Offenbarung des Heiligen Geistes sich Glaubwürdigkeit verschaffen können«, abgrenzen.

Nach Galilei spaltete Newton die Zeit in eine »absolute, wahre und mathematische Zeit« und eine »relative, scheinbare und gewöhnliche Zeit«. Seither wurde unsere Welt von einer immer tiefer greifenden Spaltung ergriffen, die den für alle Menschen in gleicher Weise (intersubjektiv) erfaßbaren und erklärbaren Teil von dem persönlich erlebten, aber auch dem individuellen Sinnanspruch trennt. Diese Spaltung findet ihren Niederschlag auch in einem Auseinanderreißen der beiden aufeinander bezogenen und voneinander abhängigen Begriffe »Leben« und »Überleben«. »Überleben« können wir dabei naturwissenschaftlich-biologisch verstehen als einfaches Fortdauern eines Lebensvorganges in der Zeit. »Leben« wird in allen Hochreligionen ganz deutlich davon unterschieden: Das Hauptwerk im Taoismus, das »Tao-te-king«, heißt eigentlich »Das wahre Buch vom Weg und vom Leben«, wobei »Leben« eben in diesem, vom Biologischen abgehobenen Sinne zu verstehen ist. Dschuang-dsi, der Großmeister des Taoismus, sagt dazu: »Mit einem Fachmann kann man nicht vom Leben sprechen, er ist gebunden durch seine Lehre.« Für den Buddhisten heißt »Leben« dauernde Geburt, und Jesus sagt von sich selbst: »Ich bin der Weg, die Wahrheit und das Leben.« Im ersten Brief des Johannes (3,14) heißt es: »Wir wissen, daß wir aus dem Tode zum Leben gekommen sind, weil wir die Brüder lieben. Wer keine Liebe hat, bleibt im Tode.«

Die Abhängigkeit von »Überleben« und »Leben« ist sofort klar, wenn wir uns vergegenwärtigen, daß Leben (immer im Sinne des ersten Johannes-Briefes gemeint) natürlich Überleben voraussetzt, daß aber Überleben niemals Selbstzweck sein kann, weil es durch die bewußte Endlichkeit des menschlichen Daseins seinen Sinn außer sich (eben im Leben) haben muß. Ich möchte hier ganz klar und deutlich sagen, daß auch das Überleben der Menschheit niemals Ziel unserer Tätigkeit sein kann, vielmehr ist das Überleben der Menschheit erst Voraussetzung dafür, daß der Sinn menschlichen Daseins gelebt werden kann.

Durch die Naturwissenschaft und Technik ist es uns nun gelungen, nicht nur einen Standard zu finden, der uns das Überleben in einer gefährlichen Umwelt sichert, sondern wir sind zu etwas völlig Neuem gelangt: Wir können diese Umwelt selbst umgestalten. Die Frage heißt also nicht mehr nur: Wie überleben wir in einer gegebenen Welt, sondern wie ändern wir die Welt, um in ihr optimal überleben zu können? Im Lichte des vorhin Gesagten ist aber auch diese Frage allein nicht sinnvoll, sondern erhält ihren Sinn erst dann, wenn wir sie erweitern und fragen: Wie müssen wir unsere Umwelt verändern, daß unser Überleben in dieser Welt ein sinnvolles Leben erlaubt?

Nun zeigt sich aber, daß wegen des Galileischen Wahrheitsbegriffes eine Tätigkeit am Erweitern des naturwissenschaftlichen Weltbildes oder an der technischen Umgestaltung unserer Welt zugleich ein Urbedürfnis des Menschen befriedigen kann: Die individuelle Tätigkeit ist immer für die Gemeinschaft von Bedeutung und daher immer auch schon eine Synthese des Gegensatzes von Individuum und Gemeinschaft. Wendet sich ein Mensch religiösen, ethischen Fragen oder Fragen nach dem Sinn des Daseins zu, dann fällt er in die Alternative, entweder sich Autoritäten (und sei es die Autorität des Heiligen Geistes) unterwerfen zu müssen oder bloß subjektive, individuelle Ergebnisse erlangen zu können. Ich möchte hier anfügen, daß ich persönlich der Meinung bin, daß die von den Begründern der Hochreligionen auch auf diesem Gebiete angebotenen Synthesen bis heute noch nicht historische Wirklichkeiten werden konnten.

So zeigt jeder Mensch in sich selbst eine Spaltung gewissermaßen als Spiegel der Spaltung in der Welt: Der homo faber, der emsig bemüht ist, sein Überleben zu sichern, und sei es nur durch Ausfüllen seiner Zeit mit emsiger Tätigkeit, und der homo mysticus, der versucht, diesem Leben auch Sinn zu verleihen oder zumindest die Frage nach dem Sinn zu stellen.

Homo faber und homo mysticus sind zwei Seelen in der Brust eines jeden Menschen, die aber nicht immer mit gleichem Gewicht auftreten. Vereinfacht gesagt bedeutet in bezug auf technischen Fortschritt ein extremes Überwiegen des homo faber ein Ungleichgewicht zugunsten der Entwicklung. Innovation, die auch menschliche Bedürfnisse, ja Sehnsüchte berücksichtigen will, setzt immer auch den homo mysticus voraus, der von einer besseren Welt träumt. Allerdings kann er erst im Verein mit seinem Zwillingsbruder – dem homo faber – diese Träume auch in der realen Welt einer Verwirklichung näher bringen.

Wir haben unsere Ausführungen mit einer Analyse des Wechselspiels von Entwicklung und Innovation begonnen. Ich möchte daran anknüpfen, wenn ich nun die Frage stelle, wie weit uns wissenschaftlich-technischer Fortschritt helfen kann, eine Synthese zwischen Leben und Überleben herbeizuführen. Sicherlich ist es nutzlos, nach einer solchen Synthese etwa im Sinne eines »Rezeptes« oder einer »Modellvorstellung« zu suchen; nur die lebendige Wirklichkeit wird zeigen, ob es uns gelingt, eine derartige Synthese zu finden, bevor sich die Menschheit durch den Versuch, ihr Überleben mit Hilfe wissenschaftlich-technischen Fortschritts zu organisieren, gerade diese angestrebte Überlebensmöglichkeit selbst raubt. Dazu möchte ich noch einmal festhalten, daß ich der festen Überzeugung bin, daß die Methode des Galileo Galilei mit seinem demokratischen Wahrheitsbegriff eines der wesentlichsten Werkzeuge auf dem historischen Weg der Menschheit darstellt. Es ist aber die Frage, ob es uns gelingt, dieses Werkzeug auch so einzusetzen, daß wir nicht damit das Gegenteil von dem herbeiführen, was wir eigentlich erreichen wollten. Gerade wegen der demokratischen Komponente dieser Methode glaube ich aber, optimistisch sein zu dürfen: Nicht was irgendwelche selbsternannten oder von der Gesellschaft irrtümlich dazu erkorenen »Experten« meinen, ist für die Menschen einer Gruppe, einer Gemeinschaft oder eines Volkes gut, sondern *nur,* was diese Menschen selbst zu ihrem Ziel erklären. Daher glaube ich auch, daß die neuen Bewegungen der Volksbegehren, Bürgerinitiativen, ja die Umweltschutzbewegung, aber auch die Friedensbewegung und die Frauenbewegung niemals wahrhaft technikfeindlich oder gar fortschrittsfeindlich sein können! Denn wahrer Fortschritt muß immer auch die Bedürfnisse der Menschen mit einschließen, weil er sonst zu einem »Schritt fort vom Menschen« wird. Sicherlich wird vielfach der reinen Entwicklung Einhalt geboten: Eine rein quantitative Vermehrung oder Vergrößerung (größere und mehr Kraftwerke, bessere und mehr Autos etc.) wird heute von vielen abgelehnt. Das bedeutet aber noch nicht, daß diese Menschen auf *Innovation* verzichten wollen: Gerade die Berücksichtigung menschlicher Bedürfnisse, die nicht nur das Überleben, sondern auch das Leben betreffen, können den Fortschritt in eine völlig neue Richtung lenken, wie dies etwa mit dem Begriff »sanfte Technologie« gemeint sein kann.

Wenn wir bedenken, daß noch vor wenigen Jahren Begriffe wie »Umwelt«, »Alternativenergie«, »sanfte Technologie« zumindest im wissenschaftlichen Bereich ziemlich unbekannt waren, so müssen wir zugeben, daß schon einiges in Bewegung gekommen ist. Zwei Anregungen sollen helfen, den Prozeß des Umdenkens auch im Bereiche der Technik zu beschleunigen: Zum einen sollte bei allen technischen Neuerungen der derzeit sträflich vernachlässigte Bereich zwischenmenschlicher Kommunikation berücksichtigt werden (etwa interaktives Fernsehen mit Rückkopplung der Seher an die Zentrale, Möglichkeiten der Wissensvermittlung von Mensch zu Mensch ohne den Umweg über Bibliotheken oder Datenbanken u. dgl. mehr). Aber auch das einfache »Wohlbefinden«, das nicht quantifizierbar sein muß, sollte wieder Beachtung finden. Was nützt es, wenn in einem Büroraum, Eisenbahnabteil oder gar Wohnzimmer die richtige Menge an Frischluft mit der richtigen Temperatur und dem richtigen Feuchtigkeitsgehalt zugeführt wird, wenn sich die Menschen in diesem Raum doch nicht wohl fühlen können? (Sei es wegen Zugluft, sei es wegen der fast unmerklichen Geräusche oder Luftverteilungen!) Zum anderen sollte gerade bei der Ausbildung von Naturwissenschaftlern und vor allem von Technikern der »homo mysticus« wieder mehr angesprochen werden. Kommunikationsübungen wie etwa Gruppendynamik oder Führungstraining, aber auch Tiefenpsychologie halte ich für den Techniker der Zukunft für einen unentbehrlichen Teil der Persönlichkeitsbildung. Eine »multidimensionale Ursachenforschung« unter Berücksichtigung psychoanalytischer und gruppendynamischer Methoden könnte uns vielleicht helfen, das mechanistische (und damit menschenfeindliche) Denken der Physik und Technik des vorigen Jahrhunderts, das spätestens seit der Quantenmechanik ad absurdum geführt wurde, auch in der Praxis endlich zu überwinden.

Neue Werte, Neuer Mensch

In unserer Welt gibt es einen Wandel, der schneller ist als in allen Zeiten zuvor. Ich denke zum Beispiel an Alwin Toffler, der das beklagt hat in seinem »Zukunftsschock«: Der Wandel ist so schnell, daß die Menschen nicht mehr mitkommen können; ein ganz konkretes Beispiel: wenn man sich an einem Flughafen so umschaut, die großen Innovationen, die es noch vor kurzer Zeit gegeben hat (neue Flugzeugtypen und so weiter), die sind heute schon veraltet. Und das bedingt natürlich auch einen Wandel der Menschen. Auch die jungen Menschen, die heute aufwachsen, können zum Beispiel mit Computern ganz anders umgehen, als wir das können. Das ist ein Wandel, der immer schneller ist und immer stärker spürbar wird.

Wir können uns daher fragen, wieso gibt es dann gerade jetzt in einer Zeit, in der der Wandel ohnehin stärker ist, als er jemals war, einen neuen Ruf nach Wandel. Offenbar sind wir mit dem Wandel, den ich jetzt angesprochen habe, nicht einverstanden oder nicht zufrieden. Tatsächlich gibt es aber einige Menschen, die meinen, wir müssen nur die Fähigkeit, uns zu ändern, die Fähigkeit, die Welt zu erneuern und damit auch die Fähigkeit, den Menschen zu ändern, in andere Bahnen lenken, die Inhalte etwas verändern, vielleicht die Richtung etwas verändern, aber im Grunde genommen hätten wir mit der Möglichkeit der Technik, die auf der Naturwissenschaft beruht, eine Möglichkeit geschaffen, die Welt zu ändern, wie sie niemals vorher in irgendeiner anderen Kultur oder in irgendeiner anderen Zeit dem Menschen zur Verfügung gestanden hat. Es kommt nur darauf an, sozusagen die Richtung zu finden und die richtigen Inhalte. Das sind die Menschen, die sagen, die von allen anerkannten Probleme, die wir uns geschaffen haben, können nur durch mehr Innovation, nur durch mehr Technik gelöst werden.

Ich halte diese Einstellung, obwohl sie ja richtige Aspekte hat, deswegen für gefährlich, weil sie nämlich leicht zu jener Polarisation führt, daß es dann andere Leute gibt, die sagen, nein, das ist nicht das, was wir wollen, und die dann ins andere Extrem verfallen und sagen, hören wir überhaupt auf mit technischer Innovation, hören wir überhaupt auf, diese Methoden weiterhin anzuwenden.

Also Technikfeindlichkeit einerseits, Technikeuphorie andererseits oder – im weitesten Sinn – Fortschrittsfeindlichkeit einerseits, Fortschrittseuphorie andererseits. Diese Polarisation halte ich für überaus gefährlich.

Zur Zeit der Erfindung der Naturwissenschaft hat im Abendland ein einheitlicher Wahrheitsbegriff bestanden, der von einer Autorität, der Kirche, sozusagen sichergestellt wurde, und dieser einheitliche Wahrheitsbegriff war tatsächlich umfassend. Wir können zwei Fragengruppen unterscheiden, die Fragen nach dem »Ort des Daseins« und die Fragen nach dem »Sinn des Daseins«: wobei die Fragen nach dem Ort des Daseins sich etwa mit dem identifizieren lassen, was wir heute naturwissenschaftliche Fragen nennen, und die Fragen nach dem Sinn des Daseins etwa mit dem, was wir heute die Glaubensfragen oder religiöse Fragen nennen können.

Es hat also damals eine einheitliche Sicht der Welt, ein einheitliches Weltbild, gegeben. Giordano Bruno hat dieses ganze Weltbild in Frage gestellt, nicht nur die Frage, »was dreht sich um was«, und er mußte notwendigerweise am Scheiterhaufen enden, denn es war nicht möglich, sozusagen ein Rütteln an der gesamten Weltsicht zuzulassen. Und Johannes Kepler hat dieses Weltbild überhaupt nicht in Frage gestellt.

Von Johannes Kepler lernen wir die Keplerschen Gesetze, das heißt, die mathematischen Gesetze der Planetenbewegung. Darum ist es ihm aber nicht wirklich gegangen, das war sozusagen ein Nebenprodukt seiner Tätigkeit. Johannes Kepler war bemüht, die Sphärenharmonien zu analysieren, die Schönheit und die Musik der Sphären. Es wäre interessant, das ein bißchen auszuführen; wie er also gezeigt hat, daß zum Beispiel die Erde am sonnennächsten Punkt und die Venus am sonnenentferntesten Punkt eine kleine Sexte erklingen lassen und andere wieder eine Oktav und so weiter. Das ist sehr schön, hat aber eigentlich mit dem, was wir heute Naturwissenschaft nennen, gar nichts oder sehr wenig zu tun. Die Zielrichtung war eine andere.

Demgegenüber hat Galileo Galilei gesagt, er habe eine andere Methode! (Sicherlich auch, um sich selbst vor Unheil zu bewahren, was ihm ja auch gelungen ist. Wir sollten nicht vergessen, daß er ja 36 Jahre war, als Giordano Bruno verbrannt wurde!) Galilei hat also gesagt, ich trenne fortan die Wirklichkeit. Wir brauchen nicht einen umfassenden Wahrheitsbegriff. Ich habe in Zukunft zwei Wahrheitsbegriffe in bezug auf die zwei verschiedenen Aspekte der Wirklichkeit. Ich selbst spreche von Ortsfragen oder Sinnfragen. Und Galilei hat gesagt, ich trenne diese beiden Fragenkomplexe, ich werde die Sinnfragen nicht berühren, aber für die Fragen nach dem Ort habe ich eine neue Methode, einen neuen Wahrheitsbegriff. Ich brauche dort keine Autoritäten mehr. Das ist der ganz entscheidende Punkt, das ist die Geburtsstunde der Naturwissenschaft, diese Trennung der Wirklichkeit.

Galilei hatte im Jahr 1616 seine erste Auseinandersetzung mit der Kirche – diese Auseinandersetzungen sind immer so ausgegangen, daß Galilei nachgegeben hat, er wollte ja keinen Krieg. Der Prozeß von 1633 ist jedenfalls anders verlaufen, als man so im allgemeinen hört. Galilei hat niemals im Kerker gesessen. Er hat Hausarrest bekommen (als ein alter Mann) und hat dann im Hausarrest noch sein zweites Hauptwerk geschrieben. Also insofern kann man ruhig wiederholen, es ist ihm nichts passiert, denn im Vergleich zum Scheiterhaufen ist das Abschwören tatsächlich »nichts« zu nennen. In seiner ersten Auseinandersetzung 1616 hat Galilei die Spaltung der Welt schon so plakativ formuliert. Und sehr deutlich hat er gesagt, daß es hier um Wahrheit und Autorität geht, nicht um irgendwelche naturwissenschaftlichen Inhalte.

Hier haben wir den wesentlichen Ansatzpunkt der Naturwissenschaft; es gibt einen Bereich – ich nenne ihn ruhig einmal den Bereich der Naturwissenschaft –, in dem es keiner Autorität bedarf, weil die Menschen imstande sind, in jenem Bereich selbst ihre Erkenntnisse zu überprüfen. Das Prinzip ist einerseits die Logik, das heißt, alle Naturbeschreibungen müssen eindeutig, widerspruchsfrei und begründbar sein, andererseits das Experiment, das aber jetzt nicht von Autoritäten zu machen ist, sondern von »Stellvertretern der Gemeinschaft« sozusagen. Von »Stellvertretern der Gemeinschaft« heißt, hier muß es wiederum so sein, daß jeder zum gleichen Ergebnis kommen kann. Nur dann sprechen wir vom Experiment. Und hier kommt die Bedeutung des Quantifizierens zutage: alles, was meßbar ist, messen. Das Meßbare, die Zahlen, die uns später zu dem fürchterlichen Zahlenfetischismus geführt haben, in dem wir heute leben! (Aber da kann Galilei nichts dafür, da kann auch die Naturwissenschaft nichts dafür.) Experiment heißt auch die Beschränkung auf das Reproduzierbare und das Analysierbare, nur das, was sich aus dem Gesamtzusammenhang herauslösen läßt und einzeln behandeln läßt, fällt unter diese Methode. Alles andere, sagt Galilei, berühre ich nicht. Er sagt, ich überlasse es selbstverständlich der Kirche, der Offenbarung des Hl. Geistes, der Hl. Schrift und so weiter.

Nun wäre es wunderschön gewesen, wenn wir damals in dieser Verdoppelung weitergearbeitet hätten. Es ist leider nicht dazu gekommen. Wir haben eine Seite überbetont und schließlich absolut gesetzt. Das ist etwas, was uns im Abendland auszeichnet mit allen positiven und negativen Seiten – einerseits haben nur wir diese Methode entwickelt, andererseits leiden wir aber auch darunter, daß wir den Anspruch erheben, immer nur eine Methode absolut zu setzen, mit einer Methode alles erfassen zu wollen. Daher ist es dazu gekommen, daß schon der große Nachfolger von Galilei, Newton, der ein Jahr nach dem Tod von Galilei geboren wurde, nicht mehr so sehr diese Zweiheit der Wahrheit und der Wirklichkeit angesprochen hat, sondern hier eindeutig dem Bereich der Naturwissenschaften die Priorität und sogar Autorität zubilligt und versucht, mit dieser Methode möglichst alles zu erfassen. Die beiden Bereiche sind aus dem Gleichgewicht gekommen. Wir haben uns auf den Bereich der logisch-experimentellen Methode reduziert, der andere Bereich ist aus dieser Methode herausgefallen. Aber er enthält alles, was für die Menschen im eigentlichen wesentlich ist, das muß man schon betonen! Es ist alles das, was eben nicht reproduzierbar und heraushörbar ist aus dem Gesamtzusammenhang, alles das, was uns als Individuen betrifft, was uns so betrifft, daß es eben nicht mehr als Einzelphänomen betrachtet werden kann.

Goethe war der Meinung, diese Denkweise, die Newton angewandt hat, ist nicht menschenadäquat, und er hat das an der Farbenlehre expliziert. Er hat gesagt, das sehen wir doch sofort, denn für den Menschen ist das wichtigste das weiße Licht. Bei Newton, also in der Physik, ist das weiße Licht lediglich eine Mischung. In der Physik ist das eigentlich Wichtige das Zerlegte, das Analysierte, und das sind die Spektralfarben. Wegen der Forderung nach Widerspruchsfreiheit muß diese Denkmethode immer dann, wenn Gegensätze auftreten, diese zerreißen; nur eine Seite bleibt gültig, die andere wird unterdrückt. Daher fand Goethe die ganze Denkweise nicht menschenadäquat.

Goethe hat die polare Denkweise propagiert. Es gibt in Mannheim einen Kreis der sogenannten Polaritätsforscher, die versuchen dieses Goethesche Denken heute wieder aufleben zu lassen und zu neuen Systemen zu führen.

Rot und grün sind für den Menschen zwei Farben, die aufeinander bezogen sind. Das sieht man zum Beispiel an der Rot-Grün-Blindheit (analog blau und gelb). Nach Newton hat rot mit grün nicht mehr zu tun als mit blau oder gelb. Das sind einfach Farben und jede Farbe hat eine bestimmte Zahl als Wellenlänge. Sie haben nichts miteinander zu tun. Goethe sagt aber, beim Menschen ist das eben nicht so. Und Goethe entwickelt die Farbenlehre, die heute manchmal in der Malerei, in der Ästhetik einen großen Wert hat; er hat aber einen Fehler gemacht, daß er nicht auf die Spaltung der Welt reflektiert hat. Er hat nicht gesagt: es gibt einen Bereich, wo der Mensch zu Hause ist, in dem wir anders denken müssen, sondern Goethe wollte sozusagen die Waage umdrehen und wieder sagen, ich habe ein Denken, das überall funktioniert, auch in der Naturwissenschaft. Er hat nämlich nicht zugegeben, daß Newtons Methode gut ist, wenn man optische Geräte bauen will oder wenn man die Natur analysieren will, während seine Methode gut ist, wenn es auf den Menschen ankommt. Sondern Goethe hat gesagt, Newton hat sich geirrt, was Newton sagt, ist falsch, wir müssen anders denken in allen Bereichen. Das heißt, er hat wiederum versucht, einen Absolutheitsanspruch zu stellen, und mußte damit notwendigerweise scheitern. Denn solche Dinge wie Infrarot und Ultraviolett kommen bei Goethe nicht vor. Warum nicht? Weil sie auch für den Menschen nicht vorkommen. Wie sieht ultraviolett oder infrarot aus? Wir können das niemals erfahren, das ist keine Farbe für den Menschen. Trotzdem ist es sehr wichtig, diese Dinge zu kennen, denn sonst wäre die gesamte Entwicklung der Optik und von der Optik ausgehend in viele Bereiche bis hinein in die Computerindustrie nicht möglich gewesen, denn alle die Entwicklungen wie Quantenmechanik usw. wären dann nicht möglich gewesen.

Das heißt, Goethes Ansatz mußte notwendigerweise scheitern, und wir sind dann weitergegangen in einer linearen Entwicklung, die den spezifisch menschlichen Bereich der Sinnfragen immer ausklammerte, so daß wir heute in einer Situation leben, in der nur der logisch-experimentelle Bereich wesentlich ist.

Nun leben wir also heute in der Situation, in der wir versuchen, alles mit einer Methode zu beschreiben. Und diese Spaltung in die naturwissenschaftlichen Fragen einerseits, Glaubensfragen andererseits oder die Fragen nach dem Ort des Daseins einerseits, Fragen nach dem Sinn des Daseins andererseits wurde zur Ausklammerung und Verdrängung des zweiten Bereiches.

Aber ich möchte das doch noch genauer explizieren. Wir haben ja diese Zweiteilung der Welt nicht als Spaltung, aber als Unterscheidung in allen Hochkulturen und natürlich auch bei uns in der philosophischen Tradition. Ich könnte irgendeinen Philosophen heranziehen, um das nun zu zeigen. Ich wähle einfach Kant, weil er meines Erachtens hier Dinge gesagt hat, die uns sehr gut weiterhelfen können. Im Bereich des Menschlichen ist es doch nicht so, daß die Zukunft ein notwendiges Ergebnis der Vergangenheit ist. Im Bereich der Naturwissenschaft ist es das sehr wohl, wenn es auch manchmal nicht so leicht ist, die richtige Voraussage zu machen (denken wir ans Wetter). Aber im allgemeinen ist doch der Bereich der Naturwissenschaft derjenige Bereich, in dem alles begründbar abläuft, in dem also der Zustand der Zukunft in eindeutiger Weise aus dem Zustand der Vergangenheit und dem, was gegenwärtig die Randbedingungen sind, hervorgeht. Und das ist im Bereich des Menschen vermöge seiner Vernunft nicht. Der Mensch gestaltet seine Zukunft selber.

Josef Weizenbaum sagt das so: Er ist immer erschüttert, wenn hohe Politiker, hohe Bankleute, hohe Manager zusammen sind und dann beim Kaffee über die Zukunft so reden wie über das Wetter. Na, wie wird es denn werden, was wird denn herauskommen? So, als wenn das aus irgendeiner Kausalität folgte und als wäre es nicht mehr unsere Sache, die Zukunft zu gestalten.

Kant trennt zwei Bereiche, in denen wir leben, einerseits im Bereich der Naturnotwendigkeit oder Heteronomie und andererseits im Bereich der Freiheit oder Autonomie.

Kant war ja selbst ein Kind seiner Zeit, einer Zeit, in der die naturwissenschaftliche Methode ungeheure Triumphe gefeiert hat. Er selbst hat sich ja für die Entstehung des Planetensystems interessiert. Kant sagt daher: »Ob nun gleich hieraus eine Dialektik der Vernunft entspringt, da in Ansehung des Willens die ihm begleitete Freiheit mit der Naturnotwendigkeit in Widerspruch zu stehen scheint...« Hier stocke ich schon, denn ich halte das für ein Problem.

Kant sagt, es *scheint,* als ob Freiheit und Naturnotwendigkeit in Widerspruch stünden. Und das Wesentliche ist, daß das nicht nur so scheint, sondern daß sie wirklich in Widerspruch stehen miteinander, aber nicht in einem jener Widersprüche, die wir notwendigerweise eliminieren müssen, um zu einem einheitlichen Bild zu kommen, sondern in einem jener Widersprüche, die uns lehren sollten, daß es einfach unsinnig ist, von einer einzigen Wahrheit zu behaupten, sie müsse auch widerspruchsfrei sein.

Und Kant spricht dann von einer Wegescheidung: »Und bei dieser Wegescheidung die Vernunft in spekulativer Absicht den Weg der Naturnotwendigkeit viel gebahnter und brauchbarer findet als die Freiheit.« Da ist in aller Kürze ein so wahrer, aber furchtbarer Satz ausgesprochen. Wenn wir die Wahl haben oder hätten zwischen den beiden Bereichen, dann werden wir uns immer auf den Bereich der Heteronomie zurückziehen.

Warum? Weil wir diesen Bereich gebahnter und brauchbarer finden! Dort brauchen wir ja nur Leute, die genügend genau Bescheid wissen; wir brauchen ja nur Experten zu fragen, die wissen, was zu tun ist, und danach zu handeln. Wir brauchen für unsere Entscheidungen keine Verantwortung zu übernehmen. Es gibt in diesem Bereich keine Verantwortung, weil dort ja in eindeutiger Weise gesagt werden kann, was richtig oder falsch ist. Das, was es dort gibt, nenne ich Sorgfaltspflicht. Verantwortung kann ich überhaupt nur in dem Bereich der Freiheit übernehmen, in dem es möglich ist, auch falsche Entscheidungen zu treffen; und zwar nicht richtig und falsch im Sinne der Logik, wo ein Gescheiterer dann kommt und sagt, das ist falsch, sondern eben im Sinne des lebendigen Bereiches des Gestaltens der Zukunft, indem die Möglichkeit, falsche Entscheidungen zu treffen, überhaupt Voraussetzung dafür ist, daß es uns auch besser gehen kann, daß wir auch gute Entscheidungen treffen können.

Und Kant sagt dann noch: »So ist doch in praktischer Absicht der Fußsteig der Freiheit der einzige, auf welchem es möglich ist, von seiner Vernunft bei unserem Tun und Lassen Gebrauch zu machen.« Warum denn? – Weil auch das Reduzieren auf den Bereich der Heteronomie nicht ein Akt der Naturnotwendigkeit ist, sondern ein Akt der freien Entscheidung! Das heißt, wir haben unsere Welt eben aus freien Stücken so gestaltet – vielleicht nicht individuell, aber zumindest gemeinsam, so daß wir uns in diesen Bereich zurückgezogen haben.

Wenn nicht anerkannt wird, daß notwendigerweise ein Widerspruch besteht zwischen diesen beiden Bereichen, werden wir aus unseren gegenwärtigen Situationen nicht herauskommen, sondern uns immer im Kreis drehen. Das heißt, wir müssen hier tatsächlich eine neue Dimension eröffnen. Wir müssen nach 350 Jahren wieder lernen, mit Widersprüchen anders umzugehen, als sie einfach zu eliminieren.

Unser Kardinal hat mich in einem Gespräch auf ein Buch von

Hoimar von Dithfurt hingewiesen, in dem es heißt, »Glaube und Wissenschaft können nicht zueinander in Widerspruch stehen, denn es gibt nur eine Wahrheit«. Daraufhin habe ich gesagt: »Eminenz, das stimmt mich immer so traurig. Wir leben offenbar in einer Welt, in der überhaupt nicht mehr diskutiert werden muß, ob ›widerspruchsfrei‹ vernünftig ist oder nicht, denn ›widerspruchsfrei‹ ist ein Anspruch, den wir gar nicht mehr bewußt als Anspruch wahrnehmen. Solange wir das akzeptieren, kommt es immer zu unglücklichen Grenzziehungen.«

Da ist zum Beispiel der Versuch, Grenzziehungen zu finden, wo die Anwendung neuer Technologien, neuer Technik, fruchtbar ist und wo nicht. Ich halte das für einen Umweg, den wir möglichst schnell hinter uns bringen sollten. Es ist nicht eine Frage der Grenzziehung, bis wieweit Technik fruchtbar ist. Überall, aber überall auch nicht! Das ist zunächst noch nicht verständlich, was ich damit meine. Ich habe unserem Kardinal damals auch geantwortet, ich möchte ein Hegel-Zitat abwandeln und sagen: »Natürlich muß zwischen Religion (oder Glaube) und Wissenschaft ein Widerspruch bestehen und er besteht auch. Wenn beide Seiten – und das ist jetzt das Neue – einsehen, daß dieser Widerspruch notwendig und fruchtbringend ist, dann besteht er nicht.« Aber er besteht erst dann nicht, wenn beide Seiten einsehen, daß er notwendig ist.

Das ist nun sicher widersprüchlich formuliert, so ähnlich wie Hegel die Antwort gab auf die Frage, die uns heute so bewegt in der Biologie: Ist der Mensch ein Tier oder nicht? Das sind ja doch Fragen, die tief in die Politik eingreifen. Ich war in Amerika im Wahlkampf vor der ersten Wahl von Präsident Reagan und habe selbst gehört, wie er dort in einer riesigen Wahlversammlung versprochen hat, falls er Präsident wird, wird er dafür sorgen, daß die Darwinsche Entwicklungslehre nicht als einzige Möglichkeit, die zum Menschen geführt hat, in den Lehrbüchern stehen wird. Die Frage beschäftigt uns also sehr:

»Ist der Mensch ein Tier oder nicht?« Und da ist wiederum die Unsinnigkeit der Grenzziehung zu erkennen. Eine Grenze kann nicht gezogen werden. In allen Aspekten, die wir untersuchen, ist der Mensch ein Tier. Das ist überhaupt keine Frage. Aber trotzdem wäre es falsch zu sagen, der Mensch ist ein Tier. Und Hegel hat das so schön beantwortet. Er hat gesagt: »Der Mensch ist ein Tier. Weil er aber weiß, daß er ein Tier ist, ist er keines.« Das heißt, das Wissen um sich selbst ist es erst, was ihn sozusagen über die Tierwelt erhebt, was ihm den Bereich der Freiheit eröffnet und ermöglicht.

Das Problem ist meines Erachtens nicht, die Situation zu erkennen. Ich glaube, die Situation ist genügend erkannt. Die Medizin ist einer jener Bereiche, in dem das Problem in aller Deutlichkeit und Schärfe erkannt ist, denn in der Medizin können wir ohne weiteres sagen, die naturwissenschaftliche Methode ist Basis. Kein Mediziner kann auf die naturwissenschaftliche Methode verzichten. Jeder Mediziner weiß aber, wenn er sich auf die naturwissenschaftliche Methode reduziert, daß er dann immer weniger Menschen heilen kann.

Ich glaube also, das Problem ist erkannt. Worauf es ankommt, ist, daß wir jetzt nicht wiederum ein einziges neues Denkschema akzeptieren. Es kann niemand herkommen als Autorität und sagen, ich weiß, wie es geht, wir müssen anders denken, wir müssen dialektisch denken, Widersprüche aufheben statt eliminieren oder so. Das nutzt überhaupt nichts. Worauf es ankommt, ist, daß wir uns alle üben – der Neue Mensch ist nicht etwas, was wir von anderen in der Zukunft erwarten dürfen!

Der Neue Mensch ist einfach ein Anspruch an jeden von uns. Und »neue Werte« sind ebenfalls ein Anspruch an jeden von uns; und wiederum nicht ein »Ergebnis« (welche Werte sollen wir akzeptieren?), sondern es ist ein Anspruch. Dieser Anspruch besteht darin, sich der Doppelwurzel des Menschlichen wiederum bewußt zu werden. Das heißt, in keiner Weise die Ergebnisse der Naturwissenschaft oder der Technologie auch nur im geringsten zu verringern oder zu verteufeln. Im Gegenteil, wir können ohne die nicht mehr überleben. Das kann man so kurz sagen. Die brauchen wir, das ist überhaupt keine Frage.

Die Aufforderung besteht darin, daß sich jeder von uns bewußt wird, daß jeder von uns individuell (damit aber auch in der Gemeinschaft) auch in einem anderen Bereich lebt, der mit dem logisch-experimentellen in Widerspruch nicht nur zu stehen scheint, sondern manchmal tatsächlich steht. Mit anderen Worten, der Anspruch, in einer konkreten Handlung unter Umständen auch einmal etwas aus Verantwortlichkeit zu tun, das irgendeinem »Ergebnis« widerspricht. Ich möchte nicht so allgemein reden, ich nehme wieder die Medizin als Beispiel. Der Arzt hat eine gewisse naturwissenschaftliche Diagnose. Nun kann es sein, daß er persönlich der Meinung ist, daß irgendeine Therapie, die nicht aus dieser Diagnose folgt, für diesen individuellen Patienten zielführender ist. Das gibt es in der Wirtschaft auch. Sie kriegen irgendeine naturwissenschaftliche Diagnose, was man machen müßte, und irgendein Manager ist der Meinung, eigentlich sollte ich etwas anderes tun. Da kommt er natürlich in einen unglaublichen Druck, denn wenn er das tut, was ihm von dem heteronomen Bereich vorgeschlagen wird, und es geht schief, macht ihm niemand einen Vorwurf in unserer heutigen Welt. Wenn er etwas tut im autonomen Bereich, und es gelingt ihm, dann ist es allerdings schön. Geht es aber schief, dann wird jeder sagen, das ist ja furchtbar. Der hat sich ja nicht an die Einsicht gehalten, das ist ja ein unvernünftiger Mensch! (Wir in Österreich sind glücklich, wir haben ja dafür vor langer Zeit eine Institutionalisierung geschaffen, den Maria-Theresien-Orden! Wo autonome Entscheidung in die Alternative führt: entweder Orden oder Verurteilung.)

Das heißt nun, daß es anderes Denken gibt. Verantwortung gibt es nur im autonomen Bereich, nicht im logisch-experimentellen. Insofern wir von unseren Politikern, Managern, aber auch Wissenschaftlern verlangen, daß sie die Zukunft mit uns und für uns gestalten, müssen wir notwendigerweise verlangen, daß sie Verantwortung übernehmen und nicht versuchen, sich auf Sorgfaltspflicht zu reduzieren.

Was folgt daraus weiterhin, wenn wir dieses Denken Platz greifen lassen? Es folgt zum Beispiel in der Medizin, daß man außer der Methode der Schulmedizin auch andere Methoden (Akupunktur, Homöopathie oder ähnliche Dinge), von denen die Schulmediziner zugeben, daß sie Heilerfolge haben, die aber nicht widerspruchsfrei eingliederbar sind, an den Universitäten auch einmal zuläßt.

Das heißt für die Politik – und Politik ist hier nur Beispiel –, daß das jeweils andere nicht das ist, was auszuschließen ist, sondern daß das jeweils andere mir erst erlaubt, so zu sein, wie ich bin. Mit anderen Worten, wenn die Einstellung zum jeweils anderen logisch bleibt, dann kommt es zu einer Polarisierung. Nehmen wir nicht die andere Partei, sondern nehmen wir zum Beispiel eine andere Kultur. Es gibt ja heute eine Abwanderung in andere Kulturen. Eine andere Kultur ist etwas Fremdes, und es gibt zwei logische Einstellungsmöglichkeiten bei der Begegnung mit dem anderen. Entweder man sagt, na ja, das ist etwas anderes und daher notwendigerweise minderwertig. Denn ich bin der wahre Mensch, das andere ist zwar ganz nett als Bereicherung, aber im Grunde genommen ist es nichts wert, weil es fremd bleiben muß. Und die andere logische Einstellung sagt, hui, da gibt es andere Menschen, die verwirklichen das Menschsein anders, unter Umständen schöner, jedenfalls so, daß ich es kennenlernen muß. Und dies mündet oft im Versuch, sein eigenes aufzugeben und das andere sich anzueignen. Das ist die Polarisierung, wie sie auch bei der Technik angesprochen wurde. Sie entstammt dem Bereich der Logik.

Im Bereich der Freiheit oder der Dialektik ist die Einstellung, die ich vorschlagen möchte, dem anderen gegenüber die, daß ich sage: Ich habe das andere kennengelernt; jetzt wo ich das andere kenne, bin ich viel besser imstande, mein eigenes zu repräsentieren. Mit anderen Worten, ich bin dir dankbar, daß du anders bist, weil ich dann viel besser ich selbst sein kann!

Im Bereich der Logik wäre das unsinnig! Auch in der technischen Entwicklung gilt das nicht! Hier gibt es ein reines Entweder-Oder.

Wenn es aber zum Beispiel darum geht, ist der Mensch gleich oder nicht, oder sollen wir mehr Veränderung oder mehr Erhaltung haben in unserer Kultur, dann sind ja immer beide Ansichten zugleich berechtigt, weil sie eben der Freiheit der Menschen entsprechen. Dann kann ich sagen, ich bin dankbar, daß du mehr für die Gleichheit der Menschen eintrittst, weil mir das ermöglicht, meinen entgegengesetzten Standpunkt klarzumachen, ohne daß ein wesentliches Element des Menschen dabei verlorengeht! Diese integrative Schau ist gar nicht so leicht, denn sie darf ja nicht dazu führen, daß ich sage, der andere ist besser als ich. Diese integrative Anschauung, die sich übrigens in der heroischen Epoche der Naturwissenschaft bewährt hat, die gilt es nun als Anspruch für jeden einzelnen aufrechtzuerhalten. Auch die Naturwissenschaft hat ihre größten Fortschritte immer dann erlangt, wenn sie sich einer solchen Methode – zumindest in der Forschung – bedient hat.

Und da darf ich als letztes Schlußwort nur noch (mit Kant) sagen, im Bereich der Menschen, der Vernunft, hat alles einen Preis oder eine Würde. Das, was auswechselbar ist im Sinne der Logik und des Experiments, hat einen Preis. Das, was aber unauswechselbar ist, weil es eine bestimmte Art und Weise des Menschseins darstellt, hat Würde. Menschsein ist auf viele Arten möglich, aber jeder von uns stellt das Menschsein nur in einer ganz bestimmten Weise dar. Und sich dazu zu bekennen und damit unauswechselbar zu werden, das ist die menschliche Würde. Das heißt nicht weniger Hirn und mehr Herz, sondern beides, in der widersprüchlichen Art und Weise. Es kommt darauf an, in diesem Sinn sich zu besinnen und insbesondere wieder menschliche Würde aufleben zu lassen.

Quellen

Die Grenzen der Wirklichkeit erweitern

1 K. Baumann und R. U. Sexl: Die Deutungen der Quantentheorie. Braunschweig—Wiesbaden 1984.

2 W. Pauli: Physik und Erkenntnistheorie. Braunschweig— Wiesbaden 1984. (I)

Das Bewußtsein

nach Wiener Studien zur Wissenschaftstheorie, Bd. 4 (1992), p. 49.

1 K. Jaspers: Einführung in die Philosophie. München 1953.

2 Th. Kuhn: Die Struktur wissenschaftlicher Revolutionen. Frankfurt 1973.

3 D. Haidt und H. Pietschmann: Electroweak Interactions — Experimental Facts and Theoretical Foundation. Berlin—Heidelberg—New York 1988.

4 W. Pauli, loc. cit.

5 E. Schrödinger: Geist und Materie. Baunschweig 1959.

6 G. W. F. Hegel: Phänomenologie des Geistes. Frankfurt 1970.

7 K. Nishida: Nishidas Werke. Tokyo 1947.

8 H. Matsumaru: Wandlung der Logik in den Frühschriften Nishidas. In: Studies in the Philosophy of Religion Nor. 5. Kyoto 1988.

Realität und Wirklichkeit

1 W. Pauli: Dialectica, Vol. 11, No. 1/2. 1957.

2 siehe H. P. Dürr (Hrsg.): Physik und Transzendenz. Bern 1986.

3 E. Schrödinger, loc. cit.

4 J. Greiner: Dialektik des Kraftbegriffs in der Physik. Wien 1986.

5 J. F. Clauser und A. Shimony: Rep. Progr. Phys. 41, 1891. 1978. H. Pietschmann: Science Beyond Science. In: »Old and New Questions in Physics, Cosmology, Philosophy and Theor. Biology«, ed. A. van der Merwe. Plenum Publ. Corp. 1983.

6 W. Pauli: Helvetica Physica Acta Suppl. IV. 1956. S. 282.
7 K. Popper: Logik der Forschung. Tübingen [4]1971.
8 E. Schrödinger: Die gegenwärtige Situation in der Quantenmechanik. Die Naturwissenschaften 23. 1935. 807, 823, 844.
9 A. Einstein, B. Podolsky, N. Rosen: Physical Review 47. 1935. 777.
10 A. Aspect, J. Dalibard, G. Roger: Physical Review Letters 49. 1982. 1804.

Über den Zufall

1 H. Zimmer: Spiel um den Elefanten. Düsseldorf–Köln 1976. 202.
2 C.-F. v. Weizsäcker: Die Tragweite der Wissenschaft. Stuttgart 1964.
3 B. Brecht: Der Zweifler. GW 9. Frankfurt 1967. 587.
4 J. Monod: Zufall und Notwendigkeit. München 1971.
M. Eigen und R. Winkler: Das Spiel. Naturgesetze steuern den Zufall. München–Zürich 1975.

Unser Weg in die Zukunft – Fortschritt oder Verbesserung?

1 Vgl. W. Pauli, loc. cit. I. P. 94.
H. P. Dürr (Hrsg.): Physik und Transzendenz. Bern 1986.
2 z. B. E. Heintel: Was kann ich wissen? Was soll ich tun? Was darf ich hoffen? Versuch einer gemeinverständlichen Einführung in das Philosophieren. Wien 1986. P. 12.

Die Welt, die wir uns schaffen

1 Meister Eckhart: Deutsche Predigten und Traktate. München 1963.
2 H. Pietschmann: Die Wahrheit liegt nicht in der Mitte. Stuttgart 1990.
E. Wallner: Acht Vorlesungen zum konstruktiven Realismus. Wien 1990.
3 H. Pietschmann: Das Ende des naturwissenschaftlichen Zeitalters. Wien 1980.
4 H. Pietschmann: Die Welt, die wir uns schaffen – eine Vision. Wien 1984.

Unter den Naturgesetzen

1 M. Planck: Religion und Naturwissenschaft. Leipzig [14]1958.
2 M. Schramm: Natur ohne Sinn? Graz 1985.
3 Verlautbarungen des Apostolischen Stuhls 25A. 1980. 27 f.
4 St. Weinberg: The first three minutes. London 1977.
5 I. Kant: Grundlegung zur Metaphysik der Sitten. Philosophische

Bibliothek Bd. 41. Hamburg 1965.
6 H. Pietschmann: Die Welt, die wir uns schaffen. loc. cit.

Natur und Wirklichkeit

nach einem Vortrag bei Eranos 1986, Eranos Jahrbuch Vol. 55, hrsg. R. Ritsemay, Frankfurt/Main (1958) p. 85.
1 Meister Eckhart, loc. cit. 121.
2 K. Popper, loc. cit.
3 R. Fischer: »Zur Ideologie der Selbstbeschränkung im Mathematikstudium«. In: Mathematik-Unterricht an Universitäten, II. Teil; Z. f. Hochschuldidaktik, Sonderheft 3. 1980. 32.
4 R. Feynman und M. Gell-Mann: Physical Review 109. 1958. 193.
5 K. Popper, loc. cit. 54.
6 A. Kolb: »Glaube – Wissen – Zukunft«. In: Theologie im Dialog. Graz–Wien–Köln 1985. 21–60.
7 A. Einstein: Mein Weltbild. Amsterdam 1934. S. 168.
8 Th. Kuhn, loc. cit.
9 R. Feynman: Surely you 're joking, Mr. Feynman. New York 1985. 245.
10 J. W. Goethe: Zur Farbenlehre. Didaktischer Theil, Einleitung.
11 P. Deussen: Sechzig Upanishad's des Veda. Leipzig 1905. 189.
12 H. Yukawa: Tabibito (The Traveller). Singapore 1982.

Wissenschaft und Wirklichkeit

1 P. Feyerabend: Wider den Methodenzwang. Frankfurt 1976.
2 BVerw GE 29. 77/78f.
3 G. Leibholz: Gutachten über das Grundrecht der Wissenschaftsfreiheit und seine Bedeutung für die Homöopathie. 1982.
4 Badura u. a.: Universitätsreform – Alternative der Vernunft. 1971.
5 Maunz, Düring, Herzog, Scholz: G. G., Rdnr. 9 zu Art. 5 Abs. 3; BVerf. GE 35, 79/113.

Medizin zwischen Naturwissenschaft und Kunst

1 I. Kant, loc. cit.
2 F. Weinreb: Vom Sinn des Erkrankens. Zürich 1979.

Scheren-Situationen

1 Zitiert nach Scientific American. Jan. 1981. P. 77.
2 M. Porkert: Klinische Chinesische Pharmakologie. Heidelberg 1977.
3 L. Müller-Salzburg: Vortrag vor der Paracelsus-Gesellschaft. 1979.

4 I. Kant, loc. cit.

Krankheit ohne Norm

1 K. Jaspers, loc. cit.
2 H. Schipperges: Grundzüge einer polarischen Medizin bei Novalis. In: M. Eliade und E. Jünger (Hrsg.): Antaios. Stuttgart 1966.

Vom Widerspruch zur Alternative

1 H. Pietschmann: Einsteins Kritik an der Gleichzeitigkeit und das Kausalitätsprinzip. In: Eranos Jahrbuch 1988. Vol. 57. 1990. 145.
2 G. und K. König: Ist Akupunktur Naturwissenschaft? Wien 1982.
3 R. Seitschek: Homöopathie im Spannungsfeld der modernen Medizin. Wien 1987.

Die Deutsche Bibliothek – CIP-Einheitsaufnahme

Pietschmann, Herbert:
Die Spitze des Eisbergs: von dem Verhältnis zwischen Realität und Wirklichkeit/Herbert Pietschmann. – Stuttgart; Wien: Weitbrecht, 1994
ISBN 3-522-71590-X

Die Gestaltung des Schutzumschlags
besorgte Atelier ZERO, München,
unter Verwendung einer Vorlage der
Bildagentur Mauritius.
Reproduktion: g.u.j. siefert, Ulm.
Satz: KCS GmbH, Buchholz/Hamburg.
Druck und Bindung: Offizin Andersen Nexö GmbH, Leipzig.
Printed in Germany.

5 4 3 2 1